目　录

ICS 27.060.30
CCS J 98

中华人民共和国国家标准

GB/T 16507.1—2022
代替 GB/T 16507.1—2013

水管锅炉
第 1 部分：总则

Water-tube boilers—
Part 1: General requirements

2022-03-09 发布

2022-10-01 实施

国家市场监督管理总局
国家标准化管理委员会 发 布

1

GBT 16507.1—2022

前　言

本文件按照 GB/T 1.1—2020《标准化工作导则　第 1 部分:标准化文件的结构和起草规则》的规定起草。

本文件是 GB/T 16507《水管锅炉》的第 1 部分。GB/T 16507 已经发布了以下部分:
——第 1 部分:总则;
——第 2 部分:材料;
——第 3 部分:结构设计;
——第 4 部分:受压元件强度计算;
——第 5 部分:制造;
——第 6 部分:检验、试验和验收;
——第 7 部分:安全附件和仪表;
——第 8 部分:安装与运行。

本文件代替 GB/T 16507.1—2013《水管锅炉　第 1 部分:总则》,与 GB/T 16507.1—2013 相比,除结构调整和编辑性改动外,主要技术变化如下:
——增加了"额定压力小于 0.1 MPa 的固定式水管锅炉可参照本文件"的内容(见 1.4);
——更改了锅炉本体的概念并作为术语(见 3.1.2,2013 年版的 5.2);
——增加了术语"连接管道"(见 3.1.3);
——删除了标准中未用到的术语和定义(见 2013 年版的 3.1.9～3.1.11 和 3.1.14～3.1.20);
——增加了标准中用到的 p、θ 等符号说明(见 3.2,2013 年版的 3.2);
——删除了关于资格的内容(见 2013 年版的 4.1);
——删除了与 GB/T 16507.6 重复的产品铭牌和随机技术资料的内容[见 2013 年版的 4.2.2 中 d) 和 e)的有关内容];
——更改了标准中锅炉范围内管道的界定(见 5.2,图 1,2013 年版的 5.3、图 1、图 2、图 3);
——调整了锅炉容量和额定参数部分内容独立成章,并增加压力等级的内容(见第 6 章,2013 年版的 6.2);
——删除了原第 6 章通用要求中材料、结构设计、强度设计、制造、检验和试验、安全附件和仪表、安装和运行等与其他部分中重复的内容(见 2013 年版的 6.3.1～2、6.4、6.5.1、6.5.7、6.6、6.7、6.8、6.9);
——调整了许用应力、计算温度、载荷、压力、厚度等内容独立成章,作为基本要求(见第 7 章,2013 年版的 6.5.2、6.5.3、6.5.4、6.5.5、6.5.6、6.3.3、6.3.4、6.3.5);
——更改了受压元件所用材料许用应力取值表的表述方式,将奥氏体钢合并至合金钢系列(见表 1,2013 年版 6.3.3 表 1);
——删除了吊杆螺纹部分的许用应力值取吊杆部分许用应力值的 75% 的规定(见 2013 年版的 6.3.5);
——删除了焊接接头系数内容(见 2013 年版的 6.5.7);
——增加了设计章节,对锅炉受压元(部)件、安全附件、锅炉炉膛、燃烧装置、空气预热器、锅炉钢结构、其他零部件等设计提出要求(见第 8 章);
——增加了用于锅炉范围内管道的强度计算和校核标准(见 8.3.1.3);
——增加了制造、安装和性能试验章节,提出相应要求(见第 9 章);

2

——调整了节能和环保部分内容，独立成章，并按《锅炉节能技术监督管理规程》等要求增补有关内容（见 10.1、10.2 和 10.3,2013 年版的 6.10 和 6.11）；

——删除了附录 A 符合性声明的内容（见 2013 年版的附录 A）。

请注意本文件的某些内容可能涉及专利。本文件的发布机构不承担识别专利的责任。

本文件由全国锅炉压力容器标准化技术委员会(SAC/TC 262)提出并归口。

本文件起草单位：上海发电设备成套设计研究院有限责任公司、中国特种设备检测研究院、上海锅炉厂有限公司、东方电气集团东方锅炉股份有限公司、哈尔滨锅炉厂有限责任公司、北京巴布科克·威尔科克斯有限公司、武汉锅炉股份有限公司、杭州锅炉集团股份有限公司、无锡华光环保能源集团股份有限公司、上海工业锅炉研究所有限公司、江联重工集团股份有限公司。

本文件主要起草人：严宏强、李军、冷浩、张瑞、陈秀彬、王刚、何维、颜廷锐、曹明明、段跃、侯晓东、左彩霞、王善武、杨文。

本文件及其所代替文件的历次版本发布情况为：

——1996 年首次发布为 GB/T 16507—1996；

——2013 年第一次修订时，将水管锅炉和锅壳锅炉内容分开，各由 8 个部分组成，水管锅炉为 GB/T 16507.1—2013～GB/T 16507.8—2013,锅壳锅炉为 GB/T 16508.1—2013～GB/T 16508.8—2013,本文件为 GB/T 16507.1—2013《水管锅炉　第 1 部分：总则》；

——本次为第二次修订。

引　言

　　GB/T 16507《水管锅炉》是全国锅炉压力容器标准化技术委员会(以下简称"委员会")负责制修订和归口的锅炉通用建造标准之一。其制定遵循了国家颁布的锅炉安全法规所规定的安全基本要求,设计准则、材料要求、制造检验技术要求、验收标准和安装要求均符合 TSG 11《锅炉安全技术规程》的相应规定。GB/T 16507 为协调标准,满足 TSG 11《锅炉安全技术规程》的基本要求,同时也符合 TSG 91《锅炉节能环保技术规程》的要求。GB/T 16507 旨在规范锅炉的设计、制造、检验、验收和安装,由 8 个部分构成。

　　——第 1 部分:总则。目的在于确定水管锅炉范围界定、锅炉参数、建造规范以及节能和环保等建造水管锅炉的通用技术要求。

　　——第 2 部分:材料。目的在于确定水管锅炉受压元件和非受压元件、受力构件、锅炉钢结构和焊接材料等的选材和用材要求。

　　——第 3 部分:结构设计。目的在于确定水管锅炉结构设计的基本要求、焊接连接要求、开孔和各元(部)件的具体设计要求。

　　——第 4 部分:受压元件强度计算。目的在于确定水管锅炉受压元件的计算壁温、计算压力、设计许用应力取值及强度设计计算方法。

　　——第 5 部分:制造。目的在于确定水管锅炉在制造过程中的标记、冷热加工成形、胀接、焊接和热处理要求。

　　——第 6 部分:检验、试验和验收。目的在于确定水管锅炉受压元件和与其直接连接的承受载荷的非受压元件的检验、试验和验收要求。

　　——第 7 部分:安全附件和仪表。目的在于确定水管锅炉安全附件和仪表的设置和选用要求。

　　——第 8 部分:安装与运行。目的在于确定水管锅炉本体和锅炉范围内管道的安装、调试、质量验收以及运行要求。

　　由于 GB/T 16507 没有必要,也不可能囊括适用范围内锅炉建造和安装中的所有技术细节,因此,在满足 TSG 11《锅炉安全技术规程》所规定的基本安全要求的前提下,不禁止 GB/T 16507 中没有特别提及的技术内容。

　　GB/T 16507 不限制实际工程设计和建造中采用能够满足安全要求的先进技术方法。

　　对于未经委员会书面授权或认可的其他机构对标准的宣贯或解释所产生的理解歧义和由此产生的任何后果,本委员会将不承担任何责任。

水管锅炉
第1部分：总则

1 范围

1.1 本文件规定了水管锅炉范围界定、锅炉参数、建造规范以及节能和环保等方面的通用技术要求。

1.2 本文件适用于以下范围的固定式水管锅炉：

    a) 额定蒸汽压力大于或等于 0.1 MPa 的蒸汽锅炉；

    b) 额定出水压力大于或等于 0.1 MPa 且额定热功率大于或等于 0.1 MW 的热水锅炉；

    c) 以余(废)热利用为主要目的的烟道式余热锅炉。

1.3 本文件不适用于以下范围的水管锅炉：

    a) 移动式水管锅炉；

    b) 为满足设备和工艺流程需要的冷却装置。

1.4 额定压力小于 0.1 MPa 的固定式水管锅炉可参照本文件。

2 规范性引用文件

下列文件中的内容通过文中的规范性引用而构成本文件必不可少的条款。其中，注日期的引用文件，仅该日期对应的版本适用于本文件；不注日期的引用文件，其最新版本(包括所有的修改单)适用于本文件。

    GB/T 753 电站锅炉 蒸汽参数系列

    GB/T 1921 工业蒸汽锅炉参数系列

    GB/T 2900.48 电工名词术语 锅炉

    GB 3095 环境空气质量标准

    GB 3096 声环境质量标准

    GB/T 3166 热水锅炉参数系列

    GB/T 10180 工业锅炉热工性能试验规程

    GB/T 10184 电站锅炉性能试验规程

    GB/T 10863 烟道式余热锅炉热工试验方法

    GB/T 10868 电站减温减压阀

    GB/T 10869 电站调节阀

    GB/T 11943 锅炉制图

    GB/T 12241 安全阀 一般要求

    GB 12348 工业企业厂界环境噪声排放标准

    GB 13223 火电厂大气污染物排放标准

    GB 13271 锅炉大气污染物排放标准

    GB/T 16507.2 水管锅炉 第2部分：材料

    GB/T 16507.3 水管锅炉 第3部分：结构设计

    GB/T 16507.4 水管锅炉 第4部分：受压元件强度计算

GB/T 16507.5　水管锅炉　第 5 部分:制造

GB/T 16507.6　水管锅炉　第 6 部分:检验、试验和验收

GB/T 16507.7　水管锅炉　第 7 部分:安全附件和仪表

GB/T 16507.8　水管锅炉　第 8 部分:安装与运行

GB 18485　生活垃圾焚烧污染控制标准

GB/T 22395　锅炉钢结构设计规范

GB 24500　工业锅炉能效限定值及能效等级

GB/T 28056　烟道式余热锅炉通用技术条件

GB/T 28057　氧气转炉余热锅炉技术条件

GB/T 29052　工业蒸汽锅炉节水降耗技术导则

GB/T 29462　电站堵阀

GB/T 30576　水泥窑余热锅炉技术条件

GB/T 30577　燃气-蒸汽联合循环余热锅炉技术条件

GB/T 34348　电站锅炉技术条件

GB/T 36514　碱回收锅炉

GB/T 36699　锅炉用液体和气体燃料燃烧器技术条件

DL/T 5054　火力发电厂汽水管道设计规范

JB/T 2192　方形铸铁省煤器技术条件

JB/T 3271　链条炉排技术条件

JB/T 6734　锅炉角焊缝强度计算方法

JB/T 6735　锅炉吊杆强度计算方法

JB/T 7985　小型锅炉和常压热水锅炉技术条件

JB/T 8501　锅炉吹灰器和测温探针

JB/T 9623　火力发电厂排汽消声器　技术条件

JB/T 10249　垃圾焚烧炉　技术条件

JB/T 10325　锅炉除氧器技术条件

JB/T 10355　锅炉用抛煤机技术条件

JB/T 10356　流化床燃烧设备技术条件

JB/T 10357　恒力碟簧支吊架

NB/T 10127　大型煤粉锅炉炉膛及燃烧器性能设计规范

NB/T 47033　减温减压装置

NB/T 47034　工业锅炉技术条件

NB/T 47035　工业锅炉系统能效评价导则

NB/T 47038　恒力弹簧支吊架

NB/T 47039　可变弹簧支吊架

NB/T 47040　锅炉人孔和手孔装置

NB/T 47043　锅炉钢结构制造技术规范

NB/T 47044　电站阀门

NB/T 47049　管式空气预热器制造技术条件

NB/T 47050　往复炉排技术条件

NB/T 47055　锅炉涂装和包装通用技术条件

NB/T 47060　回转式空气预热器

NB/T 47061　工业锅炉系统能源利用效率指标及分级

NB/T 47062　生物质成型燃料锅炉

NB/T 47063　电站安全阀

NB/T 47066　冷凝锅炉热工性能试验方法

3　术语、定义和符号

3.1　术语和定义

GB/T 2900.48 界定的以及下列术语和定义适用于本文件。

3.1.1

水管锅炉　water-tube boiler

烟气在受热面管子外部流动,工质在管子内部流动的锅炉。

［来源:GB/T 2900.48—2008,3.1.21］

3.1.2

锅炉本体　boiler proper

由锅筒、启动(汽水)分离器及储水箱、受热面、集箱及其连接管道、炉膛、燃烧设备、空气预热器、炉墙、烟(风)道、构架(包括平台和扶梯)等所组成的整体。

3.1.3

连接管道　connecting pipe

集箱之间、集箱与锅筒之间等非受热的汽(水)连通管道。

3.1.4

受压元件　pressure element

承受内部或外部工质压力作用的元件。

注:受压元件是构成锅炉受压部件的基本单元。

3.1.5

受压部件　pressure component

在锅炉系统中由若干个受压元件组成的相对独立的部件。

注:受压部件包括锅筒、集箱、水冷壁、过热器、再热器和省煤器等。

3.1.6

非受压元件　non-pressure element

不承受工质压力作用的元件。

注:非受压元件包括承受载荷的和不承受载荷的元件,承受载荷的非受压元件包括支吊件和紧固件。

3.1.7

安全附件　safety appurtenance

用于保护锅炉设备,防止锅炉超过设计条件运行的器件或装置。

3.1.8

额定压力　rated pressure

在规定的给水压力和负荷范围内长期连续运行时应予保证的锅炉出口的工质压力,也就是锅炉铭牌上标注的额定工作压力或额定出口压力。

GBT 16507.1—2022

3.1.9

工作压力 working pressure

在正常设计运行工况条件下,受压元件所承受的最高压力。

3.1.10

计算压力 calculation pressure

在计算温度下,用以确定受压元件计算厚度的压力。

3.1.11

额定温度 rated temperature

在规定的设计条件下长期连续运行应予保证的锅炉出口工质温度,即锅炉铭牌上标注的额定蒸汽温度或额定出口水温度。

3.1.12

计算温度 calculation temperature

在正常工作情况下,设定的受压元件或承受载荷的非受压元件的金属温度(内外壁温算术平均值)。

注:通常也称为"计算壁温"。

3.2 符号

下列符号适用于本文件。

p ——额定压力,MPa;

R_m ——材料标准室温抗拉强度下限值,MPa;

$R_{eL}(R_{p0.2})$ ——材料标准室温屈服强度,MPa;

$R_{eL}^t(R_{p0.2}^t)$ ——材料设计温度下的屈服强度,MPa;

R_D^t ——材料设计温度下的持久强度(10^5 h),MPa;

R_n^t ——材料设计温度下的蠕变强度(1×10^{-5} %/h),MPa;

θ ——铸钢质量系数。

4 责任

4.1 使用单位

使用单位应根据各种与使用状况有关的因素,确定水管锅炉(以下简称"锅炉")的技术要求,以书面形式向制造单位提供设计、制造所需要的以下条件:

a) 与制造单位协商确定的建造标准;

b) 根据设计需要给定锅炉的主要参数;提供厂址、地质和气象条件,燃料和工质的资料;提出锅炉布置方式、环境保护、运行方式、运输条件以及其他特殊要求;

c) 根据锅炉安装和运行的需要,提供合适的条件和配备相适应的辅助设备。

4.2 制造单位

制造单位应保证锅炉符合使用单位要求,对执行本文件的要求负有责任,并符合以下要求:

a) 根据安全、可靠和节能的原则,按使用单位的要求和需要进行设计,并确保在正常使用时锅炉的能效和环保符合法规和使用单位的要求;

b) 应建立质量体系并有效运行,对所设计和制造的锅炉产品质量负责;

c) 应保证设计文件的正确性和完整性,且设计文件的更改应有可追溯性。

4.3 安装单位

安装单位的责任如下：

a) 锅炉安装应符合 GB/T 16507.8 的规定和锅炉制造单位提供的安装说明书的相关技术要求；

b) 安装单位应对其安装的施工质量负责。

5 锅炉范围界定

5.1 一般要求

本文件所指的锅炉范围包括锅炉本体、锅炉范围内管道、安全附件和仪表等。锅炉本体见 3.1.2 的界定，锅炉范围内管道、安全附件和仪表按 5.2～5.3 的规定界定。

5.2 锅炉范围内管道

锅炉范围内管道包括：

a) 对于电站锅炉，包括主给水管道、主蒸汽管道、再热蒸汽管道等以及第一个阀门以内（不含阀门）的支路管道，如图 1 所示；

　　注：主给水管道指给水泵出口止回阀至省煤器进口集箱以内的管道；主蒸汽管道指末级过热器出口集箱至汽轮机高压主汽阀（对于母管制运行的锅炉，至母管前第一个阀门）以内的管道；再热蒸汽冷段管道指汽轮机排汽止回阀至再热器进口集箱以内的管道；再热蒸汽热段管道指末级再热器出口集箱至汽轮机中压主汽阀以内的管道。

b) 对于非电站锅炉，设置分汽缸的，包括给水泵出口至分汽缸出口与外部管道连接的第一道环向焊缝以内的承压管道；不设置分汽缸的，包括给水泵出口至主蒸汽出口阀以内（不含阀门）的承压管道。

5.3 安全附件和仪表

锅炉安全附件和仪表，包括安全阀、爆破片、压力测量、水（液）位测量、温度测量等装置（仪表），安全保护装置，排污和放水装置等。

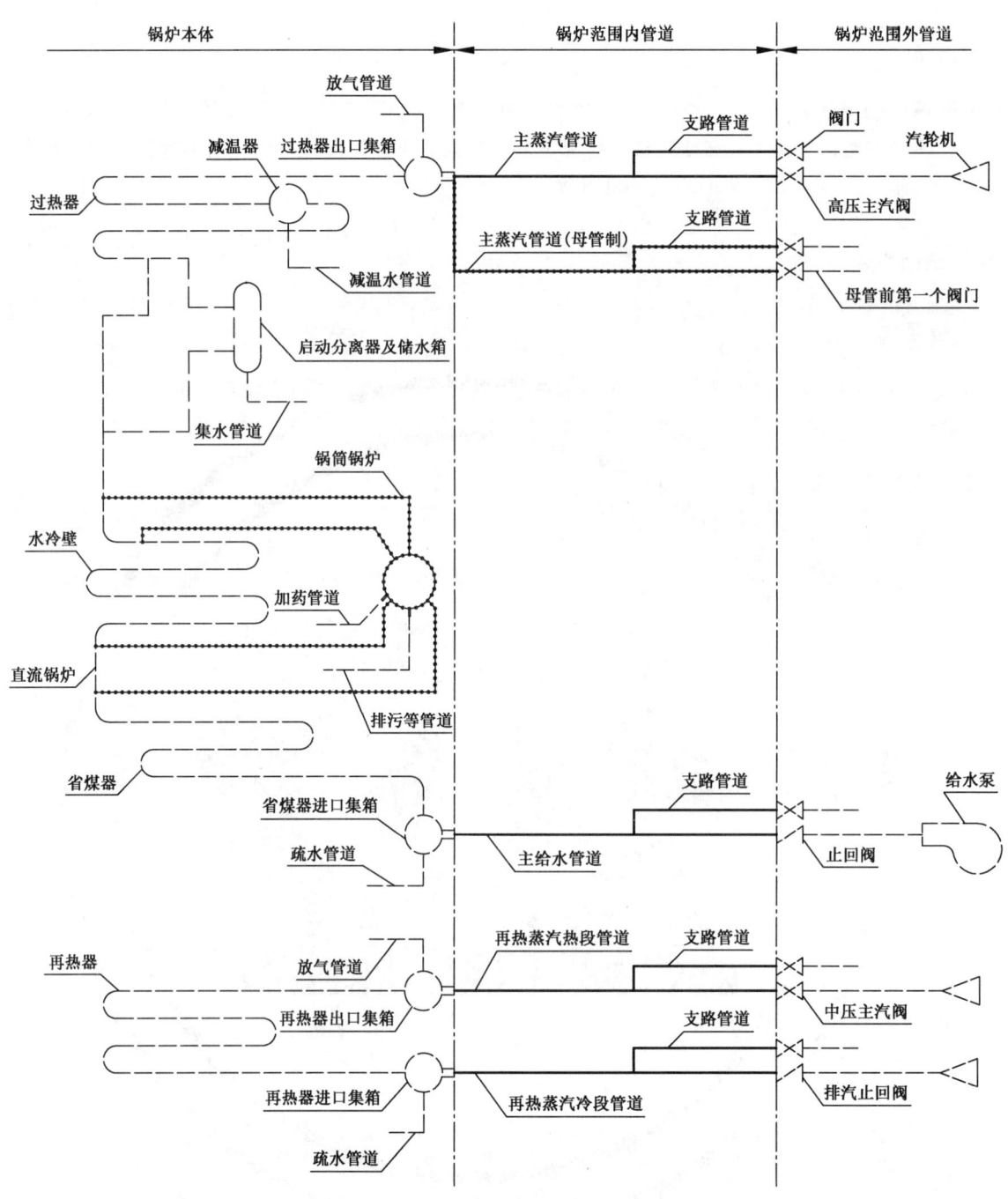

图 1　电站锅炉的锅炉范围内管道示意图

6　锅炉参数

6.1　锅炉容量

锅炉的容量用额定蒸发量(t/h)或最大连续蒸发量(t/h)或额定热功率(MW)表示。

6.2　额定参数

6.2.1　锅炉的额定参数包括额定蒸发量(t/h)或额定热功率(MW)、额定压力(表压)和额定温度。

6.2.2　锅炉出口处的额定参数可按照以下标准选取:

a) 工业用或生活用的固定热水锅炉的额定参数按照 GB/T 3166；

b) 工业用的固定式蒸汽锅炉的额定参数按照 GB/T 1921；

c) 发电用固定式蒸汽锅炉的额定参数按照 GB/T 753。

6.3 压力等级

锅炉压力等级为：

a) 超临界锅炉：$p \geqslant 22.1$ mPa；

b) 亚临界锅炉：16.7 MPa$\leqslant p < 22.1$ MPa；

c) 超高压锅炉：13.7 MPa$\leqslant p < 16.7$ MPa；

d) 高压锅炉：9.8 MPa$\leqslant p < 13.7$ MPa；

e) 次高压锅炉：5.3 MPa$\leqslant p < 9.8$ mPa；

f) 中压锅炉：3.8 MPa$\leqslant p < 5.3$ MPa。

g) 低压锅炉：$p < 3.8$ MPa。

7 基本要求

7.1 材料的许用应力

7.1.1 受压元件材料

受压元件材料应根据材料的强度[R_m、$R_{eL}(R_{p0.2})$、$R_{eL}^t(R_{p0.2}^t)$、R_D^t 和 R_n^t]按表 1 的规定确定其许用应力。

表 1 受压元件所用材料许用应力的取值

材 料	许用应力 MPa （取下列各值中的最小值）
碳素钢、合金钢	$\dfrac{R_m}{2.7}$，$\dfrac{R_{eL}(R_{p0.2})}{1.5}$，$\dfrac{R_{eL}^t(R_{p0.2}^t)}{1.5}$，$\dfrac{R_D^t}{1.5}$，$\dfrac{R_n^t}{1.0}$
铸钢	$\dfrac{R_m}{4/\theta}$，$\dfrac{R_{eL}^t(R_{p0.2}^t)}{1.5/\theta}$，$\dfrac{R_D^t}{1.5/\theta}$
灰口铸铁、可锻铸铁	$\dfrac{R_m}{10}$
球墨铸铁	$\dfrac{R_m}{8}$
对于奥氏体钢，当设计温度低于蠕变温度范围且允许有微量的永久变形时，可适当提高许用应力至 $0.9R_{eL}$ ($R_{p0.2}$)，但不应超过 $\dfrac{R_{eL}(R_{p0.2})}{1.5}$（此规定不适用于法兰或者其他有微量永久变形就产生泄漏或者故障的场合）。

7.1.2 承载构件材料

承载构件材料根据材料的强度[R_m、$R_{eL}(R_{p0.2})$、$R_{eL}^t(R_{p0.2}^t)$、R_D^t 和 R_n^t]按表 2 的规定确定其许用应力。

表 2　承载构件所用材料许用应力的取值

材　料	许用应力 MPa （取下列各值中的最小值）
吊杆用材	$\dfrac{R_{m}}{3},\dfrac{R_{eL}(R_{p0.2})}{1.67},\dfrac{R_{eL}^{t}(R_{p0.2}^{t})}{1.67},\dfrac{R_{D}^{t}}{1.67},\dfrac{R_{n}^{t}}{1.0}$
其他用材	$\dfrac{R_{m}}{2.7},\dfrac{R_{eL}(R_{p0.2})}{1.5},\dfrac{R_{eL}^{t}(R_{p0.2}^{t})}{1.5},\dfrac{R_{D}^{t}}{1.5},\dfrac{R_{n}^{t}}{1.0}$

7.1.3　钢制螺栓

钢制螺栓应根据材料的强度$[R_{eL}^{t}(R_{p0.2}^{t})$和$R_{D}^{t}]$按表3的规定确定钢材许用应力。

表 3　钢制螺栓材料许用应力的取值

材　料	螺栓直径 mm	热处理状态	许用应力 MPa （取下列各值中的最小值）	
碳素钢	≤M22	热轧、正火	$\dfrac{R_{eL}^{t}}{2.7}$	$\dfrac{R_{D}^{t}}{1.5}$
	M24～M48		$\dfrac{R_{eL}^{t}}{2.5}$	
低合金钢、马氏体 高合金钢	≤M22	调质	$\dfrac{R_{eL}^{t}(R_{p0.2}^{t})}{3.5}$	
	M24～M48		$\dfrac{R_{eL}^{t}(R_{p0.2}^{t})}{3.0}$	
	≥M52		$\dfrac{R_{eL}^{t}(R_{p0.2}^{t})}{2.7}$	
奥氏体钢	≤M22	固溶	$\dfrac{R_{eL}^{t}(R_{p0.2}^{t})}{1.6}$	
	M24～M48		$\dfrac{R_{eL}^{t}(R_{p0.2}^{t})}{1.5}$	

注：本表中的许用应力不适用于锅炉钢结构。

7.2　计算温度

7.2.1　受压元件

强度设计时锅炉受压元件计算温度取值原则如下：

a)　取金属温度最高部位内外壁温的平均值；

b)　各部件在工作状态下的金属温度不同时,可分别设定其计算温度；

c)　受压元件的计算温度通过以下方法确定：

　　1)　由传热公式或经验公式计算；

2) 取同类型锅炉的测量值；

3) 根据受压元件内部工质温度和外部条件确定。

d) 计算工况不考虑锅炉出口过热蒸汽温度、再热蒸汽温度以及给水温度的允许范围偏差。

7.2.2 非受压元件

按非受压元件所在部位的工质温度、环境温度或烟气温度并结合传热条件来确定金属温度。

7.3 载荷

7.3.1 在确定受压元件的尺寸(包括壁厚)时,应计入下述情况引起的载荷。

a) 承受的内压或外压,以及所承受的静压。

b) 当下述载荷在元件上产生的附加应力使平均应力增加值超过许用应力的10%时,应计入其影响：

  1) 在运行和水压试验的工况下,部件的自重(包括由部件金属、内储工质、绝热和保温层,积灰和结渣、流化床上料层等所引起的)；

  2) 由结构相连接所承受的载荷,或由支承引起的载荷。

c) 受压元件承受下述载荷,应按实际情况采用相应标准规定的方法另外进行分析计算：

  1) 由整体布置的连接管道系统或由其热膨胀形成的力和力矩载荷,以及瞬时变化的温差或热膨胀系数之差形成的力和力矩；

  2) 在正常运行期间和启动或停炉过程中,压力和温度快速而频繁变化引起的周期性载荷。

7.3.2 必要时,还应计入下列载荷：

a) 附属设备、管道、扶梯、平台等的重力载荷；

b) 风载荷、地震载荷、雪载荷；

c) 连接管道和其他部件的作用力；

d) 冲击载荷,包括压力急剧波动产生的冲击载荷、流体冲击引起的反力等；

e) 运输或吊装时的作用力。

7.4 压力

7.4.1 工作压力

受压元件的工作压力包括锅炉的额定压力、受压元件到锅炉出口最大流量时的流动阻力和受压元件到锅炉出口水柱静压力。

7.4.2 计算压力

以受压元件的工作压力为基准来确定受压元件的计算压力。

7.5 厚度

受压元件的厚度按强度设计计算并加上厚度附加量,必要时,还应符合元件的刚性和制造工艺对最小厚度的限制以及热应力对最大厚度的限制。

8 设计

8.1 锅炉产品

锅炉产品的设计和性能按以下要求：

a) 电站锅炉应符合 GB/T 34348 的要求；

b) 工业锅炉应符合 NB/T 47034 的要求；

c) 烟道式余热锅炉应符合 GB/T 28056 的要求；

d) 氧气转炉余热锅炉应符合 GB/T 28057 的要求；

e) 水泥窑余热锅炉应符合 GB/T 30576 的要求；

f) 燃气-蒸汽联合循环余热锅炉应符合 GB/T 30577 的要求；

g) 碱回收锅炉应符合 GB/T 36514 的要求；

h) 小型锅炉和常压热水锅炉应符合 JB/T 7985 的要求；

i) 垃圾焚烧锅炉应符合 JB/T 10249 的要求；

j) 生物质成型燃料锅炉应符合 NB/T 47062 的要求。

8.2 锅炉系统

8.2.1 锅炉本体、锅炉范围内管道、附件和辅机设备图样的绘制按 GB/T 11943 的要求进行。

8.2.2 锅炉系统的设计应进行如下计算：

a) 锅炉热力计算；

b) 锅炉水动力计算；

c) 烟风阻力计算；

d) 过热器、再热器壁温计算（中压及以上锅炉）。

8.3 零部件

8.3.1 受压元（部）件

8.3.1.1 材料

材料应符合 GB/T 16507.2 的要求。

8.3.1.2 结构设计

锅炉的受热面、锅筒、集箱等元（部）件的结构形式和连接方式按照 GB/T 16507.3 的要求进行设计。

8.3.1.3 强度计算

锅炉本体受压元件的强度应按 GB/T 16507.4 的要求进行计算和校核，锅炉范围内管道的强度应按 GB/T 16507.4 或 DL/T 5054 进行计算和校核，元件的角焊缝强度计算应符合 JB/T 6734 的要求，吊杆强度计算应符合 JB/T 6735 的要求。

8.3.2 安全附件和仪表

锅炉的安全附件和仪表的设计和选用应符合 GB/T 16507.7 的要求。

8.3.3 锅炉炉膛

大型煤粉锅炉炉膛的设计计算按 NB/T 10127 进行。

8.3.4 燃烧装置

锅炉燃烧装置按以下要求：

——液体和气体燃料燃烧器应符合 GB/T 36699 的要求；

——链条炉排应符合 JB/T 3271 的要求,往复炉排应符合 NB/T 47050 的要求;

——流化床燃烧设备应符合 JB/T 10356 的要求。

8.3.5 空气预热器

空气预热器按以下要求:

——管式空气预热器应符合 NB/T 47049 的要求;

——回转式空气预热器应符合 NB/T 47060 的要求。

8.3.6 锅炉钢结构

锅炉钢结构的设计计算按照 GB/T 22395 进行。

8.3.7 阀门

非电站锅炉的安全阀应符合 GB/T 12241 的要求;电站锅炉用阀门应符合 NB/T 47044 要求,并按以下要求:

——电站减温减压阀应符合 GB/T 10868 的要求;

——电站调节阀应符合 GB/T 10869 的要求;

——电站堵阀应符合 GB/T 29462 的要求;

——电站安全阀应符合 NB/T 47063 的要求;

——减温减压装置应符合 NB/T 47033 的要求。

8.3.8 支吊架

锅炉用支吊架按以下要求:

——恒力碟簧支吊架应符合 JB/T 10357 的要求;

——恒力弹簧支吊架应符合 NB/T 47038 的要求;

——可变弹簧支吊架应符合 NB/T 47039 的要求。

8.3.9 其他零部件

其他零部件按以下要求:

——锅炉除氧器应符合 JB/T 10325 的要求;

——方型铸铁省煤器应符合 JB/T 2192 的要求;

——锅炉用抛煤机应符合 JB/T 10355 的要求;

——锅炉人孔和手孔装置应符合 NB/T 47040 的要求;

——锅炉吹灰器和测温探针应符合 JB/T 8501 的要求;

——火力发电厂排气消声器应符合 JB/T 9623 的要求。

9 制造、安装和性能试验

9.1 制造

9.1.1 锅炉受压件的制造按照 GB/T 16507.5 的要求。

9.1.2 锅炉受压件的检验按照 GB/T 16507.6 的要求。

9.1.3 锅炉钢结构的制造按照 NB/T 47043 的要求。

9.1.4 锅炉涂装和包装按照 NB/T 47055 的要求。

9.2 安装与运行

锅炉的安装与运行按照 GB/T 16507.8 的要求。

9.3 性能试验

锅炉的热工性能测试按以下方法进行:
a) 蒸汽流量大于或等于 35 t/h、工作压力大于或等于 3.8 MPa 且蒸汽温度大于或等于 440 ℃ 的蒸汽锅炉按 GB/T 10184 的要求进行;
b) 热水锅炉和 a)款以外的蒸汽锅炉按 GB/T 10180 的要求进行;
c) 烟道式余热锅炉按 GB/T 10863 的要求进行;
d) 冷凝锅炉按 NB/T 47066 或 GB/T 10180 的要求进行。

10 节能和环保

10.1 设计

10.1.1 设计时在保证锅炉安全和质量基础上,做到节材、节能、节地、节水和环保。
10.1.2 根据元件的受力状况、温度和环境条件合理选用材料。
10.1.3 受压元件的厚度和结构与制造设备和生产工艺相适应,降低锅炉的制造成本。
10.1.4 充分利用燃烧的热量,减少锅炉热量的损失,保证锅炉的热效率。
10.1.5 尽可能从炉膛和燃烧系统设计的角度来降低锅炉氮氧化物的生成。

10.2 制造

10.2.1 制造工艺和生产流程应合理,避免生产过程中的浪费现象。
10.2.2 生产车间的环境、噪声和污水等排放应符合以下标准的要求:
a) 环境空气质量符合 GB 3095;
b) 声环境质量符合 GB 3096;
c) 环境噪声排放符合 GB 12348。

10.3 锅炉产品

10.3.1 锅炉的设计和系统的配置应符合 8.1 的要求。
10.3.2 锅炉设计除符合本文件要求外,还应进行优化、合理配置,使系统达到最佳的节能效果,工业锅炉的能效指标应符合 GB 24500、NB/T 47034 及专项产品标准的要求,电站锅炉应满足 GB/T 34348 的规定或订货合同的要求。
10.3.3 工业锅炉系统能效评价和能源利用效率指标及分级应分别符合 NB/T 47035 和 NB/T 47061 的规定。工业蒸汽锅炉水汽系统节水降耗应符合 GB/T 29052 的规定。
10.3.4 锅炉的原始氮氧化物排放浓度还应达到锅炉产品标准的规定指标。
10.3.5 锅炉运行时大气污染物的排放应符合以下要求,否则应增设相应的除尘设备、脱硫、脱硝设备。
a) 单台出力小于或等于 65 t/h 以燃煤、燃油和燃气为燃料的蒸汽锅炉、各种容量的热水锅炉,各种容量的层燃锅炉、抛煤机炉排放的颗粒物、二氧化硫、氮氧化物、汞及其化合物等大气污染物,以及烟气黑度应小于或等于 GB 13271 规定的限值。
b) 单台出力大于 65 t/h 除层燃炉、抛煤机炉外的燃煤发电锅炉,各种容量的煤粉发电锅炉,单台出力大于 65 t/h 燃油、燃气发电锅炉,单台出力大于 65 t/h 采用煤矸石、生物质、油页岩、石油焦等燃料的发电用锅炉大气污染物排放浓度应符合 GB 13223 规定的限值。

c) 以生活垃圾作为燃料的锅炉,其排放应符合 GB 18485 的要求,燃烧其他燃料的锅炉应符合相应产品的排放标准。

10.3.6 锅炉的噪声对周围环境的影响应符合 GB 12348 和 GB 3096 的要求。

参 考 文 献

［1］ TSG 11 锅炉安全技术规程
［2］ TSG 91 锅炉节能环保技术规程

———————————

ICS 27.060.30
CCS J 98

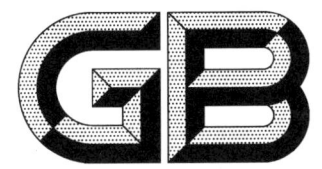

中华人民共和国国家标准

GB/T 16507.2—2022
代替 GB/T 16507.2—2013

水管锅炉
第 2 部分：材料

Water-tube boilers—
Part 2：Materials

2022-03-09 发布

2022-10-01 实施

国家市场监督管理总局
国家标准化管理委员会 发布

19

前　言

本文件按照 GB/T 1.1—2020《标准化工作导则　第 1 部分:标准化文件的结构和起草规则》的规定起草。

本文件是 GB/T 16507《水管锅炉》的第 2 部分。GB/T 16507 已经发布了以下部分:

——第 1 部分:总则;

——第 2 部分:材料;

——第 3 部分:结构设计;

——第 4 部分:受压元件强度计算;

——第 5 部分:制造;

——第 6 部分:检验、试验和验收;

——第 7 部分:安全附件和仪表;

——第 8 部分:安装与运行。

本文件代替 GB/T 16507.2—2013《水管锅炉　第 2 部分:材料》,与 GB/T 16507.2—2013 相比,除结构调整和编辑性改动外,主要技术变化如下:

——增加了钢材是镇静钢的要求(见 4.1);

——增加了材料按 JB/T 3375 要求的项目进行验收的要求(见 4.3);

——删除了具体的室温拉伸试验和冲击试验方法的要求(见 2013 年版的 3.13、3.14);

——增加了标准化文件升版后库存材料的使用规定(见 4.10);

——更改了选用材料时应考虑的因素(见 5.1.1,2013 年版的 3.2);

——增加了对受压元件用材料对强度、组织稳定性和抗腐蚀性能的要求以及抗疲劳性能的要求(见 5.1.2);

——增加了受力构件、钢结构和焊接材料的设计选材要求(见 5.2、5.3、5.4);

——更改了钢板的超声检测要求(见 6.1.3,2013 年版的 4.3);

——增加了 15(GB/T 711)钢板材料牌号(见表 1、表 2);

——更改了 Q245R 和 Q345R 的许用应力(见表 2,2013 年版的表 2);

——删除了高温拉伸试验按 GB/T 4338 的规定(见 2013 年版的 4.7、6.6);

——删除了感应加热拉拔式和推制式钢管的内容(见 2013 年版的 5.6);

——增加了复合管、内螺纹无缝钢管的使用要求(见 6.2.6 和 6.2.7);

——增加了 Q235B(GB/T 3091)、L210(GB/T 9711)钢管材料牌号(见表 3);

——增加了 Q235B(GB/T 3091)钢管材料牌号(见表 4);

——更改了 09CrCuSb 钢管材料的适用壁温(见表 3,2013 年版的表 3);

——增加了 10Cr9Mo1VNbN 钢管材料 650 ℃的许用应力(见表 4);

——删除了 10 钢管材料 425 ℃以上的许用应力(见 2013 年版的表 5);

——增加了对 25 号钢锻件的要求(见 6.3.2);

——增加了 25、12CrMo、14Cr1Mo、10Cr9MoW2VNbBN 锻件材料牌号(见表 5、表 6);

——更改了 12Cr2Mo1 锻件材料的适用壁温(见表 5,2013 年版的表 6);

——删除了多处用到的材料标准 JB/T 9626 及对应的材料(见 2013 年版的表 6、表 8、表 9);

——删除了 20、16Mn 锻件材料 475 ℃的许用应力(见 2013 年版的表 7);

——更改了Ⅲ和Ⅳ级锻件的金相检验要求,同时增加了锻件分级(见 6.3.3、6.3.4,2013 年版的 6.5);

——增加了 ZG200-400 铸钢件材料牌号(见表7、表8);

——增加了灰铸铁不能用于排污阀和排污管的要求(见6.5.3);

——增加了铸铁可用于1.6 MPa,小于300 ℃过热器的放水阀和排污阀的要求(见6.5.4);

——增加了灰铸铁可用于工作压力不大于2.5 MPa 的铸铁省煤器和弯头可用 HT200 以及1.6 MPa 以下可用 HT150 的要求(见6.5.5);

——增加了承压部位的铸铁件补焊的限制要求(见6.5.6);

——增加了 HT150、HT200、HT250 灰铸铁、KTH300-06、KTH330-08、KTH350-10、KTH370-12 可锻铸铁材料牌号(见表9、表10);

——更改了吊挂装置用材料的相关内容(见7.2,2013 年版的6.4);

——增加了钢结构材料的内容(见第8章);

——更改了焊接材料的相关要求(见第9章,2013 年版的第11章);

——将附录"钢锻件的金相检验"更改为规范性附录,并增加锻件材料(见附录 C,2013 年版的 附录 D)。

请注意本文件的某些内容可能涉及专利。本文件的发布机构不承担识别专利的责任。

本文件由全国锅炉压力容器标准化技术委员会(SAC/TC 262)提出并归口。

本文件起草单位:上海发电设备成套设计研究院有限责任公司、中国特种设备检测研究院、哈尔滨锅炉厂有限责任公司、东方电气集团东方锅炉股份有限公司、北京巴布科克•威尔科克斯有限公司、上海锅炉厂有限公司、无锡华光环保能源集团股份有限公司、杭州锅炉集团股份有限公司、武汉锅炉股份有限公司、西安热工研究院有限公司。

本文件主要起草人:张瑞、石同回、王延峰、钱公、程义、杨华春、骆声、王煜、刘都槐、罗飞、邹莹、刘树涛。

本文件及其所代替文件的历次版本发布情况为:

——1996 年首次发布为 GB/T 16507—1996;

——2013 年第一次修订时,将水管锅炉和锅壳锅炉内容分开,各由8个部分组成,水管锅炉为 GB/T 16507.1—2013~GB/T 16507.8—2013《水管锅炉》,锅壳锅炉为 GB/T 16508.1—2013~ GB/T 16508.8—2013《锅壳锅炉》,本文件为 GB/T 16507.2—2013《水管锅炉 第2部分:材料》,同时部分代替 GB/T 9222—2008《水管锅炉受压元件强度计算》,GB/T 9222—2008 的历次版本发布情况为:GB/T 9222—1988);

——本次为第二次修订。

引　言

　　GB/T 16507《水管锅炉》是全国锅炉压力容器标准化技术委员会（以下简称"委员会"）负责制修订和归口的锅炉通用建造标准之一。其制定遵循了国家颁布的锅炉安全法规所规定的安全基本要求，设计准则、材料要求、制造检验技术要求、验收标准和安装要求均符合 TSG 11《锅炉安全技术规程》的相应规定。GB/T 16507 为协调标准，满足 TSG 11《锅炉安全技术规程》的基本要求，同时也符合 TSG 91《锅炉节能环保技术规程》的要求。GB/T 16507 旨在规范锅炉的设计、制造、检验、验收和安装，由 8 个部分构成。

　　——第 1 部分：总则。目的在于确定水管锅炉范围界定、锅炉参数、建造规范以及节能和环保等建造水管锅炉的通用技术要求。

　　——第 2 部分：材料。目的在于确定水管锅炉受压元件和非受压元件、受力构件、锅炉钢结构和焊接材料等的选材和用材要求。

　　——第 3 部分：结构设计。目的在于确定水管锅炉结构设计的基本要求、焊接连接要求、开孔和各元（部）件的具体设计要求。

　　——第 4 部分：受压元件强度计算。目的在于确定水管锅炉受压元件的计算壁温、计算压力、设计许用应力取值及强度设计计算方法。

　　——第 5 部分：制造。目的在于确定水管锅炉在制造过程中的标记、冷热加工成形、胀接、焊接和热处理要求。

　　——第 6 部分：检验、试验和验收。目的在于确定水管锅炉受压元件和与其直接连接的承受载荷的非受压元件的检验、试验和验收要求。

　　——第 7 部分：安全附件和仪表。目的在于确定水管锅炉安全附件和仪表的设置和选用要求。

　　——第 8 部分：安装与运行。目的在于确定水管锅炉本体和锅炉范围内管道的安装、调试、质量验收以及运行要求。

　　由于 GB/T 16507 没有必要，也不可能囊括适用范围内锅炉建造和安装中的所有技术细节，因此，在满足 TSG 11《锅炉安全技术规程》所规定的基本安全要求的前提下，不禁止 GB/T 16507 中没有特别提及的技术内容。

　　GB/T 16507 不限制实际工程设计和建造中采用能够满足安全要求的先进技术方法。

　　对于未经委员会书面授权或认可的其他机构对标准的宣贯或解释所产生的理解歧义和由此产生的任何后果，本委员会将不承担任何责任。

水管锅炉
第2部分：材料

1 范围

本文件规定了水管锅炉受压元件和非受压元件、受力构件材料的选用原则和要求，材料的适用范围（温度和压力）和许用应力，以及锅炉钢结构和焊接用材料的一般要求。

本文件适用于 GB/T 16507.1 界定的水管锅炉的受压元件和非受压元件、受力构件、锅炉钢结构和焊接材料等的选材和用材。

2 规范性引用文件

下列文件中的内容通过文中的规范性引用而构成本文件必不可少的条款。其中，注日期的引用文件，仅该日期对应的版本适用于本文件；不注日期的引用文件，其最新版本（包括所有的修改单）适用于本文件。

GB/T 150.2 压力容器 第2部分：材料
GB/T 699 优质碳素结构钢
GB/T 700 碳素结构钢
GB/T 711 优质碳素结构钢热轧钢板和钢带
GB/T 713 锅炉和压力容器用钢板
GB/T 983 不锈钢焊条
GB/T 984 堆焊焊条
GB/T 1220 不锈钢棒
GB/T 1221 耐热钢棒
GB/T 1348 球墨铸铁件
GB/T 1591 低合金高强度结构钢
GB/T 2900.48 电工名词术语 锅炉
GB/T 3077 合金结构钢
GB/T 3087 低中压锅炉用无缝钢管
GB/T 3091 低压流体输送用焊接钢管
GB/T 3274 碳素结构钢和低合金结构钢热轧钢板和钢带
GB/T 3280 不锈钢冷轧钢板和钢带
GB/T 4237 不锈钢热轧钢板和钢带
GB/T 5117 非合金钢及细晶粒钢焊条
GB/T 5118 热强钢焊条
GB/T 5293 埋弧焊用非合金钢及细晶粒钢实心焊丝、药芯焊丝和焊丝-焊剂组合分类要求
GB/T 5310 高压锅炉用无缝钢管
GB/T 5313 厚度方向性能钢板
GB/T 6394 金属平均晶粒度测定方法
GB/T 6803 铁素体钢的无塑性转变温度落锤试验方法

GB/T 8110　熔化极气体保护电弧焊用非合金钢及细晶粒钢实心焊丝

GB/T 8163　输送流体用无缝钢管

GB/T 9439　灰铸铁件

GB/T 9440　可锻铸铁件

GB/T 9711　石油天然气工业　管线输送系统用钢管

GB/T 10045　非合金钢及细晶粒钢药芯焊丝

GB/T 10561　钢中非金属夹杂物含量的测定　标准评级图显微检验法

GB/T 12470　埋弧焊用热强钢实心焊丝、药芯焊丝和焊丝-焊剂组合分类要求

GB/T 13298　金属显微组织检验方法

GB/T 14957　熔化焊用钢丝

GB/T 16507.1　水管锅炉　第1部分:总则

GB/T 17493　热强钢药芯焊丝

GB/T 17854　埋弧焊用不锈钢焊丝-焊剂组合分类要求

GB/T 29713　不锈钢焊丝和焊带

GB/T 32533　高强钢焊条

DL/T 439　火力发电厂高温紧固件技术导则

JB/T 3223　焊接材料质量管理规程

JB/T 3375　锅炉用材料入厂验收规则

JB/T 9625　锅炉管道附件承压铸钢件　技术条件

NB/T 47008　承压设备用碳素钢和合金钢锻件

NB/T 47010　承压设备用不锈钢和耐热钢锻件

NB/T 47013.3　承压设备无损检测　第3部分:超声检测

NB/T 47018(所有部分)　承压设备用焊接材料订货技术条件

NB/T 47019.3　锅炉、热交换器用管订货技术条件　第3部分:规定高温性能的非合金钢和合金钢

YB/T 5092　焊接用不锈钢丝

3　术语和定义

GB/T 2900.48 和 GB/T 16507.1 界定的术语和定义适用于本文件。

4　基本要求

4.1　受压元件和与受压元件焊接的承载构件钢材应是镇静钢。

4.2　未经锅炉制造单位同意不应在材料中加入材料标准未规定的元素。

4.3　锅炉制造单位应按 JB/T 3375 规定的项目对锅炉用材料进行验收,合格后才能使用。

4.4　符合下列情形之一的材料在验收时可不进行理化和相应的无损检测复验:

　　a)　验收人员按照采购技术要求在材料制造单位进行验收,并且在检验报告或相关质量证明文件上进行见证签字确认;

　　b)　用于额定工作压力小于 3.8 MPa 锅炉的碳素钢和碳锰钢材料,实物标识清晰、齐全,具有满足4.6要求的材料质量证明书,并且质量证明书与实物相符。

4.5　锅炉制造过程中如有加热温度超过相变点的热加工或部件整体热处理的工序,该部件的原材料可不要求材料制造单位保证热处理状态,但在订货技术条件中应明确规定。

4.6 锅炉专用钢板、钢管和锻件的制造单位应保证材料的质量,并提供材料质量证明书。材料质量证明书应符合以下要求:

    a) 材料制造单位应按照相应材料标准和订货合同的规定,向用户提供质量证明书原件,材料质量证明书的内容应齐全,并且印制可以追溯的信息化标识,加盖材料制造单位质量检验章;

    b) 锅炉用材料不是由材料制造单位直接提供时,材料经营单位应提供材料质量证明书原件或加盖了材料经营单位公章和经办负责人签字(章)的材料质量证明书复印件。

4.7 受压元件用钢板、钢管和锻件材料的纵向室温拉伸断后伸长率(A)不应小于18%。

4.8 受压元件用钢板、钢管和锻件材料的室温夏比V型缺口冲击吸收能量(KV_2)不低于27 J。奥氏体钢可免做冲击试验。

4.9 受压元件用钢板、钢管和锻件,当直接采用铸造钢坯(包括模铸和连铸)轧制和锻造时,其变形比不应小于3.0。

4.10 材料标准版本更新后,若材料的性能指标或技术要求未作调整,则不影响库存材料的使用;否则,应验证库存材料的质量是否符合新版标准的要求。

5 设计选材

5.1 受压元件

5.1.1 材料的选用以锅炉受压元件的运行条件(压力、温度以及其他环境因素)为依据,同时考虑制造单位的加工工艺和装备条件。

5.1.2 用于受压元件的金属材料应具有足够的强度、良好的组织稳定性和抗腐蚀性能;承受交变载荷或冷热交替作用的部件用材料应具有良好的抗疲劳性能。

5.1.3 锅炉受压元件所用的材料应是本文件规定的牌号;若使用规定以外的材料,应符合本文件的相关要求;境外牌号的材料和新材料应符合附录A的要求。

5.1.4 受压元件的计算温度(壁温)或外壁壁温不应超过本文件所规定该材料的限值。

5.1.5 与受压元件焊接的吊耳、鳍片以及类似的非受压元件材料应与它们所要连接的材料相匹配。

5.1.6 代用材料应满足原设计的强度、结构和工艺的要求,并经材料代用单位的技术部门(包括设计和工艺部门)同意。

5.1.7 锅炉材料的许用应力可直接从本文件相对应的许用应力表中选取或内插法计算,本文件中各许用应力表中粗实线后面的许用应力值系由持久强度计算,新材料和本文件中未给出的材料应按GB/T 16507.1规定的方法进行计算。

5.1.8 材料的弹性模量、导热系数和膨胀系数可从附录B中选取。

5.2 受力构件

5.2.1 根据受力构件(包括吊杆、吊挂装置和紧固件等)的类别和计算温度选用材料,所用材料应有足够的强度,高温构件材料还应具有良好的抗氧化性能。

5.2.2 焊接连接的受力构件应采用焊接性能较好的材料。

5.2.3 为防止螺纹连接的受力构件在旋合处咬死,螺母和吊杆/螺栓的硬度应有差异,可选用不同性能等级的材料或采用不同的规范进行热处理。

5.3 钢结构

5.3.1 钢结构所用的钢材应具有屈服强度、抗拉强度、断后伸长率和硫、磷含量的合格保证,对焊接结构还应具有碳当量的合格保证。

5.3.2 焊接承重结构以及重要的非焊接承重结构采用的钢材应具有冷弯试验的合格保证;对直接承受

动力荷载或需验算疲劳的构件所用钢材应具有冲击韧性的合格保证。

5.4 焊接材料

5.4.1 焊条或焊丝的型号和性能应与相应母材的性能相适应,其熔敷金属的力学性能应符合设计规定,且不应低于相应母材标准的下限值。

5.4.2 对直接承受动载荷或需要验算疲劳的结构,以及低温环境下工作的厚板结构,宜采用低氢焊条焊接。

5.4.3 受压元件用焊接材料的选用应符合 NB/T 47018(所有部分)的要求。

6 受压元件用材料

6.1 钢板

6.1.1 碳素钢和低合金钢钢板的工作压力和壁温适用范围应符合表1的规定。

6.1.2 常用钢板的许用应力列于表2。

6.1.3 厚度大于 30 mm 的钢板,应按 NB/T 47013.3 逐张进行超声检测。其超声检测质量等级为:

 a) 厚度大于 30 mm 且不大于 36 mm 的 Q245R 和 Q345R 钢板,不低于Ⅱ级;

 b) 厚度大于 36 mm 的 Q245R 和 Q345R 钢板,不低于Ⅰ级;

 c) 其他合金钢板,不低于Ⅰ级。

6.1.4 锅炉制造过程中需进行正火、正火加回火或调质热处理的碳素钢和低合金钢钢板,钢板制造单位的交货状态可不同于表2中的规定。出厂检验和入厂复验可在热处理的钢板样块上取样。

6.1.5 厚度大于 36 mm 的 13MnNiMoR 钢板,可按 GB/T 6803 附加落锤试验,无塑性转变温度(NDT)的合格指标在设计文件中规定。

6.1.6 计算温度高于 300 ℃的钢板,需要时可在设计文件中规定附加进行该温度下的高温拉伸试验。

6.1.7 在制造工艺许可的情况下,锅筒可直接用 Q345R 板厚 36 mm 及以下的控轧或热轧钢板制造。

6.1.8 GB/T 713 中所列的其他材料用作锅炉钢板时,其适用范围的选用可按照 GB/T 150.2 的相关规定。

表 1 碳素钢和低合金钢钢板的适用范围

材料牌号	材料标准	适用范围	
		工作压力 MPa	壁温 ℃
Q235(B、C、D)	GB/T 3274	≤1.6	≤300
15、20	GB/T 711	≤1.6	≤350
Q245R	GB/T 713	≤5.3ᵃ	≤430
Q345R	GB/T 713	≤5.3ᵃ	≤430
13MnNiMoR	GB/T 713	不限	≤400
15CrMoR	GB/T 713	不限	≤520
12Cr2Mo1R	GB/T 713	不限	≤575
12Cr1MoVR	GB/T 713	不限	≤565
ᵃ 用于不受辐射热的锅筒时,工作压力不受限制。			

表 2 锅炉常用钢板的许用应力

材料牌号	材料标准	热处理状态	材料厚度 mm	室温强度 MPa $R_m \geq$	室温强度 MPa $R_{p0.2} \geq$	在下列温度(℃)下的许用应力 MPa 20	100	150	200	250	300	350	400	425	450	475	500	525	550	575
Q235(B,C,D)	GB/T 3274	热轧、控轧、正火	≤16	370	235	136	133	127	116	104	95	—	—	—	—	—	—	—	—	—
Q235(B,C,D)	GB/T 3274	热轧、控轧、正火	>16~36	370	225	136	127	120	111	96	88	—	—	—	—	—	—	—	—	—
15	GB/T 711	热轧、控轧、正火	—	370	—	137	137	137	134	129	—	—	—	—	—	—	—	—	—	—
20	GB/T 711	热轧、控轧、正火	≤16	410	245	148	147	140	131	117	108	98	—	—	—	—	—	—	—	—
Q245R	GB/T 713	热轧	≤16	400	245	148	147	140	129	116	106	97	90	83	61	—	—	—	—	—
Q245R	GB/T 713	热轧	>16~36	400	235	148	140	133	124	111	102	93	86	83	61	—	—	—	—	—
Q245R	GB/T 713	控轧	>36~60	400	225	148	133	127	119	107	98	89	82	80	61	—	—	—	—	—
Q245R	GB/T 713	正火	>60~100	390	205	137	123	117	109	98	90	82	75	73	61	—	—	—	—	—
Q245R	GB/T 713	正火	>100~150	380	185	123	112	107	100	90	80	73	70	67	61	—	—	—	—	—
Q345R	GB/T 713	正火	≤16	510	345	189	189	185	180	166	154	142	134	93	66	—	—	—	—	—
Q345R	GB/T 713	正火	>16~36	500	325	185	185	183	170	157	143	133	125	93	66	—	—	—	—	—
Q345R	GB/T 713	正火	>36~60	490	315	181	181	173	160	147	133	123	117	93	66	—	—	—	—	—
Q345R	GB/T 713	正火+回火	>60~100	490	305	181	181	167	150	137	123	117	110	93	66	—	—	—	—	—
Q345R	GB/T 713	正火+回火	>100~150	480	285	178	173	160	147	133	120	113	107	93	66	—	—	—	—	—
Q345R	GB/T 713	正火+回火	>150~250	470	265	174	163	153	143	130	117	110	103	93	66	—	—	—	—	—
13MnNiMoR	GB/T 713	正火+回火	30~100	570	390	211	211	211	211	211	211	211	203	—	—	—	—	—	—	—
13MnNiMoR	GB/T 713	正火+回火	>100~150	570	380	211	211	211	211	211	211	211	200	—	—	—	—	—	—	—
15CrMoR	GB/T 713	正火+回火	6~60	450	295	167	167	167	160	150	140	133	126	123	119	117	88	58	—	—
15CrMoR	GB/T 713	正火+回火	>60~100	450	275	167	167	157	147	140	131	124	117	114	111	109	88	58	—	—
15CrMoR	GB/T 713	正火+回火	>100~200	440	255	163	157	147	140	133	123	117	110	107	104	102	88	58	—	—
12Cr2Mo1R	GB/T 713	正火+回火	6~200	520	310	193	187	180	173	170	167	163	160	157	147	119	89	61	46	37
12Cr1MoVR	GB/T 713	正火+回火	6~60	440	245	163	150	140	133	127	117	111	105	102	100	97	95	82	59	41
12Cr1MoVR	GB/T 713	正火+回火	>60~100	430	235	157	147	140	133	127	117	111	105	102	100	97	95	82	59	41

6.2 钢管

6.2.1 钢管的工作压力和壁温适用范围应符合表 3 的规定。

表 3　钢管的适用范围

材料牌号	材料标准	适用范围		
		主要用途	工作压力 MPa	壁温 ℃
Q235B	GB/T 3091	热水管道	≤1.6	≤100
L210	GB/T 9711	热水管道	≤2.5	—
10、20	GB/T 8163	受热面管子	≤1.6	≤350
		集箱、管道	≤1.6	≤350
10、20	GB/T 3087	受热面管子	≤5.3	≤460
		集箱、管道	≤5.3	≤430
09CrCuSb	NB/T 47019.3	尾部受热面管子	不限	≤300
20G	GB/T 5310	受热面管子	不限	≤460
		集箱、管道	不限	≤430
15Ni1MnMoNbCu	GB/T 5310	集箱、管道	不限	≤450
20MnG、25MnG	GB/T 5310	受热面管子	不限	≤460
		集箱、管道	不限	≤430
15MoG、20MoG	GB/T 5310	受热面管子	不限	≤480
12CrMoG 15CrMoG	GB/T 5310	受热面管子	不限	≤560
		集箱、管道	不限	≤550
12Cr2MoG	GB/T 5310	受热面管子	不限	≤600[a]
		集箱、管道	不限	≤575
12Cr1MoVG	GB/T 5310	受热面管子	不限	≤580
		集箱、管道	不限	≤565
12Cr2MoWVTiB	GB/T 5310	受热面管子	不限	≤600[a]
12Cr3MoVSiTiB	GB/T 5310	受热面管子	不限	≤600[a]
07Cr2MoW2VNbB	GB/T 5310	受热面管子	不限	≤600[a]
10Cr9Mo1VNbN	GB/T 5310	受热面管子	不限	≤650[a]
		集箱、管道	不限	≤620
10Cr9MoW2VNbBN	GB/T 5310	受热面管子	不限	≤650[a]
		集箱、管道	不限	≤630
07Cr19Ni10	GB/T 5310	受热面管子	不限	≤670[a]
07Cr19Ni11Ti	GB/T 5310	受热面管子	不限	≤670[a]
07Cr18Ni11Nb	GB/T 5310	受热面管子	不限	≤670[a]
08Cr18Ni11NbFG	GB/T 5310	受热面管子	不限	≤700[a]
10Cr18Ni9NbCu3BN	GB/T 5310	受热面管子	不限	≤705[a]
07Cr25Ni21NbN	GB/T 5310	受热面管子	不限	≤730[a]
[a] 为外壁壁温,指烟气侧管子外壁的温度。				

6.2.2 钢管的许用应力列于表4。

6.2.3 锅炉用钢管除符合材料标准外,还可参照 NB/T 47019.3 根据使用环境增加检验项目或附加要求。

6.2.4 外径不小于 76 mm 且壁厚不小于 14 mm 的钢管应进行室温冲击试验。

6.2.5 根据锅炉元件运行环境,必要时可规定钢管的特殊抗腐蚀性能要求,如蒸汽参数 22.1 MPa 以上锅炉受热面管内壁的抗蒸汽腐蚀性能。

6.2.6 GB/T 28883 中的 20G＋07Cr19Ni10 复合管(符合 NB/T 47019.3 要求)按基层材料进行设计计算。

6.2.7 GB/T 20409 中的内螺纹无缝钢管的适用范围和许用应力与同牌号的无缝钢管一致。

6.3 锻件

6.3.1 锅炉受压元件用锻件的工作压力和壁温适用范围应符合表5的规定,许用应力列于表6。

6.3.2 25 钢的锻件,其化学成分按 GB/T 699,热处理状态为正火,检验项目和质量按 NB/T 47008 的要求,力学性能按以下控制:

    ——公称厚度(t)不大于 100 mm:$R_m \geqslant 420$ MPa、$R_{p0.2} \geqslant 235$ MPa、$A \geqslant 22\%$、HBW$\leqslant$170;

    ——公称厚度(t)大于 100 mm:$R_m \geqslant 390$ MPa、$R_{p0.2} \geqslant 215$ MPa、$A \geqslant 20\%$、HBW$\leqslant$170。

6.3.3 用于受压元件的Ⅲ级和Ⅳ级锻件应附加金相检验,金相检验应符合附录C的规定。

6.3.4 根据锅炉的额定参数,锻件分为4级:

    a) Ⅰ级用于热水锅炉和额定蒸汽压力不大于 3.8 MPa、额定蒸汽温度不大于 450 ℃的蒸汽锅炉的承压锻件;

    b) Ⅱ级用于额定蒸汽压力不大于 13.7 MPa、额定蒸汽温度不大于 540 ℃的蒸汽锅炉的承压锻件或承受较大外载的受力锻件;

    c) Ⅲ级用于额定蒸汽压力大于 13.7 MPa 蒸汽锅炉的承压锻件,且损坏时可能会引起严重安全事故或设备事故的锻件,否则为Ⅱ级锻件;

    d) Ⅳ级用于额定蒸汽压力大于 22.1 MPa 蒸汽锅炉、单件质量大于 800 kg 的大型的承压锻件。

再热系统中的锻件可根据再热参数来确定级别。

6.3.5 设计时的计算温度高于 300 ℃的钢锻件,必要时可在设计文件中规定增加锻件在该温度下的高温拉伸试验。

6.3.6 各类管件(三通、弯头、变径接头等)以及集箱封头等元件可采用表3中相应的钢管材料热加工制作。

6.3.7 除各种型式的法兰外,空心圆筒形管件或管帽类管件可以用表5中相应材料牌号的轧制或锻制圆钢加工而成,加工管件的圆钢不应采用钢板代替。当采用轧制或锻制圆钢加工空心圆筒形管件或管帽类管件时,应符合以下要求:

    a) 碳素钢空心圆筒形管件外径不大于 160 mm,合金钢管件或管帽类管件外径不大于 114 mm;

    b) 管件纵轴线与圆钢的轴线平行;

    c) 对加工后的管件进行无损检测。

6.3.8 工作压力不大于 2.5 MPa、壁温不大于 350 ℃的锻件可采用 Q235(B、C、D)钢。

6.3.9 锻件也可采用 NB/T 47008 和 NB/T 47010 中的其他材料,其适用范围按照 GB/T 150.2 的相关规定。

表 4　锅炉常用钢管的许用应力

材料牌号	材料标准	热处理状态	室温强度 MPa R_m ≥	室温强度 MPa $R_{p0.2}$ ≥	在下列温度（℃）下的许用应力 MPa 20	100	150	200	250	300	350	400	425	450	475	500	525	550	575	600	625	650	675	700	备注
Q235B	GB/T 3091	正火	370	235	136	133	127	116	104	95	—	—	—	—	—	—	—	—	—	—	—	—	—	—	—
10	GB/T 3087	正火（≤16 mm）	335	205	124	124	118	110	97	81	74	73	—	—	—	—	—	—	—	—	—	—	—	—	—
10	GB/T 8163	正火（>16 mm）	335	195	124	121	116	110	97	81	74	73	—	—	—	—	—	—	—	—	—	—	—	—	—
20	GB/T 3087	正火（≤16 mm）	410	245	152	147	136	125	113	99	91	85	66	49	36	—	—	—	—	—	—	—	—	—	—
20	GB/T 8163	正火，（>16 mm）	410	235	152	143	134	125	113	99	91	85	66	49	36	—	—	—	—	—	—	—	—	—	—
09CrCuSb	NB/T 47019.3	正火	390	245	144	144	137	127	120	113	—	—	—	—	—	—	—	—	—	—	—	—	—	—	—
20G	GB/T 5310	正火	410	245	152	152	152	143	131	118	105	85	66	49	36	—	—	—	—	—	—	—	—	—	—
15Ni1MnMoNbCu	GB/T 5310	正火+回火 油淬+回火	620	440	229	229	229	229	229	229	229	229	208	163	105	46	—	—	—	—	—	—	—	—	—
20MnG	GB/T 5310	正火	415	240	154	146	143	139	131	122	117	103	78	58	40	—	—	—	—	—	—	—	—	—	—
25MnG	GB/T 5310	正火	485	275	179	168	163	158	151	140	134	117	85	59	40	—	—	—	—	—	—	—	—	—	—
15MoG	GB/T 5310	正火	450	270	167	167	167	150	137	120	113	107	105	103	102	62	—	—	—	—	—	—	—	—	—
20MoG	GB/T 5310	正火	415	220	146	138	135	133	125	121	118	113	110	107	103	70	—	—	—	—	—	—	—	—	—
12CrMoG	GB/T 5310	正火+回火	410	205	137	129	125	121	117	113	110	106	103	100	97	75	51	32	17	—	—	—	—	—	—
15CrMoG	GB/T 5310	正火+回火 淬火+回火	440	295	163	163	163	163	163	161	152	144	141	137	135	97	66	41	23	—	—	—	—	—	—
12Cr2MoG	GB/T 5310	正火+回火 油淬+回火	450	280	166	128	125	124	123	123	123	123	122	119	99	81	64	49	35	24	—	—	—	—	—

表 4 锅炉常用钢管的许用应力（续）

材料牌号	材料标准	热处理状态	室温强度 MPa $R_m \geq$	室温强度 MPa $R_{p0.2} \geq$	20	100	150	200	250	300	350	400	425	450	475	500	525	550	575	600	625	650	675	700	备注
					在下列温度(℃)下的许用应力 MPa																				
12Cr1MoVG	GB/T 5310	正火+回火 油淬+回火	470	255	170	165	162	159	156	153	150	146	143	141	137	123	97	73	53	37	—	—	—	—	—
12Cr2MoWVTiB	GB/T 5310	正火+回火	540	345	200	200	200	200	200	200	200	200	200	200	196	164	134	108	83	61	—	—	—	—	—
07Cr2MoW2VNbB	GB/T 5310	正火+回火	510	400	188	188	188	188	188	188	188	188	180	164	147	128	110	89	71	53	—	—	—	—	—
12Cr3MoVSiTiB	GB/T 5310	正火+回火	610	440	225	225	225	225	225	225	225	225	225	204	172	140	113	90	69	52	—	—	—	—	—
10Cr9Mo1VNbN	GB/T 5310	正火+回火 油淬+回火	585	415	216	216	216	216	216	216	216	216	216	202	174	147	124	102	81	62	45	30	—	—	—
10Cr9MoW2VNbBN	GB/T 5310	正火+回火 油淬+回火	620	440	229	229	229	229	229	229	229	229	229	229	213	181	151	124	100	75	54	37	—	—	a
07Cr19Ni10	GB/T 5310	固溶处理	515	205	136	136	136	130	122	116	111	107	105	103	101	99	97	95	78	64	52	42	33	27	a
07Cr19Ni10	GB/T 5310	固溶处理	515	205	136	113	103	96	90	86	82	79	78	76	75	73	72	70	69	64	52	42	33	27	a
07Cr19Ni11Ti	GB/T 5310	固溶处理	515	205	136	136	136	136	135	128	122	119	117	115	114	113	112	93	75	59	46	37	29	23	a
07Cr19Ni11Ti	GB/T 5310	固溶处理	515	205	136	123	114	107	100	95	91	88	87	85	85	84	83	82	75	59	46	37	29	23	a
07Cr18Ni11Nb	GB/T 5310	固溶处理	520	205	136	136	136	136	136	135	131	127	126	125	125	125	122	120	108	88	70	55	42	32	a
07Cr18Ni11Nb	GB/T 5310	固溶处理	520	205	136	126	118	111	105	100	97	94	93	93	93	93	91	89	88	87	70	55	42	32	a
08Cr18Ni11NbFG	GB/T 5310	固溶处理	550	205	136	136	136	136	136	136	133	130	128	127	126	124	123	122	120	106	85	66	51	39	a
08Cr18Ni11NbFG	GB/T 5310	固溶处理	550	205	136	123	116	111	106	102	99	96	95	94	93	92	91	90	89	88	85	66	51	39	a
10Cr18Ni9NbCu3BN	GB/T 5310	固溶处理	590	235	156	156	156	156	153	148	143	140	137	135	133	131	130	119	111	102	89	78	61	47	a
10Cr18Ni9NbCu3BN	GB/T 5310	固溶处理	590	235	156	135	126	119	113	109	106	103	102	100	99	97	96	95	93	92	89	78	61	47	a
07Cr25Ni21NbN	GB/T 5310	固溶处理	655	295	196	196	196	188	180	174	170	166	164	162	160	158	155	153	132	107	90	69	54	41	—
07Cr25Ni21NbN	GB/T 5310	固溶处理	655	295	196	163	149	139	133	129	126	123	121	120	118	117	115	113	110	107	90	69	54	41	—

[a] 该许用应力仅适用于允许产生微量永久变形的元件，对于产生微量永久变形就会引起泄漏或故障的场合不应采用。

表 5　锅炉用锻件适用范围

材料牌号	材料标准	适用范围	
		工作压力 MPa	壁温 ℃
20	NB/T 47008	≤5.3[a]	≤430
25	GB/T 699	≤5.3[a]	≤430
16Mn	NB/T 47008	≤5.3[a]	≤430
12CrMo	NB/T 47008	不限	≤550
15CrMo			≤550
14Cr1Mo			≤550
12Cr2Mo1			≤575
12Cr1MoV			≤565
10Cr9Mo1VNbN			≤620
10Cr9MoW2VNbBN			≤630
S30408(06Cr19Ni10)	NB/T 47010	不限	≤670
S32169(07Cr19Ni11Ti)			≤670
[a] 不与火焰接触时,工作压力不限。			

表 6 锅炉常用锻件许用应力

材料牌号	材料标准	热处理状态	公称厚度 mm	室温强度 MPa R_m ≥	室温强度 MPa $R_{p0.2}$ ≥	在下列温度（℃）下的许用应力 MPa																				备注
						20	100	150	200	250	300	350	400	425	450	475	500	525	550	575	600	625	650	675	700	
20	NB/T 47008	正火	≤100	410	235	152	140	133	124	111	102	93	86	83	61	—	—	—	—	—	—	—	—	—	—	—
			>100~200	400	225	148	133	127	119	107	98	89	82	80	61	—	—	—	—	—	—	—	—	—	—	—
			>200~300	380	205	137	123	117	109	98	90	82	75	73	61	—	—	—	—	—	—	—	—	—	—	—
16Mn	NB/T 47008	正火	≤100	480	305	178	163	157	147	135	123	117	110	93	66	—	—	—	—	—	—	—	—	—	—	—
		正火+回火	>100~200	470	295	174	163	157	143	133	120	113	107	93	66	—	—	—	—	—	—	—	—	—	—	—
			>200~300	450	275	167	157	147	137	127	117	110	103	93	66	—	—	—	—	—	—	—	—	—	—	—
15CrMo	NB/T 47008	正火+回火	≤300	480	280	178	170	170	167	153	147	137	133	130	113	110	88	58	37	—	—	—	—	—	—	—
			>300~500	470	270	174	163	163	160	153	143	137	130	127	107	103	88	58	37	—	—	—	—	—	—	—
14Cr1Mo	NB/T 47008	正火+回火	≤300	490	290	181	180	170	160	153	147	140	133	130	127	122	80	54	33	—	—	—	—	—	—	—
			>300~500	480	280	178	170	167	153	147	140	133	127	123	120	117	80	54	33	—	—	—	—	—	—	—
12Cr2Mo1	NB/T 47008	正火+回火	≤300	510	310	189	187	180	173	170	167	163	160	157	147	119	89	61	46	37	—	—	—	—	—	—
			>300~500	500	300	185	183	177	170	167	163	160	157	153	147	119	89	61	46	37	—	—	—	—	—	—
12Cr1MoV	NB/T 47008	正火+回火	≤300	470	280	174	170	163	160	149	140	133	127	123	120	117	113	82	59	41	—	—	—	—	—	—
			>300~500	460	270	170	163	153	147	140	133	127	117	113	110	110	107	82	59	41	—	—	—	—	—	—
10Cr9Mo1VNbN	NB/T 47008	正火+回火	≤300	585	415	216	216	216	216	198	198	194	188	183	177	169	161	131	102	81	62	45	29	—	—	—
10Cr9MoW2VNbBN	NB/T 47008	正火+回火	≤300	620	440	229	229	229	229	229	229	229	229	229	229	213	181	151	124	100	75	54	37	33	27	a
S30408(06Cr19Ni10)	NB/T 47010	固溶处理	≤300	500	205	137	137	137	130	122	116	111	107	105	103	101	99	97	95	78	64	52	42	33	27	a
S32169(07Cr19Ni11Ti)	NB/T 47010	固溶处理	≤300	500	205	137	137	137	137	135	128	122	119	117	115	114	113	112	93	75	59	46	37	29	23	a

a 该许用应力仅适用于允许产生微量永久变形的元件,对于有微量永久变形就引起泄漏或故障的场合不能采用。

6.4 铸钢件

6.4.1 铸钢件的适用范围应符合表 7 的规定。

表 7 铸钢件的适用范围

材料牌号	材料标准	适用范围	
		工作压力 MPa	壁温 ℃
ZG200-400	JB/T 9625	≤5.3	≤430
ZG230-450	JB/T 9625	不限	≤430
ZG20CrMo			≤510
ZG20CrMoV			≤540
ZG15Cr1Mo1V			≤570

6.4.2 铸钢件的材料质量系数取 0.8。

6.4.3 铸钢件的许用应力见表 8。

表 8 锅炉常用铸钢许用应力

材料牌号	材料标准	热处理状态	公称厚度 mm	室温强度 MPa		在下列温度（℃）下的许用应力 MPa													
				R_m ≥	$R_{p0.2}$ ≥	20	100	150	200	250	300	350	400	425	450	475	500	525	550
ZG200-400	JB/T 9625	正火	≤100	400	200	80	75	75	75	75	68	65	61	—	—	—	—	—	—
ZG230-450	JB/T 9625	正火	≤100	450	230	90	84	84	84	84	77	73	69	65	44	—	—	—	—
ZG20CrMo	JB/T 9625	正火＋回火	≤100	460	245	92	88	88	88	88	88	83	80	79	77	75	45	31	—
ZG20CrMoV	JB/T 9625	正火＋回火	≤100	490	315	98	98	98	98	98	98	98	98	98	98	96	62	46	29

6.5 铸铁件

6.5.1 铸铁件的适应范围应符合表9的规定。

表 9 铸铁件的适用范围

材料种类	材料牌号	材料标准	适用范围		
			附件公称通径 mm	工作压力 MPa	壁温 ℃
灰铸铁	HT150 HT200 HT250 HT300 HT350	GB/T 9439	≤300	≤0.8	<230
			≤200	≤1.6	
可锻铸铁	KTH300-06 KTH330-08 KTH350-10 KTH370-12	GB/T 9440	≤100	≤1.6	<300
球墨铸铁	QT400-18 QT450-10	GB/T 1348	≤150	≤1.6	<300
			≤100	≤2.5	

6.5.2 铸铁的许用应力列于表10。

表 10 锅炉常用铸铁许用应力

材料牌号	材料标准	热处理状态	公称厚度 mm	室温强度 MPa		在下列温度(℃)下的许用应力 MPa					
				R_m ≥	$R_{p0.2}$ ≥	20	100	150	200	250	300
HT150	GB/T 9439	退火	—	150	—	15	15	15	15	15	—
HT200			—	200	—	20	20	20	20	20	—
HT250			—	250	—	25	25	25	25	25	—
HT300			—	300	—	30	30	30	30	30	—
HT350			—	350	—	35	35	35	35	35	—
KTH300-06	GB/T 9440	退火	—	300	—	30	30	30	30	30	30
KTH330-08			—	330	—	33	33	33	33	33	33
KTH350-10			—	350	—	35	35	35	35	35	35
KTH370-12			—	370	—	37	37	37	37	37	37
QT400-18	GB/T 1348	球化退火	≤30	400	250	50	50	50	50	50	50
			>30~60	390	250	49	49	49	49	49	49
			>60~200	370	240	46	46	46	46	46	46
QT450-10	GB/T 1348	球化退火	≤30	450	310	56	56	56	56	56	56
			>30~60	420	280	53	53	53	53	53	53
			>60~200	390	260	49	49	49	49	49	49

6.5.3 灰铸铁不应用于制造排污阀和排污弯管。

6.5.4 额定工作压力不大于 1.6 MPa 的锅炉以及蒸汽温度不大于 300 ℃ 的过热器,其放水阀和排污阀的阀体可用可锻铸铁或球墨铸铁制造。

6.5.5 额定工作压力不大于 2.5 MPa 的锅炉的方形铸铁省煤器和弯头,可采用牌号不低于 HT200 的灰铸铁;额定工作压力不大于 1.6 MPa 的锅炉的方形铸铁省煤器和弯头,可采用牌号不低于 HT150 的灰铸铁。

6.5.6 用于承压部位的铸铁件不应补焊。

7 受力构件用材料

7.1 吊杆

7.1.1 用于锅炉吊杆材料应符合 GB/T 699、GB/T 1221、GB/T 1591、GB/T 3077、NB/T 47008 和 NB/T 47010 要求的轧制或锻制圆钢,其适用范围按表 11 的规定。

7.1.2 吊杆圆钢的许用应力列于表 12。

表 11 吊杆用圆钢的适用范围

材料牌号	材料标准	壁温 ℃
Q355(B、C、D)	GB/T 1591	≤430
20	GB/T 699、NB/T 47008	≤450
25	GB/T 699	≤450
35	GB/T 699	≤450
16Mn	NB/T 47008	≤475
15CrMo	GB/T 3077、NB/T 47008	≤550
30CrMo	GB/T 3077、NB/T 47008	≤500
35CrMo	GB/T 3077、NB/T 47008	≤500
12Cr2Mo1	NB/T 47008	≤565
12Cr1MoV	GB/T 3077、NB/T 47008	≤565
10Cr9Mo1VNbN	NB/T 47008	≤620
10Cr9MoW2VNbBN	NB/T 47008	≤620
S30408(06Cr19Ni10)	GB/T 1221、NB/T 47010	≤670
S30409(07Cr19Ni10)	NB/T 47010	≤670
S32168(06Cr18Ni11Ti)	GB/T 1221、NB/T 47010	≤670
S32169(07Cr18Ni11Ti)	NB/T 47010	≤670

表 12　锅炉吊杆用圆钢许用应力

材料牌号	材料标准	热处理状态	室温强度 MPa		在下列温度（℃）下的许用应力 MPa																			
			$R_m \geq$	$R_{p0.2} \geq$	20	100	150	200	250	300	350	400	425	450	475	500	525	550	575	600	625	650	675
20	GB/T 699	正火	410	245	137	132	126	117	105	97	88	82	76	54	—	—	—	—	—	—	—	—	—
35	GB/T 699	正火	530	315	177	171	159	147	132	120	111	102	76	54	—	—	—	—	—	—	—	—	—
16Mn	NB/T 47008	正火	480	305	160	160	150	135	123	111	105	99	76	53	—	—	—	—	—	—	—	—	—
15CrMo	GB/T 3077 NB/T 47008	调质 正火＋回火	440	295	147	147	144	135	129	120	114	108	105	102	80	58	—	—	—	—	—	—	—
30CrMo	GB/T 3077 NB/T 47008	调质	960	735	263	240	228	222	216	210	201	192	169	135	100	71	—	—	—	—	—	—	—
35CrMo	GB/T 3077 NB/T 47008	调质	980	835	263	240	228	222	216	210	201	192	169	135	100	71	—	—	—	—	—	—	—
12Cr2Mo1	NB/T 47008	正火＋回火	510	310	170	168	162	156	153	150	147	144	123	103	89	73	—	—	—	—	—	—	—
12Cr1MoV	GB/T 3077 NB/T 47008	正火＋回火	490	245	147	147	144	138	132	126	120	114	111	108	105	102	74	53	37	—	—	—	—
10Cr9Mo1VNbN	NB/T 47008	正火＋回火	590	420	197	197	197	197	197	197	197	197	197	183	157	135	112	92	73	56	41	—	—
10Cr9MoW2VNbBN	NB/T 47008	正火＋回火	620	440	207	207	207	207	207	207	207	207	207	207	191	163	136	111	90	67	49	—	—
S30408（06Cr19Ni10）	GB/T 1221	固溶处理	520	220	132	102	93	86	81	76	74	71	70	68	67	66	64	63	62	57	46	38	30
S30409（07Cr19Ni10）	NB/T 47010	固溶处理	520	220	132	102	93	86	81	76	74	71	70	68	67	66	64	63	62	57	46	38	30
S32168（06Cr18Ni11Ti）	GB/T 1221	固溶处理	520	205	123	102	93	86	81	76	74	72	71	70	69	68	67	66	53	40	30	22	16
S32169（07Cr18Ni11Ti）	NB/T 47010	固溶处理	520	205	123	110	102	96	90	85	81	79	78	77	76	75	75	74	68	53	41	33	26

7.2 吊挂装置

吊挂装置(U 型卡头、销轴等)用钢的适用范围按表 13 的规定,许用应力列于表 14。

表 13 锅炉吊挂装置(U 型卡头、销轴等)用钢的适用范围

材料牌号	材料标准	适用温度 ℃
20	GB/T 699、NB/T 47008	≤450
25	GB/T 699	≤450
35	GB/T 699、NB/T 47008	≤450
15CrMo	GB/T 3077、NB/T 47008	≤550
30CrMo	GB/T 3077、NB/T 47008	≤500
35CrMo	GB/T 3077、NB/T 47008	≤500
12Cr1MoV	GB/T 3077、NB/T 47008	≤565
10Cr9Mo1VNbN	NB/T 47008	≤620
S30409(07Cr19Ni10)	GB/T 3280、GB/T 4237、NB/T 47010	≤670
S32169(07Cr19Ni11Ti)	GB/T 3280、GB/T 4237、NB/T 47010	≤670

表 14 锅炉吊挂装置（U 型卡头、销轴等）用钢的许用应力

材料牌号	材料标准	热处理状态	公称厚度 mm	室温强度 MPa $R_m \geq$	$R_{p0.2} \geq$	在下列温度（℃）下的许用应力 MPa 20	100	150	200	250	300	350	400	425	450	475	500	525	550	575	600	625	650	675	700
20	GB/T 699 NB/T 47008	正火	≤100	410	235	137	126	120	111	100	92	83	77	75	54	—	—	—	—	—	—	—	—	—	—
			>100~200	400	225	133	120	114	107	96	88	79	74	71	54	—	—	—	—	—	—	—	—	—	—
			>200~300	380	205	123	110	105	98	88	81	74	68	65	54	—	—	—	—	—	—	—	—	—	—
25	GB/T 699	正火	≤100	420	235	140	126	120	111	100	92	83	77	75	54	—	—	—	—	—	—	—	—	—	—
			>100~300	390	215	129	110	105	98	88	81	74	68	65	54	—	—	—	—	—	—	—	—	—	—
35	GB/T 699 NB/T 47008	正火	≤100	510	265	159	141	135	123	111	103	94	88	76	54	—	—	—	—	—	—	—	—	—	—
			>100~300	490	245	147	135	129	120	108	100	91	85	76	54	—	—	—	—	—	—	—	—	—	—
15CrMo	GB/T 3077 NB/T 47008	正火+回火	≤300	480	280	178	170	160	150	143	133	127	120	117	113	110	88	58	37	—	—	—	—	—	—
30CrMo	GB/T 3077 NB/T 47008	调质	≤300	620	440	207	207	207	207	207	207	201	192	184	135	100	71	—	—	—	—	—	—	—	—
35CrMo	GB/T 3077 NB/T 47008	调质	≤300	620	440	207	207	207	207	207	207	201	192	184	135	100	71	—	—	—	—	—	—	—	—
			>300~500	610	430	203	203	203	203	203	203	201	192	184	135	100	71	—	—	—	—	—	—	—	—
12Cr1MoV	GB/T 3077 NB/T 47008	正火+回火	≤300	470	280	157	153	144	138	132	126	120	114	111	108	105	102	74	53	37	—	—	—	—	—
			>300~500	460	270	153	147	138	132	126	120	114	108	105	102	99	96	74	53	37	—	—	—	—	—
10Cr9Mo1VNbN	NB/T 47008	正火+回火	≤300	590	420	197	197	197	197	197	197	197	197	197	183	157	135	112	92	73	56	41	26	—	—
S30409 (07Cr19Ni10)	GB/T 3280 GB/T 4237 NB/T 47010	固溶处理	≤300	500	205	123	102	92	86	81	77	74	71	70	68	67	66	64	63	62	57	46	38	30	24
S32169 (07Cr19Ni11Ti)	GB/T 3280 GB/T 4237 NB/T 47010	固溶处理	≤300	500	205	123	110	102	96	90	85	81	79	78	77	76	75	75	74	68	53	41	33	26	21

7.3 紧固件

7.3.1 锅炉用紧固件用钢的适用范围应符合表 15 的规定,当用于火力发电锅炉时紧固件用钢的使用温度还应符合 DL/T 439 的要求。

表 15　紧固件用材料的适用范围

材料牌号	材料标准	适用范围	
		工作压力 MPa	使用温度 ℃
Q235(B、C、D)	GB/T 700	≤1.6	≤350
20	GB/T 699	不限	≤350
25			≤350
35			≤420
40Cr	GB/T 3077	不限	≤450
15CrMo	GB/T 3077	不限	≤550
12Cr1MoV	GB/T 3077	不限	≤565
30CrMo	GB/T 3077	不限	≤500
35CrMo(A)	GB/T 3077、DL/T 439	不限	≤500
25Cr2MoVA			≤510
25Cr2Mo1VA	DL/T 439	不限	≤550
20Cr1Mo1VNbTiB			≤570
20Cr1Mo1VTiB			≤570
20Cr13	GB/T 1220	不限	≤450
30Cr13			≤450
12Cr18Ni9	GB/T 1221	不限	≤610
06Cr19Ni10			≤610

7.3.2 受压元件的紧固件用材料的许用应力应按 GB/T 16507.1 的规定来确定。

7.3.3 表 15 未列入的 GB/T 150.2 中的碳素钢和合金钢用作螺柱、螺母等锅炉紧固件时,其适用范围可按照 GB/T 150.2 的相关规定。

8 钢结构用材料

锅炉钢结构用钢为 GB/T 700、GB/T 1591、GB/T 3077 和 GB/T 5313 规定的材料。

9 焊接材料

9.1 一般要求

焊接材料的采购、标识、组批、质量证明、复验等应符合 NB/T 47018.1 的要求,保管和运输符合 JB/T 3223 的要求。

9.2 钢焊条

钢焊条为 NB/T 47018.2、GB/T 983、GB/T 984、GB/T 5117、GB/T 5118 和 GB/T 32533 规定的材料。

9.3 气体保护电弧钢焊丝和填充丝

气体保护电弧钢焊丝和填充丝为 NB/T 47018.3、GB/T 8110、GB/T 29713、YB/T 5092、GB/T 5293、GB/T 10045、GB/T 12470、GB/T 14957、GB/T 17493 规定的材料。

9.4 埋弧焊钢焊丝和焊剂

埋弧焊钢焊丝和焊剂为 NB/T 47018.4、GB/T 5293、GB/T 12470 和 GB/T 17854 规定的材料。

9.5 堆焊用不锈钢焊带和焊剂

堆焊用不锈钢焊带和焊剂为 NB/T 47018.5 规定的材料。

附　录　A

（规范性）

材料补充要求

A.1　境外牌号的材料

锅炉受压元件采用境外牌号材料应满足以下要求：

a) 应是经国家市场监督管理总局公告的境外锅炉产品标准中允许使用的材料；

b) 按照订货合同规定的技术标准和技术条件进行验收；

c) 材料使用单位首次使用前，应进行焊接工艺评定和成型工艺试验；

d) 应采用该材料的技术标准或技术条件所规定的性能指标进行强度计算；

e) 首次在国内锅炉上使用的材料，应通过技术评审。

A.2　新材料

A.2.1　材料制造单位应制定该材料的企业标准。

A.2.2　新材料应进行技术评审，评审资料包括：

a) 化学成分，以及确定上、下限的试验研究数据；

b) 室温夏比冲击吸收能量（KV_2）；

c) 韧脆转变温度（$FATT_{50}$）；

d) 在从室温到至少超过最高允许工作温度 50 ℃，或到高温屈服强度与持久强度的等强温度以上 50 ℃的范围内，温度间隔 50 ℃的抗拉强度（R_m）、下屈服强度（R_{eL}）或规定塑性延伸强度（$R_{p0.2}$），以及提供断后伸长率（A）和断面收缩率（Z）；

e) 工作温度高于 350 ℃的碳素钢以及工作温度高于 400 ℃的合金钢，应提供 10^5 h 的持久强度（R_D^t）、长期时效稳定性以及蠕变极限（R_n^t）；

f) 对用于有疲劳失效倾向部件的材料应提供抗低周疲劳数据；

g) 使用温度高于 500 ℃的锅炉材料应提供在使用温度（包括超过最高允许工作温度 20 ℃）的抗氧化数据；用于腐蚀介质的材料应给出抗腐蚀性能，若是奥氏体钢应提供抗晶间腐蚀数据；

h) 适用温度范围的弹性模量（E）、平均线膨胀系数（α）和导热系数（λ）等物理性能；

i) 材料的焊接性能及焊接接头力学性能数据；

j) 材料的冷加工和热加工性能的技术资料，例如冲压、卷制、弯曲、热处理等；

k) 材料制造工艺的技术资料，例如冶炼、铸造或锻轧、热处理、工艺稳定性等。

附 录 B

（资料性）

常用材料的弹性模量、导热系数和膨胀系数

B.1 常用材料的弹性模量见表 B.1。

表 B.1 材料弹性模量

材料类别	在下列温度(℃)下的弹性模量(E)													
	10^3 MPa													
	20	100	150	200	250	300	350	400	450	500	550	600	650	700
碳素钢、碳锰钢	201	197	194	191	188	183	178	170	160	149	—	—	—	—
锰钼钢、镍钢	200	196	193	190	187	183	178	170	160	149	—	—	—	—
铬(0.5%～2%)钼(0.2%～0.5%)钢	204	200	197	193	190	186	183	179	174	169	164	—	—	—
铬(2.25%～3%)钼(1.0%)钢	210	206	202	199	196	192	188	184	180	175	169	162	—	—
铬(5%～9%)钼(0.5%～1.0%)钢	213	208	205	201	198	195	191	187	183	179	174	168	161	—
铬钢(12%～17%)	201	195	192	189	186	182	178	173	166	157	145	131	—	—
奥氏体钢(Cr18Ni8～Cr25Ni20)	195	189	186	183	179	176	172	169	165	160	156	151	146	140

B.2 常用材料的导热系数见表 B.2。

表 B.2 材料导热系数

材料类别	在下列温度(℃)下的导热系数(λ)														
	W/(m·K)														
	20	100	150	200	250	300	350	400	450	500	550	600	650	700	750
普通碳素钢(A)[a]	60.4	58.0	55.9	53.6	51.4	49.2	47.0	44.9	42.7	40.5	38.2	35.8	—	—	—
碳钼钢、低铬钢、碳锰钢、低镍钢(C)[b]	41.0	40.6	40.4	40.1	39.5	38.7	37.8	36.8	35.8	34.8	33.9	32.8	—	—	—
铬钼钢(D)[c]	36.3	36.9	37.1	37.2	37.1	36.7	36.2	35.4	34.6	33.7	32.8	32.0	31.1	—	—
9%铬钢(F)[d]	22.3	24.4	25.5	26.3	26.9	27.4	27.7	27.9	27.9	27.9	27.8	27.6	27.3	27.0	
18%铬奥氏体钢(J)[e]	14.8	16.2	17.0	17.9	18.6	19.4	20.1	20.8	21.5	22.2	22.9	23.6	24.3	25.0	25.7
25%铬奥氏体钢(K)[f]	14.1	15.4	16.1	16.8	17.6	18.3	19.0	19.7	20.5	21.2	21.9	22.6	23.2	23.9	24.6

[a] 包括 10、15、20、20G、25、35、Q235、Q245。

[b] 包括 Q355、16Mn、15MoG、20MoG、20MnG、25MnG、12CrMoG、15CrMoG/R、13MnNiMoR、12Cr2MoWVTiB、12Cr3MoVSiTiB、07Cr2MoW2VNbB、30CrMo、35CrMo、15Ni1MnMoNbCu。

[c] 包括 12Cr2MoG、12Cr2Mo1R、12Cr1MoVG/R。

[d] 包括 10Cr9Mo1VNbN、10Cr9MoW2VNbBN。

[e] 包括 07Cr19Ni10、10Cr18Ni9NbCu3BN、07Cr19Ni11Ti、07Cr18Ni11Nb、08CrNi11NbFG、S30408、S32168。

[f] 包括 07Cr25Ni21NbN。

B.3 常用材料的平均线膨胀系数见表 B.3。

表 B.3 材料平均线膨胀系数

材料类别	在下列温度(℃)与20℃之间的平均线膨胀系数(α)													
	10⁻⁶ mm/(mm·℃)													
	50	100	150	200	250	300	350	400	450	500	550	600	650	700
碳素钢、碳锰钢、锰钼钢、低铬钼钢	11.12	11.53	11.88	12.25	12.56	12.90	13.24	13.58	13.93	14.22	14.42	14.62	—	—
中铬钼钢(Cr5Mo~Cr9Mo)	10.52	10.91	11.15	11.39	11.66	11.90	12.15	12.38	12.63	12.86	13.05	13.18	—	—
高铬钢(Cr13)	9.59	9.94	10.20	10.45	10.67	10.96	11.19	11.41	11.61	11.81	11.97	12.11	—	—
奥氏体钢(Cr18Ni8~Cr19Ni14)	16.54	16.84	17.06	17.25	17.42	17.61	17.79	17.99	18.19	18.34	18.58	18.71	18.87	18.97
奥氏体钢(Cr25Ni20)	15.84	15.84	15.98	16.05	16.06	16.07	16.11	16.13	16.17	16.33	16.56	16.66	16.91	17.14

附　录　C
（规范性）
钢锻件的金相检验

C.1 金相检验取样部位与力学性能试验取样部位相同。

C.2 钢锻件的实际晶粒度按 GB/T 6394 进行检验,并符合表 C.1 的规定。

表 C.1　钢锻件的实际晶粒度

钢　号	晶粒度级别	两个检测区域 晶粒度最大级别与最小级别差
20、25	4 级～10 级	不超过 3 级
16Mn		
12CrMo、15CrMo、14Cr1Mo		
12Cr1MoV、12Cr2Mo1		
10Cr9Mo1VNbN、10Cr9MoW2VNbBN	≥4 级[a]	不超过 3 级
S30408(06Cr19Ni10)、S32169(07Cr19Ni11Ti)	4 级～7 级	不超过 3 级

[a] 当显微组织为全马氏体时,可检验原奥氏体晶粒度,其级别不小于 2 级。

C.3 钢锻件的非金属夹杂物按 GB/T 10561 中的 A 法评级,其 A、B、C 和 D 各类夹杂物的细系级别和粗系级别均应小于 2.5 级,DS 类夹杂物级别不大于 2.5 级,A、B、C 和 D 各类夹杂物的细系级别总数与粗系级别总数均不应大于 6.5 级。

C.4 钢锻件的显微组织按 GB/T 13298 进行检验,并符合表 C.2 的规定。

表 C.2　钢锻件的显微组织

钢　号	显微组织
20、25	铁素体＋珠光体
16Mn	铁素体＋珠光体
12CrMo、15CrMo、14Cr1Mo	铁素体＋珠光体(可存在粒状贝氏体或全贝氏体)
12Cr1MoV、12Cr2Mo1	铁素体＋贝氏体或铁素体＋珠光体或铁素体＋贝氏体＋珠光体或贝氏体(可存在索氏体)
10Cr9Mo1VNbN、10Cr9MoW2VNbBN	回火马氏体或保持马氏体位相的回火索氏体
S30408(06Cr19Ni10)、S32169(07Cr19Ni11Ti)	奥氏体

参 考 文 献

[1] GB/T 20409 高压锅炉用内螺纹无缝钢管
[2] GB/T 28883 承压用复合无缝钢管
[3] TSG 11 锅炉安全技术规程
[4] TSG 91 锅炉节能环保技术规程

ICS 27.060.30
CCS J 98

中华人民共和国国家标准

GB/T 16507.3—2022
代替 GB/T 16507.3—2013

水管锅炉
第 3 部分：结构设计

Water-tube boilers—
Part 3: Structure design

2022-03-09 发布

2022-10-01 实施

国家市场监督管理总局
国家标准化管理委员会 发布

前　言

本文件按照 GB/T 1.1—2020《标准化工作导则　第 1 部分:标准化文件的结构和起草规则》的规定起草。

本文件是 GB/T 16507《水管锅炉》的第 3 部分。GB/T 16507 已经发布了以下部分:

——第 1 部分:总则;

——第 2 部分:材料;

——第 3 部分:结构设计;

——第 4 部分:受压元件强度计算;

——第 5 部分:制造;

——第 6 部分:检验、试验和验收;

——第 7 部分:安全附件和仪表;

——第 8 部分:安装与运行。

本文件代替 GB/T 16507.3—2013《水管锅炉　第 3 部分:结构设计》,与 GB/T 16507.3—2013 相比,除结构调整和编辑性改动外,主要技术变化如下:

——更改了适用范围,增加了储水箱、水冷壁、过热器、再热器、省煤器等(见第 1 章,2013 年版的第 1 章);

——增加了膜片扁钢的要求(见 4.7);

——更改了设置膨胀指示器的要求(见 4.11,2013 年版的 4.9);

——删除了管子的异种钢接头对接焊缝中心线的相关距离要求(见 5.4,2013 年版的 5.4);

——更改了"过热器及再热器管道"为"管道",增加了储水箱及管子的焊缝要求(见 5.5,2013 年版的 5.5);

——删除了管子、管道对接外侧边缘偏差要求,增加了不同直径或壁厚的两零件对接时过渡斜面的要求(见 5.10,2013 年版的 5.10 和表 1);

——更改了底部加强的管接头的示意图(见图 2,2013 年版的图 2);

——增加了吊耳焊缝的结构尺寸要求(见图 3,2013 年版的图 3);

——增加了 8 型平端盖"焊接坡口未做规定"的说明,增加了部分型式的制造方式(见表 2);

——更改了集中下降管管孔的开孔要求(见 6.2.2,2013 年版的 9.2.2);

——增加了凸形封头开孔要求的配图(见图 6、图 7 和图 8);

——更改了开设射线照相检查孔的要求(见 6.3.11,2013 年版的 9.3.11);

——增加了胀接连接时的管子壁厚要求(见 7.2);

——增加了锅筒最高安全水位的要求(见 7.7);

——增加了"启动(汽水)分离器和储水箱"和"集箱和管道"两章(见第 8 章和第 9 章);

——更改了喷水减温器的减温水管加装套管的适用锅炉范围要求(见 10.1,2013 年版的 7.1);

——增加了"炉膛(水冷壁)""过热器和再热器""省煤器"和"刚性梁"四章(见第 11 章、第 12 章、第 13 章和第 15 章);

——增加了平台和扶梯要求(见 16.3 和 16.4)。

请注意本文件的某些内容可能涉及专利。本文件的发布机构不承担识别专利的责任。

本文件由全国锅炉压力容器标准化技术委员会(SAC/TC 262)提出并归口。

本文件起草单位:北京巴布科克·威尔科克斯有限公司、东方电气集团东方锅炉股份有限公司、上海锅炉厂有限公司、哈尔滨锅炉厂有限责任公司、上海发电设备成套设计研究院有限责任公司、杭州锅炉集团股份有限公司、无锡华光环保能源集团股份有限公司、武汉锅炉股份有限公司、南通万达锅炉有限公司、江联重工集团股份有限公司。

本文件主要起草人:骆声、冉燊铭、周曙光、王宏生、张树林、施鸿飞、周朝晖、顾全斌、别丽娅、尹会坤、徐勇敏。

本文件及其所代替文件的历次版本发布情况为:

——1996 年首次发布为 GB/T 16507—1996;

——2013 年第一次修订时,将水管锅炉和锅壳锅炉内容分开,各由 8 个部分组成,水管锅炉为 GB/T 16507.1—2013～GB/T 16507.8—2013《水管锅炉》,锅壳锅炉为 GB/T 16508.1—2013～GB/T 16508.8—2013《锅壳锅炉》,本文件为 GB/T 16507.3—2013《水管锅炉 第 3 部分:结构设计》,同时部分代替 GB/T 9222—2008《水管锅炉受压元件强度计算》(GB/T 9222—2008 的历次版本发布情况为:GB/T 9222—1988);

——本次为第二次修订。

引　言

　　GB/T 16507《水管锅炉》是全国锅炉压力容器标准化技术委员会(以下简称"委员会")负责制修订和归口的锅炉通用建造标准之一。其制定遵循了国家颁布的锅炉安全法规所规定的安全基本要求,设计准则、材料要求、制造检验技术要求、验收标准和安装要求均符合 TSG 11《锅炉安全技术规程》的相应规定。GB/T 16507 为协调标准,满足 TSG 11《锅炉安全技术规程》的基本要求,同时也符合 TSG 91《锅炉节能环保技术规程》的要求。GB/T 16507 旨在规范锅炉的设计、制造、检验、验收和安装,由 8 个部分构成。

　　——第 1 部分:总则。目的在于确定水管锅炉范围界定、锅炉参数、建造规范以及节能和环保等建造水管锅炉的通用技术要求。

　　——第 2 部分:材料。目的在于确定水管锅炉受压元件和非受压元件、受力构件、锅炉钢结构和焊接材料等的选材和用材要求。

　　——第 3 部分:结构设计。目的在于确定水管锅炉结构设计的基本要求、焊接连接要求、开孔和各元(部)件的具体设计要求。

　　——第 4 部分:受压元件强度计算。目的在于确定水管锅炉受压元件的计算壁温、计算压力、设计许用应力取值及强度设计计算方法。

　　——第 5 部分:制造。目的在于确定水管锅炉在制造过程中的标记、冷热加工成形、胀接、焊接和热处理要求。

　　——第 6 部分:检验、试验和验收。目的在于确定水管锅炉受压元件和与其直接连接的承受载荷的非受压元件的检验、试验和验收要求。

　　——第 7 部分:安全附件和仪表。目的在于确定水管锅炉安全附件和仪表的设置和选用要求。

　　——第 8 部分:安装与运行。目的在于确定水管锅炉本体和锅炉范围内管道的安装、调试、质量验收以及运行要求。

　　由于 GB/T 16507 没有必要,也不可能囊括适用范围内锅炉建造和安装中的所有技术细节,因此,在满足 TSG 11《锅炉安全技术规程》所规定的基本安全要求的前提下,不禁止 GB/T 16507 中没有特别提及的技术内容。

　　GB/T 16507 不限制实际工程设计和建造中采用能够满足安全要求的先进技术方法。

　　对于未经委员会书面授权或认可的其他机构对标准的宣贯或解释所产生的理解歧义和由此产生的任何后果,本委员会将不承担任何责任。

水管锅炉
第3部分:结构设计

1 范围

本文件规定了水管锅炉锅筒、启动(汽水)分离器、储水箱、集箱、减温器、管道、水冷壁、过热器、再热器、省煤器、管接头、吊杆、开孔、门孔、刚性梁、钢结构、扶梯及平台等结构设计的要求。

本文件适用于GB/T 16507.1界定的水管锅炉的结构设计。

2 规范性引用文件

下列文件中的内容通过文中的规范性引用而构成本文件必不可少的条款。其中,注日期的引用文件,仅该日期对应的版本适用于本文件;不注日期的引用文件,其最新版本(包括所有的修改单)适用于本文件。

GB/T 985.1 气焊、焊条电弧焊、气体保护焊和高能束焊的推荐坡口
GB/T 985.2 埋弧焊的推荐坡口
GB/T 2900.48 电工名词术语 锅炉
GB 4053(所有部分) 固定式钢梯及平台安全要求
GB/T 16507.1 水管锅炉 第1部分:总则
GB/T 16507.2 水管锅炉 第2部分:材料
GB/T 16507.4 水管锅炉 第4部分:受压元件强度计算
GB/T 22395 锅炉钢结构设计规范
JB/T 6734 锅炉角焊缝强度计算方法
JB/T 6735 锅炉吊杆强度计算方法

3 术语和定义

GB/T 2900.48和GB/T 16507.1界定的术语和定义适用于本文件。

4 基本要求

4.1 锅炉设计的基本原则应符合GB/T 16507.1的规定。

4.2 设计时应按本文件的规定和GB/T 16507.1及GB/T 16507.4专门要求确定所需考虑的计算荷载及所需进行的荷载计算。

4.3 设计时应保证元件壁温不超过所用材料的许用温度,此外还需考虑受热面管子内外壁温差及内壁抗蒸汽氧化等因素,材料的选用应符合GB/T 16507.2的要求。

4.4 设计时应按GB/T 16507.4中有关强度计算公式或应力分析计算公式和规定,确定受压元件的最小需要厚度。对于承受荷载的非受压元件应按有关规定确定其计算尺寸。

4.5 设计时应保证在预期的运行工况下蒸发受热面、过热器、再热器和省煤器系统工作可靠,保证水动力特性稳定,防止传热恶化。

4.6 炉膛、包墙及尾部烟道的结构应有足够的承载能力,防止出现永久变形和炉墙垮塌,并应有良好的

密封性。

4.7 膜式壁结构中的扁钢的膨胀系数应和管子相近,扁钢宽度的确定应保证在锅炉运行中不超过其材料许用温度,焊缝结构应保证扁钢有效冷却。

4.8 承重结构在承受设计载荷时应具有足够的强度、刚度、稳定性及防腐蚀性。

4.9 炉墙应具有良好的绝热和密封性。

4.10 各部件的设计应保证其运行时能按设计预定方向自由膨胀,悬吊式锅炉本体设计确定的膨胀中心应予固定,应设置膨胀导向装置保证炉体沿预定方向膨胀。额定压力不小于 9.8 MPa 的锅炉,当设备及固定结构不能承受安全阀排放反力、地震力等瞬时荷载时,应在适当位置设置阻尼装置以减小所受冲击力,防止设备损坏。

4.11 额定压力不小于 3.8 MPa 的锅炉的以下部位应设置膨胀指示器:
——锅筒/储水箱,
——过热器出口,
——再热器进出口,
——燃烧器附近,
——下降管下部,
——水冷壁下集箱,
——尾部包墙下集箱,
——省煤器进口集箱,
——省煤器灰斗等。

4.12 炉膛和燃烧设备的结构以及布置、燃烧方式应与所设计的燃料相适应,防止火焰直接冲刷受热面,并且防止炉膛结渣或结焦。

4.13 对于受压元、部件的结构形式、开孔和焊缝的布置,设计时尽量避免或减少应力叠加及应力集中。

4.14 启停频繁等参数波动较大的锅炉的锅筒或启动(汽水)分离器,应按照 GB/T 16507.4 的规定进行疲劳强度校核。

4.15 燃煤锅炉(特别是循环流化床锅炉)应有防止受热面磨损的措施。

4.16 液态排渣锅炉和可能产生高温腐蚀的固态排渣锅炉,应采取防止高温腐蚀的措施。

4.17 直流锅炉蒸发受热面内不应发生膜态沸腾和水平管圈的汽、水分层流动。

4.18 直流锅炉应设置启动系统,容量应与锅炉最低直流负荷相适应。

4.19 直流锅炉启动系统的疏水排放能力应满足锅炉在各种启动方式下发生汽水膨胀时的最大疏水流量。

4.20 直流电站锅炉采用外置式启动(汽水)分离器启动系统时,隔离阀的工作压力应按照最大连续负荷下的设计压力确定,启动(汽水)分离器的强度按照锅炉最低直流负荷的设计参数设计计算;采用内置式启动(汽水)分离器启动系统时,各部件的强度应按照锅炉最大连续负荷的设计参数计算。

4.21 对于控制循环锅炉、低循环倍率锅炉及超临界压力复合循环锅炉,其锅水循环泵(启动循环泵)及其进水管的布置应能防止管内及泵入口处工质发生汽化。

4.22 受热面的管夹、吊挂、夹持管等应设置合理可靠,防止超温、烧损、拉伤和引起管子相互碰撞及摩擦。

4.23 锅炉结构应便于安装、运行操作、检修和内外部清洗。

5 焊接连接要求

5.1 锅炉角焊缝的强度计算应符合 JB/T 6734 的规定。

5.2 受压元件主要焊缝及其邻近区域尽量避免焊接附件。如果无法避免,则焊接附件的焊缝可穿过主要焊缝,而不应在主要焊缝及其邻近区域终止。

5.3 锅炉受热面管子(异种钢接头除外)以及管道直段上,对接焊缝中心线间的距离(L)应满足下列要求:

a) 外径小于 159 mm,L≥2 倍外径;

b) 外径不小于 159 mm,L≥300 mm。

当锅炉结构难以满足上述要求时,对接焊缝的热影响区不应重合,并且 L≥50 mm。

5.4 受热面管子(盘管及成型管件除外)对接焊缝应位于管子直段上。受热面管子的对接焊缝中心线至锅筒及集箱外壁、管子弯曲起点、管子支吊件边缘的距离至少为 50 mm,对于额定工作压力不小于 3.8 MPa 的锅炉,该距离至少为 70 mm(受结构限制的异种钢接头除外)。

5.5 锅筒、启动(汽水)分离器、储水箱、集箱、管道及管子的纵向和环向对接焊缝,封头的拼接焊缝等应采用全焊透型结构。

5.6 锅筒(筒体壁厚不相等的除外)上相邻两筒节的纵向焊缝,以及封头的拼接焊缝与相邻筒节的纵向焊缝,都不应彼此相连。其焊缝中心线间距离(外圆弧长)至少应为较厚钢板厚度的 3 倍,且不小于 100 mm。

5.7 由两片不等壁厚钢板压制后焊成的锅筒,相邻两筒节的纵缝允许相连,但焊缝的交叉部位应经射线检测合格。

5.8 锅筒纵、环缝两边的钢板中心线一般宜对齐,锅筒环缝两侧的钢板不等厚时,也允许一侧的边缘对齐。名义厚度不同的两元件或钢板对接时,两侧中任何一侧的名义边缘厚度差值若超过 5.9 规定的边缘偏差值,则厚板的边缘应削至与薄板边缘平齐,削出的斜面应平滑,并且斜率不大于 1∶3,必要时,焊缝的宽度可计算在斜面内,如图 1 所示。

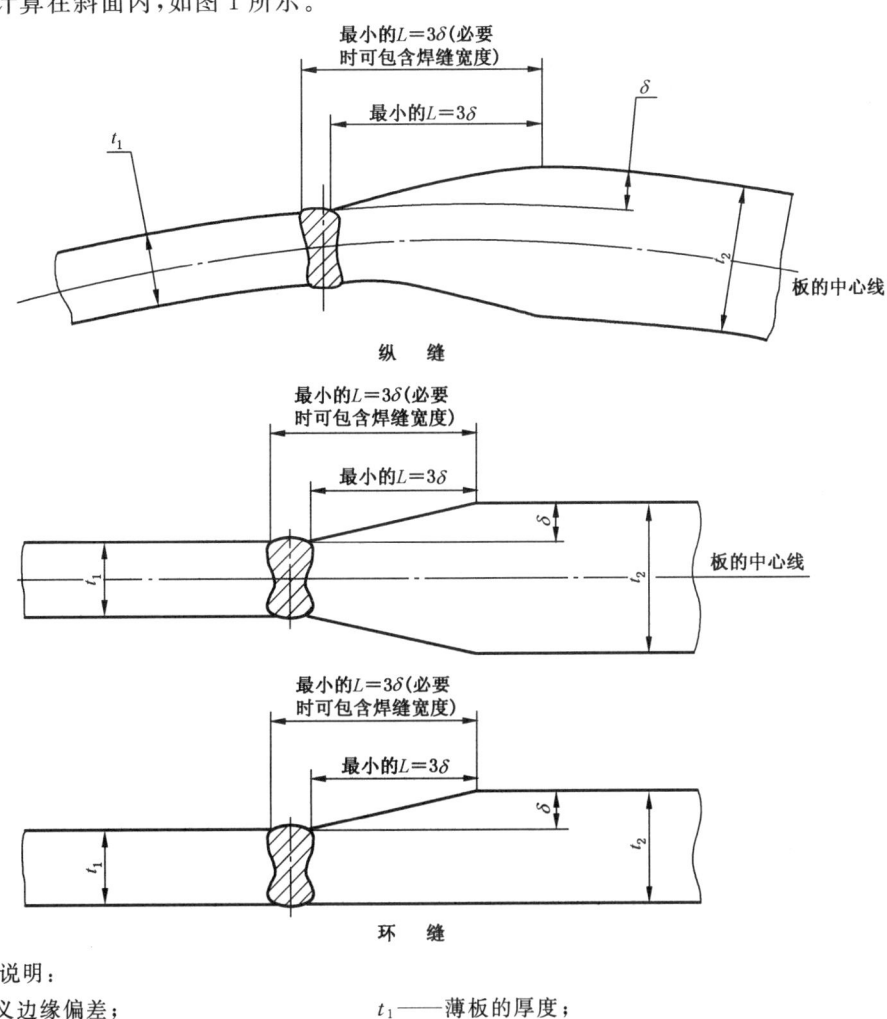

标引序号说明:

δ ——名义边缘偏差;   t₁——薄板的厚度;

t₂——厚板的厚度;   L ——削薄的长度。

图 1 筒体削薄示意图

5.9 锅筒对接焊缝边缘偏差规定如下。

    a) 纵缝或封头拼接焊缝两边钢板的实际边缘偏差值不大于名义板厚的10%,并且不超过3 mm;当板厚大于100 mm时,不超过6 mm。

    b) 环缝两边钢板的实际边缘偏差值(包括板厚差在内)不大于名义板厚的15%加1 mm,且不超过6 mm;当板厚大于100 mm时,不超过10 mm。

    c) 不同厚度的两元件或钢板对接并且边缘已削薄的,按钢板厚度相同对待,上述的名义板厚指薄板;不同厚度的钢板对接但不进行削薄的,则上述的名义板厚指厚板。

5.10 管子、管道、集箱对接时,内表面应对齐,不同直径或壁厚的两元件对接时,外侧直径较大处至直径较小处过渡的斜度不大于30°,内侧的过渡斜率不大于1∶3,焊缝可包括在过渡斜面之内。

5.11 除了球形封头以外,扳边的元件(如封头等)与圆筒形元件对接焊接时,扳边弯曲起点至焊缝中心线的距离(L)应符合表1中的要求。

表 1 扳边弯曲起点至焊缝中心线距离

单位为毫米

扳边元件内径	距离(L)
≤600	≥25
>600	≥38

5.12 额定工作压力不小于3.8 MPa的锅炉,外径小于32 mm的排气、疏水、排污和取样管等管接头与锅筒、集箱、管道相连接时,应采用底部加强的管接头,如图2所示。

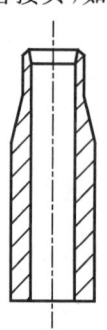

图 2 底部加强的管接头示意图

5.13 支管或管接头与锅筒、集箱、管道连接时,不应采用奥氏体钢和铁素体钢的异种钢焊接。

5.14 承受主要荷载的吊耳与受压元件之间可采用全焊透型焊缝连接、坡口焊缝与角焊缝的组合焊缝连接,或沿周界或接触面全长连续分布的角焊缝连接,如图3所示。

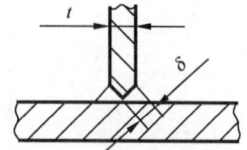 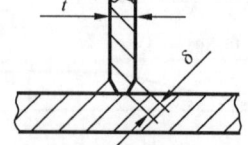 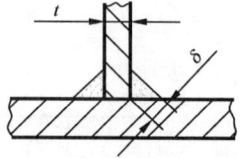

    a) 全焊透型焊缝连接   b) 坡口焊缝与角焊缝的组合焊缝连接   c) 角焊缝连接

标引序号说明:

t——吊耳厚度; δ——焊缝厚度。

注:$t<20$ mm 时,$\delta=0.7t$,但不小于6 mm;

    $t\geq20$ mm 时,$\delta=14$ mm。

图 3 吊耳连接型式示意图

5.15 对接焊接接头型式，可按 GB/T 985.1、GB/T 985.2 的规定。

5.16 管子或管接头与筒体或封头的焊接连接可采用的型式如图 4 和图 5 所示。

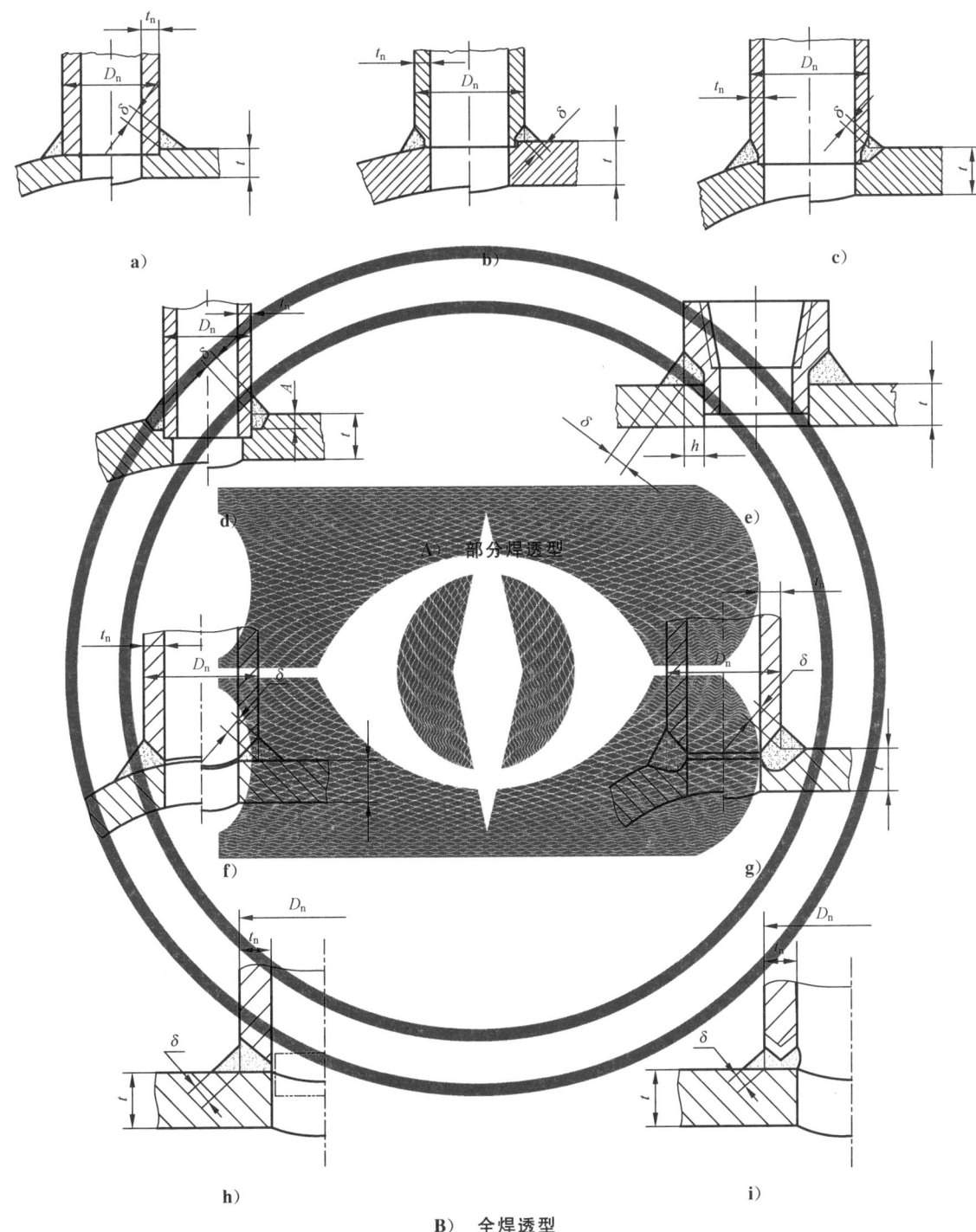

标引序号说明：

t ——筒体或封头厚度；

t_n ——管子或管接头厚度；

D_n ——管子或管接头外径；

δ ——焊缝厚度。

注 1：分图 d)中，$A = t_n$，但不小于 6 mm。

注 2：分图 e)中，用于公称管径不大于 76 mm 的内管螺纹附件，坡口焊缝的 h 不小于连接管的厚度。

注 3：δ 不小于 0.7t_n 和 6 mm 两者中的较小值。

图 4　外置式焊接连接示意图

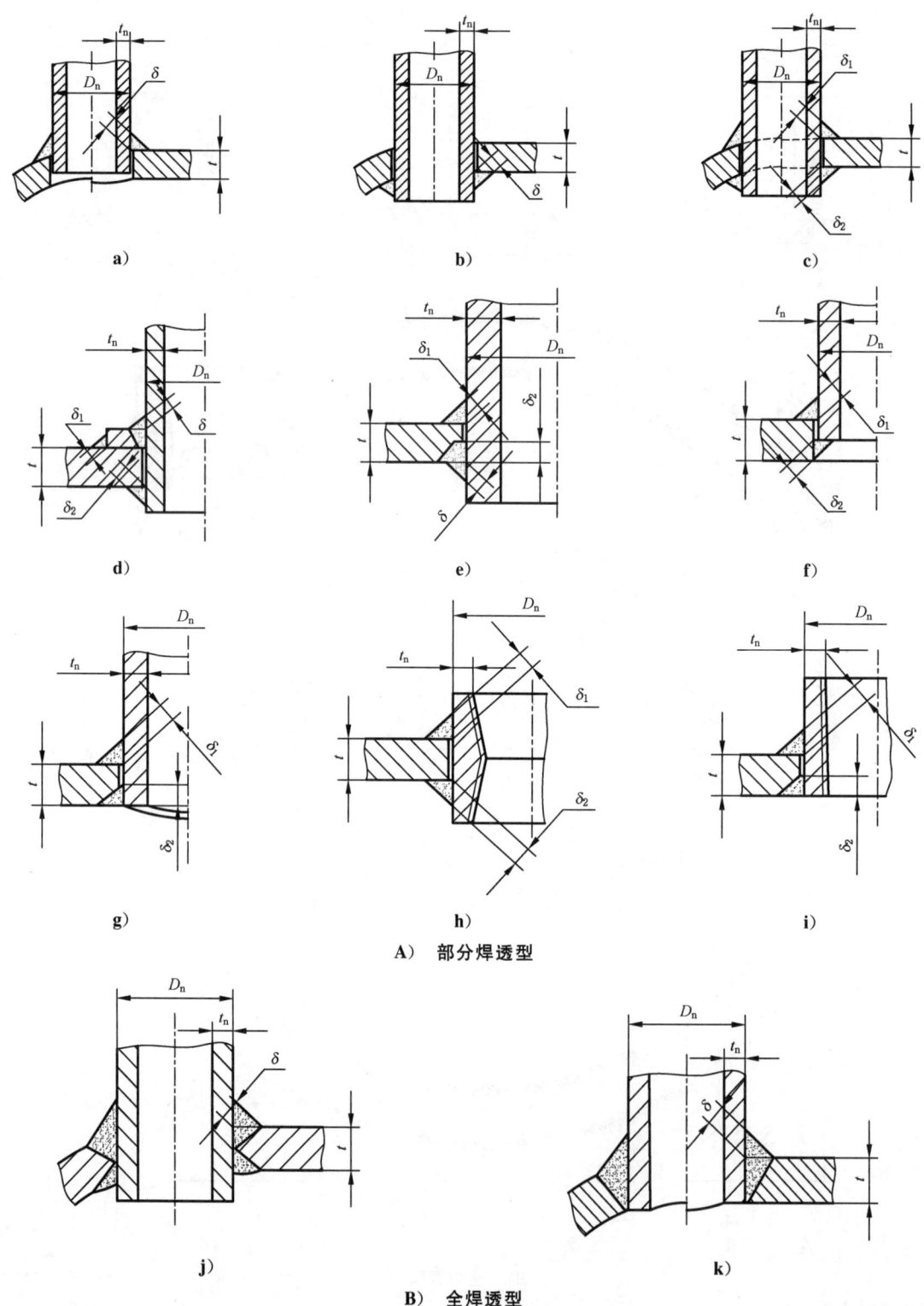

A) 部分焊透型

B) 全焊透型

标引序号说明：

t ——筒体或封头厚度； D_n ——管子或管接头外径；

t_n ——管子或管接头厚度； δ、δ_1、δ_2——焊缝厚度。

注：δ、δ_1、δ_2 均不小于 $0.7t_n$ 和 6 mm 两者中的较小值；$\delta_1+\delta_2 \geqslant 1.25t_n$。

图 5 内插式焊接连接示意图

5.17 平端盖可采用的型式如表2所示。

表 2 平端盖的型式

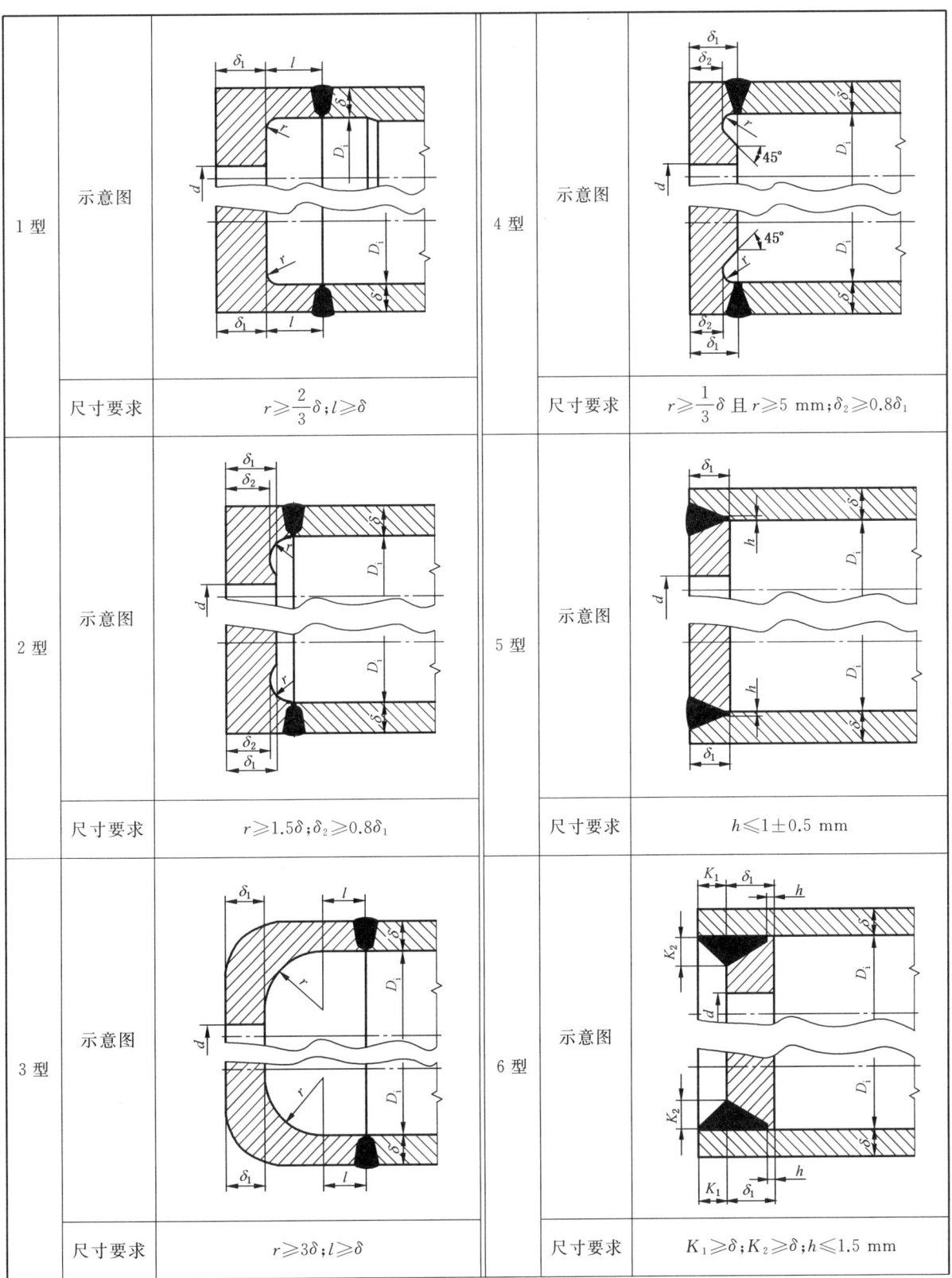

1 型	示意图		4 型	示意图	
	尺寸要求	$r \geqslant \dfrac{2}{3}\delta ; l \geqslant \delta$		尺寸要求	$r \geqslant \dfrac{1}{3}\delta$ 且 $r \geqslant 5 \text{ mm} ; \delta_2 \geqslant 0.8\delta_1$
2 型	示意图		5 型	示意图	
	尺寸要求	$r \geqslant 1.5\delta ; \delta_2 \geqslant 0.8\delta_1$		尺寸要求	$h \leqslant 1 \pm 0.5 \text{ mm}$
3 型	示意图		6 型	示意图	
	尺寸要求	$r \geqslant 3\delta ; l \geqslant \delta$		尺寸要求	$K_1 \geqslant \delta ; K_2 \geqslant \delta ; h \leqslant 1.5 \text{ mm}$

表 2 平端盖的型式（续）

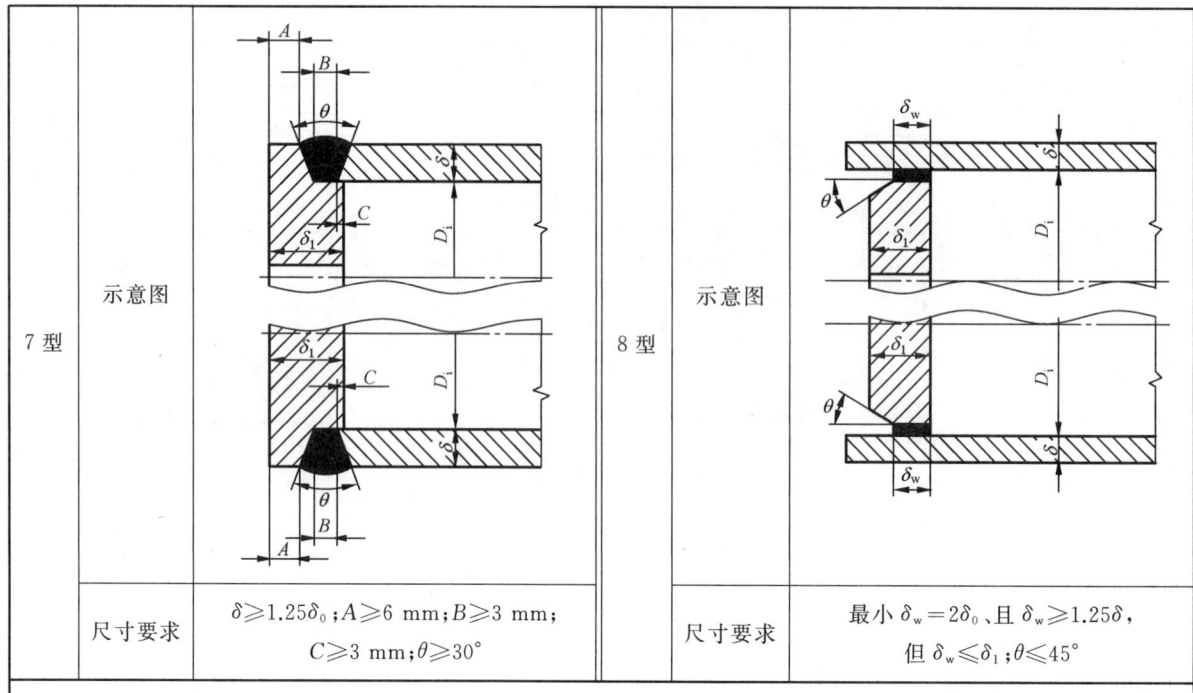

	7 型		8 型
示意图		示意图	
尺寸要求	$\delta \geqslant 1.25\delta_0$；$A \geqslant 6$ mm；$B \geqslant 3$ mm；$C \geqslant 3$ mm；$\theta \geqslant 30°$	尺寸要求	最小 $\delta_w = 2\delta_0$、且 $\delta_w \geqslant 1.25\delta$，但 $\delta_w \leqslant \delta_1$；$\theta \leqslant 45°$

1 型、2 型、3 型和 4 型应使用锻件制造，3 型也可使用钢板冲压制造。

注 1：7 型和 8 型中，δ_0 为强度未减弱圆筒体的理论计算厚度。

注 2：8 型中，焊接坡口未做规定。

6 开孔

6.1 基本要求

设计时应按照 GB/T 16507.4 的要求进行受压元件上开孔的相关计算。

6.2 受压元件开孔

6.2.1 胀接管孔中心与焊缝边缘的距离不应小于 $0.8d$（d 为管孔直径），且不应小于 $0.5d + 12$ mm。锅筒上的胀接管孔不应开在筒体的纵向焊缝上，同时也要避免开在环向焊缝上；对于环向焊缝，如果结构设计不能避免时，在管孔周围 60 mm（若管孔直径大于 60 mm，则取孔径值）范围内的焊缝经过射线或超声检测合格，并且焊缝在管孔边缘上不存在夹渣缺陷，对开孔部位的焊缝内外表面进行磨平且将受压部件整体热处理后，可在环向焊缝上开胀接管孔。

6.2.2 集中下降管的管孔不应开在焊缝及其热影响区上，其他焊接管孔也要避免开在焊缝及其热影响区上。如果结构设计不能避免时，在管孔周围 60 mm（若管孔直径大于 60 mm，则取孔径值）范围内的焊缝经过射线或超声检测合格，并且焊缝在管孔边缘上不存在夹渣缺陷，管接头焊后经过热处理（额定出水温度小于 120 ℃的热水锅炉除外）消除应力的情况下，方可在焊缝及其热影响区上焊接管孔。

6.2.3 凸形封头上开孔应满足下列条件。

    a) 除中心人孔外，若有直径大于 38 mm 的开孔时，在任意两孔中心连线上，两孔边缘之间距离的投影长度（L）不应小于 $(L_1 + L_2)/3$。开孔直径不大于 38 mm 时，在任意两孔中心连线上，两孔边缘之间距离的投影长度(L)不应小于较小的孔径投影长度(L_2)(见图6)。

b) 对于$h_n/D_n \leqslant 0.35$的封头,开孔边缘至封头外壁边缘之间的投影距离(L_3)不应小于$0.1D_n+\delta$(见图6)。对于$h_n/D_n > 0.35$的封头,开孔边缘至封头与直段交接处的弧长(l)不应小于$\sqrt{D_n\delta_t}$(见图7,其中δ_t为封头计算厚度)。

c) 开孔边缘与孔扳边起弯点(或与焊接圈焊缝边缘)的距离不应小于δ(见图8)。

d) 扳边人孔不应开在焊缝上。

e) 封头人孔密封面切口部位,径向最小剩余厚度不应小于封头最小需要厚度(δ_{min})(见图7)。

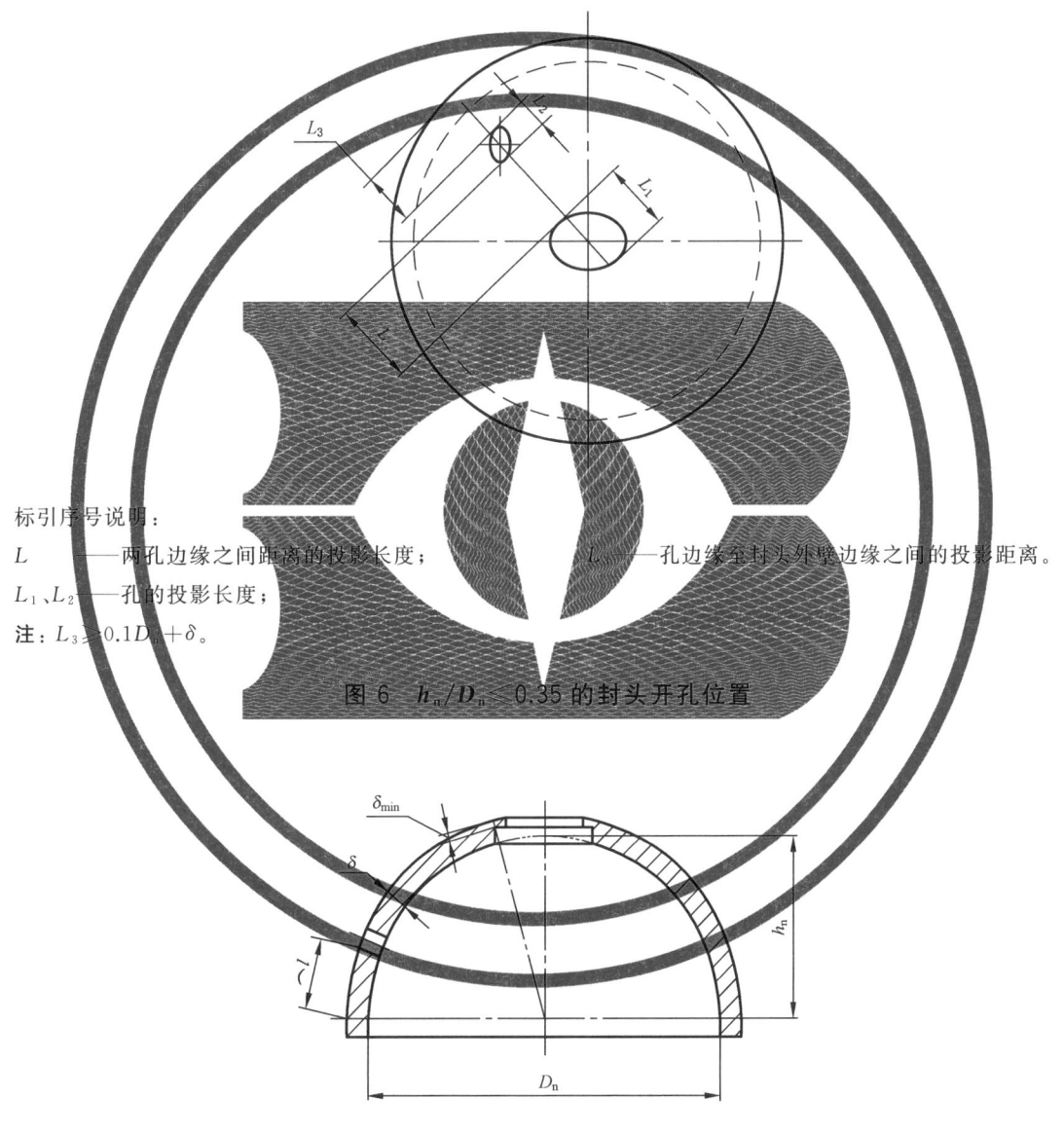

标引序号说明:

L ——两孔边缘之间距离的投影长度; L_3 ——孔边缘至封头外壁边缘之间的投影距离。

L_1、L_2——孔的投影长度;

注:$L_3 \geqslant 0.1D_n+\delta$。

图6 $h_n/D_n \leqslant 0.35$的封头开孔位置

标引序号说明:

h_n ——封头内高度; $\frown l$ ——开孔边缘至封头与直段交接处的弧长;

δ ——封头厚度; δ_{min} ——封头最小需要厚度。

D_n ——封头内径;

图7 $h_n/D_n > 0.35$的封头开孔位置

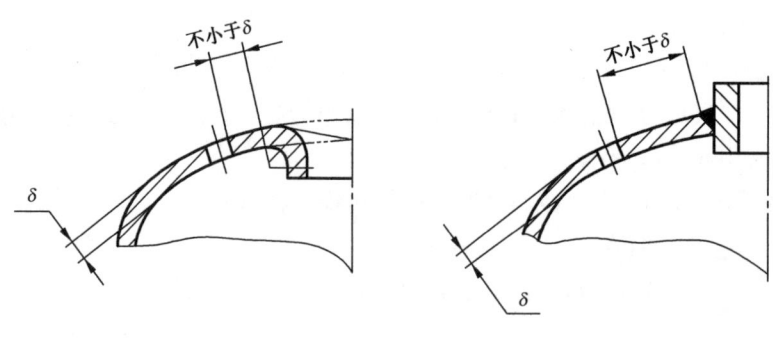

标引序号说明：

δ——封头厚度。

图 8　扳边人孔或人孔圈附近开孔位置

6.3　受压门孔

6.3.1　锅炉受压元件上开设的人孔、头孔、手孔、清洗孔、检查孔、观察孔的数量和位置应满足安装、检修、运行监视和清洗的需要。

6.3.2　锅炉受压元件人孔圈、头孔圈与筒体、封头的连接应采用全焊透结构。

6.3.3　额定压力不小于 3.8 MPa 的锅炉受压元件上的人孔盖、头孔盖、手孔盖应采用内闭式结构或焊接结构。额定压力小于 3.8 MPa 的锅炉受压元件上的人孔盖、头孔盖、手孔盖可采用法兰连接结构。

6.3.4　锅筒内径不小于 800 mm 的锅炉，应在筒体或封头上开设人孔，由于结构限制导致人员无法进入锅炉时，可只开设头孔；锅筒内径小于 800 mm 的锅炉，至少应在筒体或封头上开设一个头孔。

6.3.5　锅炉受压元件上椭圆人孔不应小于 280 mm×380 mm，圆形人孔直径不应小于 380 mm。人孔圈最小的密封平面宽度为 19 mm，人孔盖凸肩与人孔圈之间总间隙不应大于 3 mm（沿圆周各点上不超过 1.5 mm），并且盖板凹槽的深度应达到能完整地容纳密封垫片。

6.3.6　锅炉受压元件上椭圆头孔不应小于 220 mm×320 mm，颈部或孔圈高度不应大于 100 mm，头孔圈最小的密封平面宽度为 15 mm。

6.3.7　锅炉受压元件上手孔内径不应小于 80 mm，颈部或孔圈高度不应大于 65 mm，手孔圈最小的密封平面宽度为 6 mm。

6.3.8　锅炉受压元件上，清洗孔内径不应小于 50 mm，颈部高度不应大于 50 mm。

6.3.9　由于结构原因，颈部或孔圈高度超过 6.3.6～6.3.8 的规定时，各孔的尺寸应适当放大。

6.3.10　集箱手孔孔盖与孔圈采用非焊接连接时，不应直接与火焰接触。

6.3.11　需要进行焊缝射线检测的受压元件，当需要将射线源置于筒体内部进行透照而无合适的开孔可供使用时，则应开设射线照相检查孔。

6.4　炉墙门孔

6.4.1　炉墙上椭圆形人孔一般不小于 400 mm×450 mm，圆形人孔直径一般不小于 450 mm，矩形人孔一般不小于 300 mm×400 mm。

6.4.2　微正压燃烧的锅炉，炉墙、烟道和各部位门孔应有可靠的密封，看火孔应装设防止火焰喷出的联锁装置。

6.4.3　炉墙上的人孔门应装设坚固的门闩；炉墙上监视孔的孔盖应保证不会被烟气冲开。

6.4.4　额定蒸发量不大于 75 t/h 的燃用煤粉、油、气体及其他可能产生爆燃的燃料的水管锅炉，未设置炉膛安全自动保护系统时，在炉膛和烟道应设置防爆门，防爆门的设置不应危及人身的安全。

7 锅筒

7.1 锅筒筒体的名义厚度不应小于 6 mm;当受热面管与锅筒采用胀接连接时,锅筒筒体的名义厚度不应小于 12 mm,胀接管孔间的净距离不应小于 19 mm。

7.2 当受热面管与锅筒采用胀接连接时,管子壁厚不应大于 5 mm,管子外径不应大于 89 mm。

7.3 锅筒筒体上最短筒节的长度不应小于 300 mm。

7.4 封头尽量用整块钢板制成。必须拼接时,允许用两块钢板拼成。拼接焊缝至封头中心线的距离不大于封头公称内径的 30%,并且不应通过扳边人孔,也不应将拼接焊缝布置在人孔扳边圆弧上。

7.5 锅筒吊杆与锅筒环向焊缝间中心距离不应小于 200 mm。吊杆部位的筒体下部 180° 范围内的纵向筒体焊缝应磨平。

7.6 额定蒸汽压力大于 0.8 MPa 的蒸汽锅炉,凡能够引起锅筒筒壁局部热疲劳的连接管(如给水管、加药管等),在穿过锅筒筒壁处应加装套管。

7.7 锅筒的最低安全水位,应能保证向下降管可靠供水。锅筒的最高安全水位,应能保证可靠的汽水分离。

7.8 电站锅炉锅筒应设置紧急放水装置,放水管口应高于最低安全水位。

7.9 锅筒内部装置应固定牢靠,防止运行中脱落。

8 启动(汽水)分离器和储水箱

8.1 启动(汽水)分离器的设计需考虑汽水的有效分离,还需考虑启动时汽水膨胀现象。

8.2 启动(汽水)分离器汽水混合物进口位置、角度和流速的选取应有利于汽水分离。汽水引入管的旋转方向应一致。

8.3 启动(汽水)分离器内应设有阻水和消旋装置。

8.4 启动(汽水)分离器和储水箱上应设置手孔或检查孔,其位置应适应内部装置的检查。

8.5 启动(汽水)分离器上方的蒸汽管道上应设有压力测点、温度测点,启动(汽水)分离器上设置壁温测点。

8.6 储水箱应有足够的水容积和汽扩散空间,应设有压力测点、水位测点和温度测点。

9 集箱和管道

9.1 管道(成型管件除外)对接焊缝应位于管道直段上。管道的对接焊缝中心线至管道弯曲起点的距离不应小于 100 mm,管道和集箱的对接焊缝中心线至支架或吊件边缘的距离至少为 100 mm。

9.2 锅筒锅炉的集中下降管及水冷壁下集箱的最低点应设有定期排污装置。

9.3 集箱上应根据制造和检修维护的需要装设相应的手孔或检查孔。

9.4 受烟气冲刷的集箱应采取可靠的防磨与绝热措施。

9.5 两管件对接时需采取相应措施确保具备对焊缝进行无损检测的条件。

10 减温器

10.1 额定压力大于 0.8 MPa 的蒸汽锅炉,喷水减温器的减温水管在穿过减温器筒体处应加装套管。

10.2 喷水减温器的筒体与内衬套之间以及喷水管与管座之间应能够自由膨胀,并且不应产生共振。

10.3 喷水减温器的内衬套的长度应满足水汽化的要求。内衬套采用拼接结构时,拼接焊缝应采用全焊透的结构型式。

10.4 喷水减温器的结构和布置应便于检修;应设置一个内径不小于 80 mm 的检查孔,检查孔的位置应便于对内衬套以及喷水管进行内窥镜检查。

10.5 面式减温器冷却水管的结构应能防止冷却水管产生热疲劳裂纹。

10.6 两台面式减温器左右对称布置时,冷却水引入和引出管的布置应能防止减温器发生汽塞和脉动。

11 炉膛(水冷壁)

11.1 水冷壁宜采用膜式管屏结构,保证炉膛的密封性。

11.2 炉膛水冷壁应保证在其管内有足够质量流速,以保持水冷壁水动力稳定和传热不发生恶化,对于超高压及其以上参数的锅炉,应有防止传热恶化的措施。

11.3 对于炉膛水冷壁存在磨损与腐蚀的锅炉,应设置可靠的防磨与防腐措施。

11.4 水冷壁的放水点应装在最低处,保证水冷壁管及其集箱内的水能排放干净。

11.5 水冷壁和渣斗结合处应采用良好的密封结构,且不影响水冷壁的自由膨胀。

11.6 直流锅炉应在水冷壁管上装设足够数量的测温装置,监视蒸发受热面出口金属温度。

11.7 锅炉炉膛应设置炉膛压力测量用孔,并提供炉膛运行及保护压力值。

11.8 炉顶密封应采用可靠、合理的密封技术,比较难于安装的金属密封件应在制造单位内焊好,确保各受热面膨胀自由、金属密封件不开裂,锅炉炉顶不出现漏烟和漏灰。

11.9 冷灰斗壁面与水平面的夹角应合理,炉膛及冷灰斗的结构应有足够的强度与稳定性。

12 过热器和再热器

12.1 过热器和再热器管排应根据所在位置的烟温有适当的净空间距,以防止受热面积灰搭桥或形成烟气走廊,加剧局部磨损。

12.2 过热器和再热器结构设计宜尽可能考虑降低热偏差。

12.3 过热器和再热器各管排应固定牢固,防止个别管子出列过热。

12.4 过热器和再热器上的易损管件应便于检修和更换。

12.5 处于吹灰器有效范围内的过热器和再热器对流管束宜设有耐高温的防磨护板,以防吹损管子。

12.6 过热器和再热器最高点处应设有排放空气的管座和阀门。

12.7 过热器系统、再热器系统最低集箱(或管道)处应装设放水阀。

12.8 过热器和再热器管束应采取定位或固定装置等措施防止在运行中晃动和异常振动,且不发生碰磨。

12.9 各级过热器和再热器受热面管组之间,应留有足够的检修和清扫空间。

13 省煤器

13.1 省煤器设计宜充分考虑灰粒磨损保护措施。必要时,省煤器管束与四周墙壁间应装设防止烟气偏流的阻流板;管束上还应设有可靠的防磨装置。

13.2 在吹灰器有效范围内,省煤器及其悬吊管应设有防磨护板,以防吹损管子。

13.3 省煤器应能自疏水,最低集箱(或管道)上应装有疏水的接管座,并带有相应的阀门。

13.4 省煤器在最高点处应设置排放空气的接管座和阀门。

13.5 锅炉后部烟道内布置的省煤器等受热面管组之间,应留有足够高度的空间,以方便进入检修和清扫。

13.6 对于锅筒锅炉,为了保证省煤器在启停过程中冷却,应装设再循环管或采取其他保护措施。

14 支吊装置

14.1 支吊装置应有足够的强度,应根据各种运行工况下所承受的荷载和位移对各受力构件进行强度计算,必要时还应进行刚度和稳定性计算。

14.2 支吊装置的设置应满足锅炉总体布置和所支吊受压部件的布置要求。

14.3 支吊装置应结构简单合理、安装方便,宜选用成熟可靠并且经济的结构型式。

14.4 悬吊式锅炉顶部的普通吊杆螺纹直径不宜小于 M16。

14.5 吊杆装置的结构型式及其计算等按 JB/T 6735 的规定。

15 刚性梁

15.1 刚性梁用于承受锅炉炉膛压力并传递水平力。刚性梁一般不承受外载,如果承受外载,应采取相应措施,使刚性梁系统和管子满足强度和刚度要求。

15.2 刚性梁系统的布置应以管子和刚性梁的应力分析为基础,并防止管子和刚性梁振动。刚性梁本身在炉膛设计压力作用下应有足够的强度、刚度和稳定性。

15.3 刚性梁端部反力应传递明确,各受力部件满足强度和刚度要求。

15.4 刚性梁一般采用工字型截面,也可采用桁架结构。

15.5 刚性梁与炉壁之间应具有有效的隔热措施,防止刚性梁主梁内外侧产生较大的热偏差。

15.6 刚性梁应设置必要的排水孔,防止积水。

16 锅炉钢结构和扶梯及平台

16.1 锅炉钢结构的设计应符合 GB/T 22395 的规定。

16.2 扶梯及平台的设计应符合 GB 4053(所有部分)的规定。

16.3 平台、步道和扶梯有足够的强度和刚度。

16.4 需要操作和维护的设备或部件处应设有操作维护平台,具体如下:

 a) 运转层;
 b) 空气预热器;
 c) 过热器;
 d) 燃烧器;
 e) 吹灰器;
 f) 安全阀、PCV、放气阀、调节阀、水压试验堵阀;
 g) 人孔、观察孔、测试孔;
 h) 锅筒;
 i) 蠕胀测点;
 j) 膨胀指示器;
 k) 尾部烟道灰斗;
 l) 炉顶;
 m) 烟风道挡板。

参 考 文 献

[1] TSG 11—2020　锅炉安全技术规程

[2] TSG 91—2010　锅炉节能环保技术规程

ICS 27.060.30
CCS J 98

中华人民共和国国家标准

GB/T 16507.4—2022
代替 GB/T 16507.4—2013

水管锅炉
第4部分：受压元件强度计算

Water-tube boilers—
Part 4：Strength calculation of pressure parts

2022-03-09 发布

2022-10-01 实施

国家市场监督管理总局
国家标准化管理委员会 发 布

前　言

本文件按照 GB/T 1.1—2020《标准化工作导则　第 1 部分:标准化文件的结构和起草规则》的规定起草。

本文件为 GB/T 16507《水管锅炉》的第 4 部分。GB/T 16507 已经发布了以下部分:

——第 1 部分:总则;

——第 2 部分:材料;

——第 3 部分:结构设计;

——第 4 部分:受压元件强度计算;

——第 5 部分:制造;

——第 6 部分:检验、试验和验收;

——第 7 部分:安全附件和仪表;

——第 8 部分:安装与运行。

本文件代替 GB/T 16507.4—2013《水管锅炉　第 4 部分:受压元件强度计算》,与 GB/T 16507.4—2013 相比,除结构调整和编辑性改动外,主要技术变化如下:

——更改了受压元件的范围,增加了启动(汽水)分离器(见第 1 章,2013 年版的第 1 章);

——更改并增加了本部分用到的术语和定义(见第 3 章,2013 年版的第 3 章);

——更改了低周疲劳寿命计算的使用范围,允许启动(汽水)分离器参照使用(见 4.2,2013 年版的 4.2);

——增加了相邻温度之间的材料许用应力值用算术内插法确定和材料许用应力值应舍去小数点后的数字的规定(见 5.2.1);

——更改了确定计算压力的相关条款(见 7.3,2013 年版的 7.3);

——增加了凸形封头开孔补强计算规定(见 10.3.8、11.2、11.3.6、11.5.6、11.5.8);

——增加了承受外压的凸形封头的计算方法(见 10.3.9);

——增加了弯管或弯头和圆弧形集箱筒体计算厚度公式的适用范围(见 10.6.5);

——增加了开孔补强接管的焊缝高度规定(见 11.4.2、11.5.8);

——更改了三通的尺寸要求(L_1、h_{min}、r)、规格范围、结构要求(见 15.3.12~15.3.28,2013 年版的 16.3.18~16.3.37);

——删除了凸型封头人孔密封面切口部位径向最小剩余厚度的规定(见 2013 年版的 16.3.11);

——更改了"锅筒低周疲劳寿命计算"的内容(见附录 A,2013 年版的附录 A);

——更改了确定元件最高允许工作压力的验证法相关内容(见附录 B,2013 年版的第 12 章)。

请注意本文件的某些内容可能涉及专利。本文件的发布机构不承担识别专利的责任。

本文件由全国锅炉压力容器标准化技术委员会(SAC/TC 262)提出并归口。

本文件起草单位:上海发电设备成套设计研究院有限责任公司、哈尔滨锅炉厂有限责任公司、东方电气集团东方锅炉股份有限公司、上海锅炉厂有限公司、北京巴布科克·威尔科克斯有限公司、武汉锅炉股份有限公司、无锡华光环保能源集团股份有限公司、杭州锅炉集团股份有限公司、哈电发电设备国家工程研究中心有限公司、四川川锅锅炉有限责任公司、济南锅炉集团有限公司、西安热工研究院有限公司、中国特种设备检测研究院、江联重工集团股份有限公司。

本文件主要起草人:李立人、王慧文、张宇音、辛娜娜、骆声、许国华、朱清、林贞宇、赵伟民、王红方、张强军、马红、钱林峰、吴祥鹏、盛建国、陈玮、毛荷芳、徐勇敏。

本文件及其所代替文件的历次版本发布情况为：
——1996 年首次发布为 GB/T 16507—1996；
——2013 年第一次修订时，将水管锅炉和锅壳锅炉内容分开，各由 8 个部分组成，水管锅炉为 GB/T 16507.1—2013～16507.8—2013《水管锅炉》，锅壳锅炉为 GB/T 16508.1—2013～GB/T 16508.8—2013《锅壳锅炉》，本文件为 GB/T 16507.4—2013《水管锅炉　第 4 部分：受压元件强度计算》，同时本文件部分代替 GB/T 9222—2008《水管锅炉受压元件强度计算》（GB/T 9222—2008 的历次版本发布情况为：GB/T 9222—1988）；
——本次为第二次修订。

引　言

　　GB/T 16507《水管锅炉》是全国锅炉压力容器标准化技术委员会(以下简称"委员会")负责制修订和归口的锅炉通用建造标准之一。其制定遵循了国家颁布的锅炉安全法规所规定的安全基本要求,设计准则、材料要求、制造检验技术要求、验收标准和安装要求均符合 TSG 11《锅炉安全技术规程》的相应规定。GB/T 16507 为协调标准,满足 TSG 11《锅炉安全技术规程》的基本要求,同时也符合 TSG 91《锅炉节能环保技术规程》的要求。GB/T 16507 旨在规范锅炉的设计、制造、检验、验收和安装,由 8 个部分构成。

　　——第 1 部分:总则。目的在于确定水管锅炉范围界定、锅炉参数、建造规范以及节能和环保等建造水管锅炉的通用技术要求。

　　——第 2 部分:材料。目的在于确定水管锅炉受压元件和非受压元件、受力构件、锅炉钢结构和焊接材料等的选材和用材要求。

　　——第 3 部分:结构设计。目的在于确定水管锅炉结构设计的基本要求、焊接连接要求、开孔和各元(部)件的具体设计要求。

　　——第 4 部分:受压元件强度计算。目的在于确定水管锅炉受压元件的计算壁温、计算压力、许用应力取值及强度设计计算方法。

　　——第 5 部分:制造。目的在于确定水管锅炉在制造过程中的标记、冷热加工成形、胀接、焊接和热处理要求。

　　——第 6 部分:检验、试验和验收。目的在于确定水管锅炉受压元件和与其直接连接的承受载荷的非受压元件的检验、试验和验收要求。

　　——第 7 部分:安全附件和仪表。目的在于确定水管锅炉安全附件和仪表的设置和选用要求。

　　——第 8 部分:安装与运行。目的在于确定水管锅炉本体和锅炉范围内管道的安装、调试、质量验收以及运行要求。

　　由于 GB/T 16507 没有必要,也不可能囊括适用范围内锅炉建造和安装中的所有技术细节,因此,在满足 TSG 11《锅炉安全技术规程》所规定的基本安全要求的前提下,不禁止 GB/T 16507 中没有特别提及的技术内容。

　　GB/T 16507 不限制实际工程设计和建造中采用能够满足安全要求的先进技术方法。

　　对于未经委员会书面授权或认可的其他机构对标准的宣贯或解释所产生的理解歧义和由此产生的任何后果,本委员会将不承担任何责任。

水管锅炉
第4部分:受压元件强度计算

1 范围

本文件规定了水管锅炉受压元件强度计算的基本要求,许用应力、计算壁温、计算压力、减弱系数、元件厚度、计算厚度、开孔补强、厚度附加量、最高允许压力的设计计算方法,附加应力校核以及结构限制和要求,并规定了确定元件最高允许工作压力的试验和有限元分析验证方法。

本文件适用于GB/T 16507.1界定的受压元件,包括锅筒筒体、启动(汽水)分离器筒体、集箱筒体、管子、管道、弯管、弯头、圆弧形集箱筒体、凸形封头、平端盖及盖板和三通等元件。

2 规范性引用文件

下列文件中的内容通过文中的规范性引用而构成本文件必不可少的条款。其中,注日期的引用文件,仅该日期对应的版本适用于本文件;不注日期的引用文件,其最新版本(包括所有的修改单)适用于本文件。

GB/T 150.3 压力容器 第3部分:设计

GB/T 16507.1 水管锅炉 第1部分:总则

GB/T 16507.2 水管锅炉 第2部分:材料

GB/T 16507.3 水管锅炉 第3部分:结构设计

GB/T 16507.5 水管锅炉 第5部分:制造

GB/T 16507.6 水管锅炉 第6部分:检验、试验和验收

GB/T 16507.7 水管锅炉 第7部分:安全附件和仪表

GB/T 16507.8 水管锅炉 第8部分:安装与运行

DL/T 695 电站钢制对焊管件

DL/T 5366 发电厂汽水管道应力计算技术规程

3 术语和定义

GB/T 16507.1界定的以及下列术语和定义适用于本文件。

3.1

腐蚀裕量 **corrosion allowance thickness**

设计使用期内,元件考虑腐蚀减薄需要的附加厚度。

3.2

计算厚度 **required thickness**

理论计算公式确定的受压元件厚度。

注:必要时,计算厚度还计入其他载荷所需厚度。

3.3

设计厚度 **design thickness**

计算厚度与厚度附加量之和。

GB/T 16507.4—2022

3.4

名义厚度 nominal thickness

设计厚度向上圆整至钢材标准规格的厚度。

注：即图样标注厚度。

3.5

有效厚度 effective thickness

名义厚度减去腐蚀裕量、钢材厚度下偏差和工艺附加厚度后的厚度。

3.6

厚度下偏差 lower tolerance of thickness

材料标准规定的厚度允许下偏差负值的绝对值。

注：无负值取 0。

3.7

工艺附加厚度 process additional thickness

元件在冲压、卷制或弯制过程中制造工艺所允许的材料厚度最大减薄值。

3.8

最小需要厚度 minimum required thickness

元件承载计算压力、计算温度等载荷，并考虑腐蚀减薄因素所需厚度的最小值。

3.9

热挤压三通 hot extrusion tee

用无缝钢管经多套模具热挤压成型的直型或鼓型三通。

3.10

直型三通 straight tee

主流通道呈直线形的三通。

注：通常支管直径不大于主管。

3.11

鼓型三通 drum tee

主流通道呈鼓型的三通。

注：由等径直型三通主管段经锻缩而成，通常支管直径大于主管。

3.12

纵截面 vertical section

过主管回转轴线，且过主管平均直径圆弧面与接管或孔的回转轴线相交点的平面。

3.13

横截面 cross section

与主管回转轴线垂直，且过主管平均直径圆弧面与接管或孔的回转轴线相交点的平面。

4 基本要求

4.1 按本文件设计计算的锅炉受压元件，其结构、材料、制造、安装、使用、修理及改造，应符合 GB/T 16507.1、GB/T 16507.2、GB/T 16507.3、GB/T 16507.5、GB/T 16507.6、GB/T 16507.7 和 GB/T 16507.8的有关规定。

4.2 用于调峰负荷等参数波动较大，或波动较频繁的机组的锅炉，其受压元件应进行疲劳强度校核。锅筒的疲劳强度校核按照附录 A 进行计算，启动（汽水）分离器的疲劳强度校核也可按照附录 A 进行计算。

4.3 不满足本文件正文各章条规定适用条件或未列入本文件的特殊受压元件,按照附录 B 确定元件的最高允许工作压力。

5 许用应力

5.1 符号

本章使用下列符号:

q_{max}——元件承受的最大热流密度,单位为千瓦每平方米(kW/m^2);

η ——修正系数;

$[\sigma]$——许用应力,单位为兆帕(MPa)。

5.2 许用应力的取用

5.2.1 受压元件的材料许用应力($[\sigma]$),应按 GB/T 16507.2 选取,处于所列计算温度之间的材料许用应力值,由邻近计算温度的许用应力值,按算术内插法确定,并应舍去小数。

5.2.2 外壁受热的锅筒、集箱筒体、三通和等径叉形管的许用应力($[\sigma]$)应取材料许用应力值与表1修正系数(η)的乘积。

表 1 修正系数

工作条件	η
烟温≤600 ℃,或透过管束的辐射热流不大且筒体壁面不受烟气的强烈冲刷,或 q_{max}≤30 kW/m^2	0.95
烟温>600 ℃	0.90

6 计算壁温

6.1 符号

本章使用下列符号:

J ——热流均流系数;

p_r ——锅炉额定压力,单位为兆帕(MPa);

q_{max}——元件外壁承受的最大热流密度,单位为千瓦每平方米(kW/m^2);

t_b ——金属壁温,单位为摄氏度(℃);

t_d ——计算壁温,单位为摄氏度(℃);

t_i ——金属内壁温度,单位为摄氏度(℃);

t_m ——工质额定平均温度,单位为摄氏度(℃);

t_o ——金属外壁温度,单位为摄氏度(℃);

t_s ——计算压力对应的工质饱和温度(热水锅炉为出口水温),单位为摄氏度(℃);

Δt ——温度偏差,单位为摄氏度(℃);

X ——工质混合系数;

α_h ——内壁对工质的换热系数,单位为千瓦每平方米每摄氏度[$kW/(m^2 \cdot ℃)$];

β ——按名义厚度确定的外径与内径的比值;

δ ——圆筒体的名义厚度,单位为毫米(mm);

λ ——材料导热系数,单位为千瓦每米每摄氏度[$kW/(m \cdot ℃)$]。

6.2 金属壁温

受压元件的各点金属壁温按照公式(1)计算:

$$t_b = \frac{t_i + t_o}{2} \qquad\qquad\qquad\qquad\qquad (1)$$

6.3 元件计算壁温

6.3.1 计算壁温(t_d)应取受压元件各点金属壁温中的最大值。

6.3.2 计算壁温(t_d)根据元件受热条件和结构特性由传热计算确定。圆筒体计算壁温按照公式(2)计算:

$$t_d = t_m + J q_{max}\left(\frac{\beta}{\alpha_h} + \frac{\delta}{1\,000\,\lambda}\frac{\beta}{\beta+1}\right) + X\Delta t \qquad\qquad (2)$$

6.3.3 工质混合系数(X):锅筒筒体取 0;管子取 1;集箱筒体取 0.5,当工质从端部进入时,取 0。

6.3.4 集箱筒体和管子的 Δt 取值不小于 10 ℃;不受热过热蒸汽集箱筒体的 $X\Delta t$ 取值不小于 10 ℃。

6.3.5 锅筒筒体和集箱筒体的热流均流系数(J)取 1。

6.3.6 锅筒的工质额定平均温度(t_m)取计算压力下工质的饱和温度(热水锅炉为出口水温)。

6.3.7 计算壁温(t_d)不计入锅炉出口过热蒸汽温度在设计允许范围内的波动值。

6.3.8 封头、平端盖和三通等元件的计算壁温,参照相连筒体或管道(管子)确定。

6.3.9 计算壁温(t_d)也可由表 2、表 3 和表 4 直接选取。

表 2 锅筒和启动(汽水)分离器计算壁温

单位为摄氏度

受热条件	元件位置	取值
不受热	烟道外	t_m
绝热	烟道内	$t_m + 10$
	炉膛内	$t_m + 40$
不绝热	透过管束的辐射热流不大且筒体壁面不受烟气的强烈冲刷,或元件承受的热流密度 $q_{max} \leqslant 30\ kW/m^2$	$t_m + 20$
	烟温≤600 ℃的对流烟道内	$t_m + 30$
	600 ℃<烟温<900 ℃的对流烟道内	$t_m + 50$
	烟温≥900 ℃的对流烟道或炉膛内	$t_m + 90$
注:对于外壁受热的锅筒,t_m 指水空间温度。		

表 3 管子和管道的计算壁温

单位为摄氏度

元件	条件	取值
沸腾管	$p_r \leqslant 13.7$ MPa 及 $q_{max} \leqslant 407\ kW/m^2$	$t_s + 60$
省煤器管	对流式省煤器	$t_m + 30$
	辐射式省煤器	$t_m + 60$

表 3 管子和管道的计算壁温（续）

单位为摄氏度

元件	条件	取值
过热器管	对流式过热器	$t_m + 50$
	辐射式或半辐射式(屏式)过热器	$t_m + 100$
管道	烟道外	t_m

表 4 集箱和防焦集箱计算壁温

单位为摄氏度

内部工质	工作条件		取值
水或汽水混合物	不受热	烟道外	t_m
	绝热	烟道内	$t_m + 10$
	不绝热	烟温≤600 ℃的对流烟道内	$t_m + 30$
		600 ℃＜烟温＜900 ℃的对流烟道内	$t_m + 50$
		烟温≥900 ℃的对流烟道或炉膛内	$t_m + 110$
饱和蒸汽	不受热	烟道外	t_s
	绝热	烟道内	$t_s + 25$
	不绝热	烟温≤600 ℃的对流烟道内	$t_s + 40$
		600 ℃＜烟温＜900 ℃的对流烟道内	$t_s + 60$
过热蒸汽	不受热	烟道外	$t_m + X\Delta t$
	绝热	烟道内	$t_m + 25 + X\Delta t$
	不绝热	烟温≤600 ℃的对流烟道内	$t_m + 40 + X\Delta t$
		600 ℃＜烟温＜900 ℃的对流烟道内	$t_m + 60 + X\Delta t$
注：对于外壁受热的汽水混合物集箱和防焦箱筒体,t_m指不出现自由水面时的温度。			

7 计算压力

7.1 符号

本章使用下列符号：

p ——元件计算压力,单位为兆帕(MPa)；

p_o ——元件工作压力,单位为兆帕(MPa)；

p_r ——锅炉额定压力,单位为兆帕(MPa)；

Δp_a ——设计附加压力,单位为兆帕(MPa)；

Δp_f ——工质流动阻力,单位为兆帕(MPa)；

Δp_h ——液柱静压力,单位为兆帕(MPa)。

7.2 元件工作压力

7.2.1 工作压力按照公式(3)计算：

$$p_o = p_r + \Delta p_f + \Delta p_h \quad \cdots\cdots\cdots\cdots\cdots\cdots\cdots\cdots\cdots\cdots\cdots (3)$$

7.2.2 工质流动阻力（Δp_f）取锅炉最大出口流量时,计算元件至锅炉出口之间的压力降。

7.2.3 当元件底部液柱静压值不大于 $3\%(p_r + \Delta p_a + \Delta p_f)$ 时,则液柱静压值可不考虑。

7.3 元件计算压力

7.3.1 元件计算压力按照公式(4)确定:

$$p \geqslant p_o + \Delta p_a \quad \cdots\cdots\cdots\cdots\cdots\cdots\cdots\cdots\cdots\cdots\cdots (4)$$

7.3.2 元件设计附加压力（Δp_a）按附录 C 确定。

8 减弱系数

8.1 符号

本章使用下列符号:

a —— 斜向孔桥横向距离(取中径弧长),单位为毫米(mm);

b —— 斜向孔桥纵向距离,单位为毫米(mm);

C_x、C_y —— 三通结构系数;

D_a —— 三通主管的平均直径,单位为毫米(mm);

D_i —— 圆筒体、封头的内径,单位为毫米(mm);

D_o —— 三通主管外径,单位为毫米(mm);

d —— 开孔直径,单位为毫米(mm);

d' —— 凹座开孔的沉孔直径,单位为毫米(mm);

d_a —— 三通支管的平均直径,单位为毫米(mm);

d_{ae} —— 相邻两孔平均当量直径,单位为毫米(mm);

d_e —— 孔的当量直径,单位为毫米(mm);

d_{1e} —— 第一孔的当量直径,单位为毫米(mm);

d_{2e} —— 第二孔的当量直径,单位为毫米(mm);

d_i —— 焊制或锻制三通支管内径,单位为毫米(mm);

h —— 具有凹座开孔的沉孔深度,单位为毫米(mm);

K —— 斜向孔桥的换算系数;

N —— 孔桥减弱系数线算图中的参数;

n —— b 与 a 的比值;

p_r —— 锅炉额定压力,单位为兆帕(MPa);

s —— 相邻孔节距(横向取中径弧长),单位为毫米(mm);

s_c —— 相邻孔的临界节距,单位为毫米(mm);

α —— 横截面内非径向孔的轴线与圆筒体径向(既在纵截面内,又在横截面内)的夹角,单位为度(°);

β —— 按名义厚度确定的外径与内径的比值;

β_t —— 按计算厚度确定的外径与内径的比值;

δ —— 圆筒体的名义厚度,单位为毫米(mm);

δ_b —— 接管的名义厚度,单位为毫米(mm);

δ_{be} ——三通支管的有效厚度,单位为毫米(mm);

δ_e ——焊制和锻制三通主管的有效厚度,单位为毫米(mm);

$[\sigma]$ ——计算壁温下的许用应力,单位为兆帕(MPa);

$[\sigma]_b$ ——计算壁温下的接管许用应力,单位为兆帕(MPa);

φ ——孔桥减弱系数;

φ_h ——凸形封头顶部中心开孔结构减弱系数;

φ_t ——焊制和锻制三通、等径叉形管的结构减弱系数;

φ_w ——焊接接头减弱系数。

8.2 最小减弱系数

8.2.1 圆筒体、圆弧形集箱或弯管(弯头)中弧,取纵向焊接接头减弱系数(φ_w)、孔桥减弱系数(φ)中的最小值。

8.2.2 焊制和锻制三通,取结构减弱系数(φ_t)、孔桥减弱系数(φ)中的最小值。

8.2.3 凸形封头,取凸形封头顶部中心开孔结构减弱系数(φ_h)、焊接接头减弱系数(φ_w)中的最小值。

8.2.4 等径叉形管,取结构减弱系数(φ_t)。

8.2.5 孔桥与焊缝重叠或凸形封头顶部中心孔的中心至焊缝边缘距离不大于$(0.5d+12)$mm,减弱系数应取孔桥减弱系数(φ)或凸形封头顶部中心开孔结构减弱系数(φ_h)与焊接接头减弱系数(φ_w)的乘积。

8.3 焊接接头减弱系数

8.3.1 焊接接头质量应符合 GB/T 16507.5 的有关规定。

8.3.2 焊接接头减弱系数(φ_w)应根据对接接头形式及无损检测比例,按表5选取。

表 5 焊接接头减弱系数

焊接接头形式	无损检测(超声波或射线)比例	φ_w
双面焊对接接头或相当于双面的全焊透对接接头	100%	1.00
	局部	0.90
单面焊对接接头	100%	0.90
	局部	0.80

8.3.3 当材料的许用应力由持久强度确定时,焊接接头减弱系数(φ_w)取值应不大于 0.80。

8.4 孔桥减弱系数

8.4.1 圆筒体上相邻孔的节距(纵向、横向或斜向)小于孔桥相邻孔的临界节距,且相邻孔的直径均不大于未补强孔最大允许直径,按照本条款计算孔桥减弱系数(φ)。圆弧形集箱和三通的孔桥减弱系数(φ),按照圆筒体的孔桥减弱系数计算方法来处理。

8.4.2 孔桥相邻孔的临界节距按照公式(5)计算:

$$s_c = d_{ae} + 2\sqrt{(D_i+\delta)\delta} \qquad\qquad\cdots\cdots\cdots\cdots(5)$$

8.4.3 相邻孔的孔桥减弱系数(φ)按表6计算。计算的孔桥减弱系数大于1时,取 $\varphi=1$。

表 6　孔桥减弱系数

孔桥型式	孔桥示意图	φ
纵向	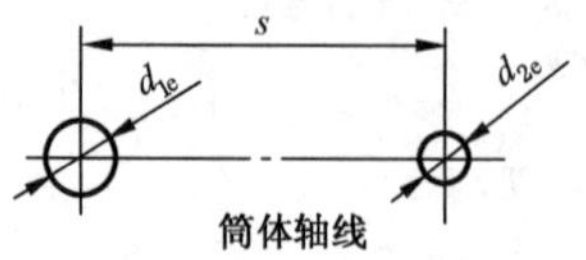	$\dfrac{s-d_{ae}}{s}$
横向	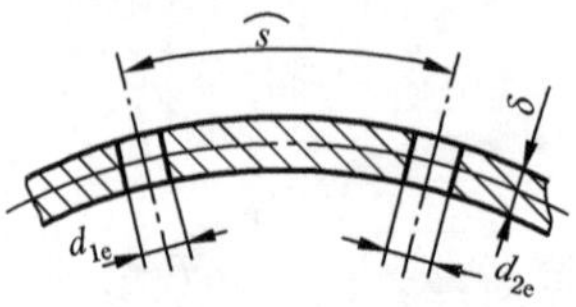	$2\dfrac{s-d_{ae}}{s}$
斜向	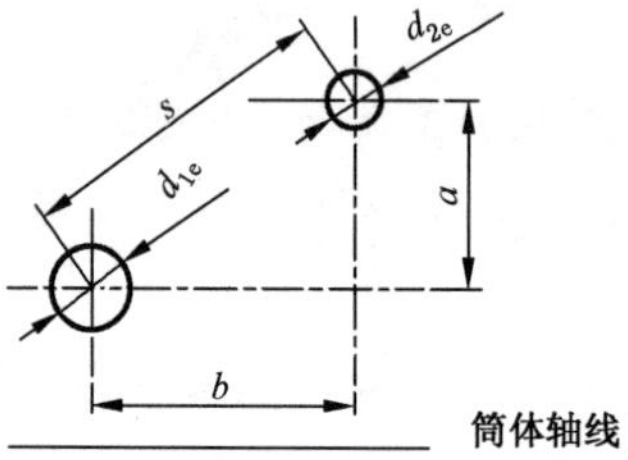	$K\dfrac{s-d_{ae}}{s}$ 其中：$K=\dfrac{1}{\sqrt{1-0.75/(1+n^2)^2}}$

8.4.4 相邻孔平均当量孔径(d_{ae})按照公式(6)计算。

$$d_{ae}=\frac{d_{1e}+d_{2e}}{2} \quad\quad\cdots\cdots\cdots\cdots\cdots\cdots\cdots\cdots\cdots(6)$$

8.4.5 当量孔径(d_e)按表 7 计算。

表 7　当量孔径

形式		当量孔径(d_e)	示意图
径向孔		d	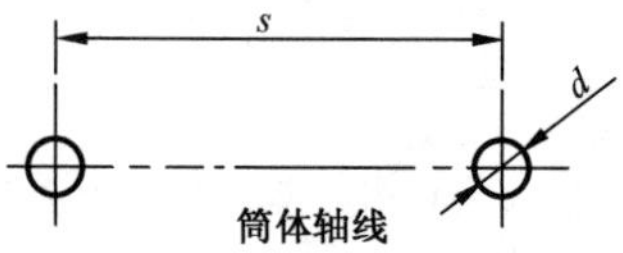
横截面非径向孔	纵向孔桥	d	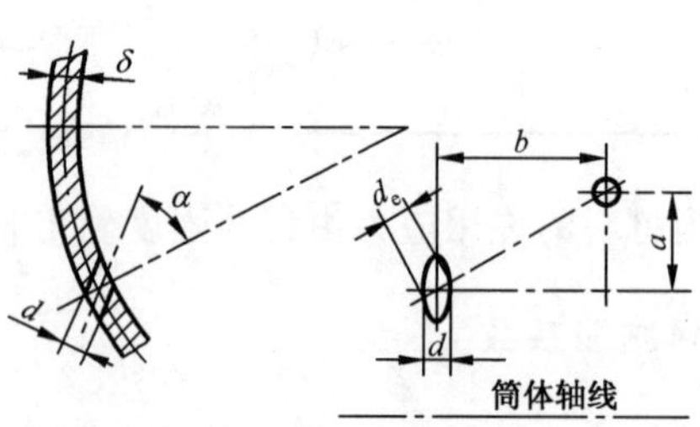
	横向孔桥	$\dfrac{d}{\cos\alpha}$ 其中： $\alpha\leqslant45°$	
	斜向孔桥	$d\sqrt{\dfrac{n^2+1}{n^2+\cos^2\alpha}}$ 其中： $\alpha\leqslant45°$	
具有凹座的孔		$d+\dfrac{h}{\delta}(d'-d)$	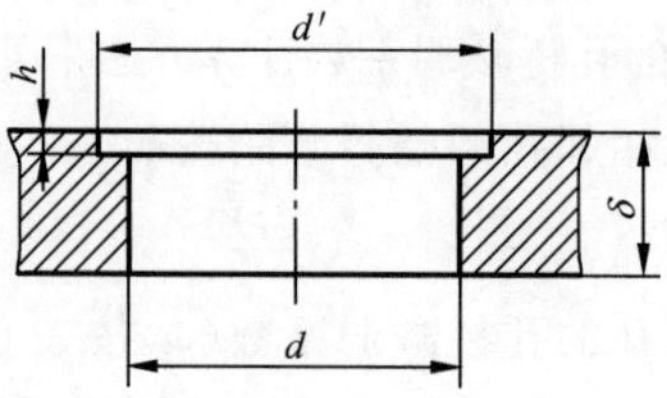

8.4.6 斜向孔桥减弱系数也可直接由图1查取，图中虚线为各条曲线极小值的连线。

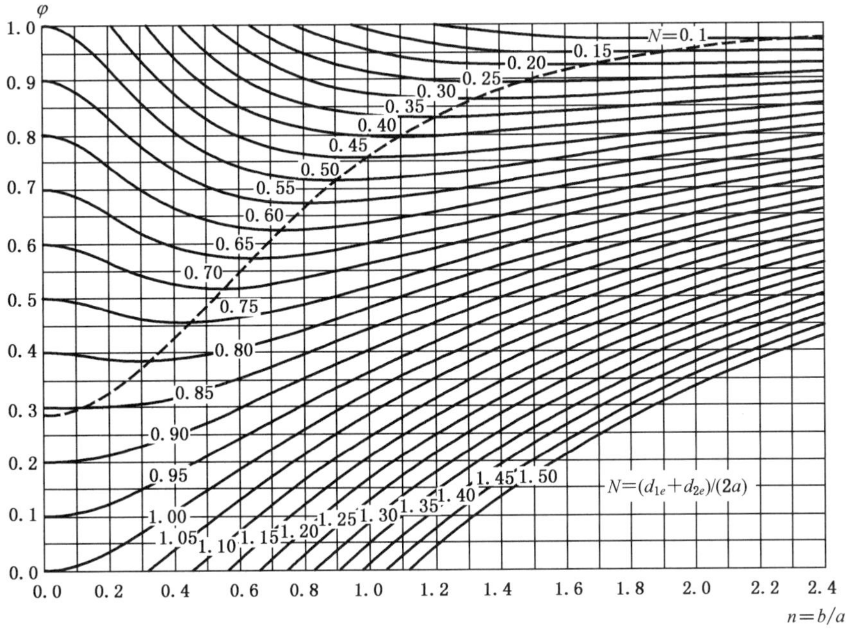

图 1 斜向孔桥减弱系数线算图

8.4.7 开孔直径的确定：

  a) 椭圆孔取其在孔桥两孔中心连线上的尺寸；

  b) 双面角焊（适用 p_r 不大于 2.5 MPa 锅炉，且不受热）或插入式整体焊接管取其接管内径。

8.4.8 双面角焊（适用于 p_r 不大于 2.5 MPa 锅炉，且不受热）或插入式整体焊接管（或孔圈）的许用应力（$[\sigma]_b$）小于圆筒体的许用应力（$[\sigma]$）时，减弱系数计算中的 d 应取接管（或孔圈）内径与 $2\delta_b[1-([\sigma]_b/[\sigma])]$ 之和。

8.4.9 单独孔桥可利用有效补强范围内接管厚度裕量按照第 11 章进行补强，提高孔桥减弱系数。

8.5 凸形封头顶部中心开孔结构减弱系数

8.5.1 顶部中心开孔的封头，凸形封头顶部中心开孔结构减弱系数按照公式（7）计算：

$$\varphi_h = 1 - \frac{d}{D_i} \quad\quad\quad\quad (7)$$

8.5.2 封头顶部中心开孔为椭圆时，d 取椭圆长轴。

8.6 焊制和锻制正交三通的结构减弱系数

8.6.1 锻制三通结构减弱系数（φ_t）按照公式（8）、公式（9）计算：

$$\varphi_t = \frac{1}{1.20\left[1 + C_x\sqrt{1 + C_y^2/(2C_y)}\right]} \quad\quad\quad\quad (8)$$

其中：

$$\left.\begin{array}{l} C_x = \dfrac{d_i^2}{D_a d_a} \\[2mm] C_y = 4.05\,\dfrac{\delta_e^3 + \delta_{be}^3}{\delta_e^2\sqrt{D_a\delta_e}} \end{array}\right\} \quad\quad\quad\quad (9)$$

8.6.2 无缝钢管焊制三通的结构减弱系数（φ_t）按表 8 确定。

表 8　焊制三通结构减弱系数

计算壁温	结构参数	补强型式	φ_t
低于由持久强度确定许用应力的起始温度	$1.05{\leqslant}\beta{<}1.10$	蝶式	0.90
	$p_r{\leqslant}2.5\ \text{MPa}、1.05{\leqslant}\beta{<}1.10、D_o{\leqslant}273\ \text{mm}$	厚度	取公式(8)值的 2/3
	$1.10{\leqslant}\beta$ 且 $\beta_t{\leqslant}1.50$	蝶式	0.90
		单筋	0.80
		厚度	按照公式(8)计算
不低于由持久强度确定许用应力的起始温度	$1.05{\leqslant}\beta{<}1.10$	蝶式	按照公式(8)计算
	$p_r{\leqslant}2.5\ \text{MPa}、1.05{\leqslant}\beta{<}1.10、D_o{\leqslant}273\ \text{mm}$	厚度	取公式(8)值的 2/3
	$1.10{\leqslant}\beta{<}1.25$ 且 $273\ \text{mm}{<}D_o{\leqslant}813\ \text{mm}$	蝶式或单筋	按照公式(8)计算
	$1.10{\leqslant}\beta{<}1.25$ 且 $D_o{\leqslant}273\ \text{mm}$	蝶式或单筋	0.70
	$1.25{<}\beta$ 且 $\beta_t{\leqslant}2.00$	厚度	按照公式(8)计算
	$1.25{<}\beta$ 且 $\beta_t{\leqslant}1.50$	蝶式或单筋	0.70

8.7　等径叉形管结构减弱系数

等径叉形管的结构减弱系数(φ_t)按表 9 确定。

表 9　等径叉形管结构减弱系数

计算壁温	φ_t
低于由持久强度确定许用应力的起始温度	0.7
等于或高于由持久强度确定许用应力的起始温度	0.6

9　元件厚度

9.1　符号

本章使用下列符号：

C　——厚度附加量，单位为毫米(mm)；

C_1　——腐蚀裕量，单位为毫米(mm)；

δ　——名义厚度，单位为毫米(mm)；

δ_{dc}　——设计厚度，单位为毫米(mm)；

δ_e　——有效厚度，单位为毫米(mm)；

δ_{min}　——最小需要厚度，单位为毫米(mm)；

δ_t　——计算厚度，单位为毫米(mm)。

9.2　最小需要厚度

最小需要厚度按照公式(10)计算：

$$\delta_{min}=\delta_t+C_1 \quad\quad\quad (10)$$

9.3 设计厚度

设计厚度按照公式(11)计算：

$$\delta_{dc} = \delta_t + C \qquad\qquad\qquad (11)$$

9.4 名义厚度

名义厚度应符合公式(12)的规定：

$$\delta \geqslant \delta_{dc} \qquad\qquad\qquad (12)$$

9.5 有效厚度

有效厚度按照公式(13)计算：

$$\delta_e = \delta - C \qquad\qquad\qquad (13)$$

10 计算厚度

10.1 符号

本章使用下列符号：

D_c ——盖板的计算直径（椭圆时取短轴），单位为毫米(mm)；

D_i ——圆筒体、封头或三通主管内径，单位为毫米(mm)；

D_o ——圆筒体、弯管、弯头、圆弧形集箱筒体封头、三通主管或等径叉形管外径，单位为毫米(mm)；

d ——开孔直径，单位为毫米(mm)；

d_i ——接管或三通支管内径，单位为毫米(mm)；

d_o ——接管或三通支管外径，单位为毫米(mm)；

$[d_i]_{max}$ ——热挤压三通满足过渡区强度要求的支管最大允许内径，单位为毫米(mm)；

h_i ——封头内高度，单位为毫米(mm)；

h_{min} ——三通支管最小高度，单位为毫米(mm)；

K_c ——盖板结构特性系数；

K_f ——平端盖结构特性系数；

K_i ——弯管、弯头或圆弧形集箱筒体内弧形状系数；

K_o ——弯管、弯头或圆弧形集箱筒体外弧形状系数；

K_s ——凸形封头结构形状系数；

L_1 ——三通主管最小半长，单位为毫米(mm)；

l ——平端盖直段部分的长度，单位为毫米(mm)；

p ——计算压力，单位为兆帕(MPa)；

p_r ——锅炉额定压力，单位为兆帕(MPa)；

R ——弯管、弯头或圆弧形集箱筒体中心线的曲率半径，或热挤压三通外壁肩部过渡半径，单位为毫米(mm)；

R_i' ——不等厚圆筒体薄壁处内半径，单位为毫米(mm)；

R_i'' ——不等厚圆筒体厚壁处内半径，单位为毫米(mm)；

r ——平端盖或三通的过渡圆弧半径，单位为毫米(mm)；

Y_c ——盖板形状系数；

α ——等径叉形管主管与接管中心轴线的夹角,单位为度(°);

β_t ——按计算厚度确定的外径与内径的比值;

δ ——圆筒体、焊制和锻制三通主管或凸形封头的名义厚度,单位为毫米(mm);

δ_b ——三通支管名义厚度,单位为毫米(mm);

δ_e ——热旋压管制缩口封头圆筒部分有效厚度,单位为毫米(mm);

δ_t ——计算厚度,单位为毫米(mm);

δ_0 ——强度未减弱的热旋压管制缩口封头圆筒部分计算厚度,单位为毫米(mm);

δ_1 ——平端盖或盖板的名义厚度,单位为毫米(mm);

δ_2 ——平端盖环形凹槽处的最小厚度,单位为毫米(mm);

δ_3 ——盖板螺栓连接部位或密封面处环状部位厚度,单位为毫米(mm);

$[\sigma]$ ——计算壁温下的许用应力,单位为兆帕(MPa);

$\varphi_{\min}$ ——最小减弱系数;

φ_t ——焊制和锻制三通、等径叉形管的结构减弱系数;

φ_w ——焊接接头减弱系数。

10.2 圆筒体

10.2.1 圆筒体的计算厚度按照公式(14)或公式(15)计算:

$$\delta_t = \frac{pD_o}{2\varphi_{\min}[\sigma] + p} \quad\cdots\cdots\cdots\cdots\cdots\cdots\cdots(14)$$

$$\delta_t = \frac{pD_i}{2\varphi_{\min}[\sigma] - p} \quad\cdots\cdots\cdots\cdots\cdots\cdots\cdots(15)$$

10.2.2 承受外压的管子按照 GB/T 150.3 进行校核,但材料许用应力等按照本文件执行;当 D_o 不大于 200 mm 时,计算厚度(δ_t)可取 1.45 倍的公式(14)或公式(15)的计算值。

10.2.3 中径相等的不等厚度锅筒筒体,薄壁与厚壁部分的强度分别按本条款计算,薄壁 D_i 取 2 倍的 R_i',厚壁 D_i 取 2 倍的 R_i''。

10.2.4 圆筒体厚度计算公式应在表 10 的 β_t 范围内使用。

表 10 圆筒体厚度计算公式适用的 β_t 范围

元件名称	β_t	范围
锅筒及启动(汽水)分离器	$\beta_t = 1 + 2\delta_t/D_i$	$\beta_t \leqslant 1.30$
集箱	$\beta_t = D_o/(D_o - 2\delta_t)$	$\beta_t \leqslant 1.50$
		$\beta_t \leqslant 2.00$(过热蒸汽)
管子和管道		$\beta_t \leqslant 2.00$

10.3 凸形封头

10.3.1 典型的椭球和球形封头结构见图 2。

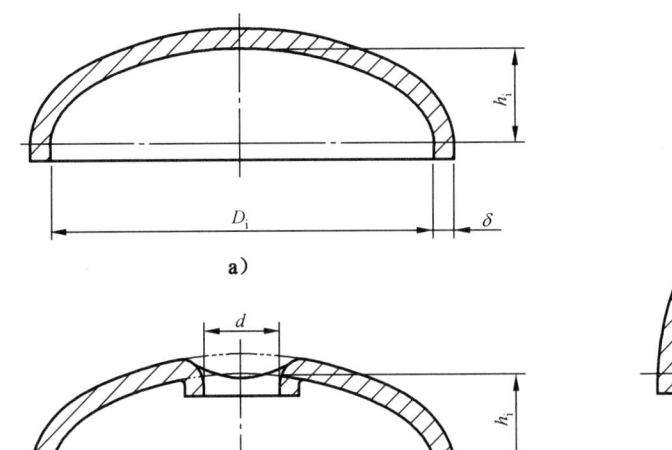
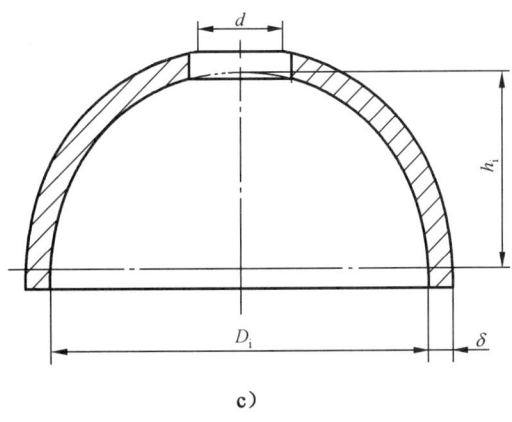

图 2 典型的椭球和球形封头结构示意图

10.3.2 椭球和球形封头的计算厚度按照公式(16)计算:

$$\delta_t = K_s \frac{pD_i}{2\varphi_{min}[\sigma] - p} \qquad \cdots\cdots\cdots\cdots\cdots(16)$$

其中 K_s 按照公式(17)计算:

$$K_s = \frac{1}{6}\left[2 + \left(\frac{D_i}{2h_i}\right)^2\right] \qquad \cdots\cdots\cdots\cdots\cdots(17)$$

10.3.3 椭球和球形封头的计算厚度公式的适用范围:

$$\frac{h_i}{D_i} \geqslant 0.2; \frac{\delta_t}{D_i} \leqslant 0.15; \frac{d}{D_i} \leqslant 0.6$$

10.3.4 凸形封头顶部中心开孔为椭圆时,d 取椭圆长轴。

10.3.5 热旋压管制缩口封头顶端工艺开孔 d 不小于 80 mm 时,计算厚度按照公式(16)计算。

10.3.6 热旋压管制缩口封头的 δ_0/δ_e 小于 0.5,且 p_r 不大于 2.5 MPa 时,计算厚度公式适用范围中的 d/D_i 用 d/D_o 控制,并应符合公式(18)的规定:

$$\frac{d}{D_o} \leqslant 0.8 \qquad \cdots\cdots\cdots\cdots\cdots(18)$$

10.3.7 凸形封头直段的计算厚度按照公式(19)计算:

$$\delta_t = \frac{pD_i}{2\varphi_w[\sigma] - p} \qquad \cdots\cdots\cdots\cdots\cdots(19)$$

10.3.8 顶部中心开孔的凸形封头,当满足结构要求时,可按照第 11 章开孔补强方法进行补强。

10.3.9 承受外压的凸形封头按照 GB/T 150.3 进行校核,但材料许用应力等应按照本文件执行;或取 1.67 倍的计算压力(p),用公式(16)确定计算厚度(δ_t)。

10.4 平端盖

10.4.1 平端盖的计算厚度按照公式(20)计算:

$$\delta_t = K_f D_i \sqrt{\frac{p}{[\sigma]}} \qquad \cdots\cdots\cdots\cdots\cdots(20)$$

10.4.2 平端盖直段的计算厚度按照公式(21)计算:

$$\delta_t = \frac{pD_o}{2[\sigma]+p} \qquad\qquad \cdots\cdots\cdots\cdots\cdots\cdots\cdots\cdots\cdots (21)$$

10.4.3 平端盖的结构特性系数（K_f）按表 11 选取。

表 11 平端盖的结构特性系数

结构型式					
K_f	无孔	0.4	0.42	0.4	0.42
	有孔	0.45	0.47	0.45	0.47
推荐范围		优先	—	—	—
结构型式					
K_f	无孔	0.65	0.65	0.4	0.58	0.5
	有孔	0.76	0.76	0.4	0.65	0.56
推荐范围		$p_r \leqslant 2.5$ MPa 且 $D_i \leqslant 426$ mm	$p_r \leqslant 2.5$ MPa 且 $D_i \leqslant 426$ mm	水压试验	—	—

10.5 盖板

10.5.1 盖板计算厚度按照公式（22）计算：

$$\delta_t = K_c Y_c D_c \sqrt{\frac{p}{[\sigma]}} \qquad\qquad \cdots\cdots\cdots\cdots\cdots\cdots\cdots (22)$$

10.5.2 盖板形状系数（Y_c）按照表 12 选取。

表 12 盖板形状系数

b/a	1.00	0.75	0.50
Y_c	1.00	1.15	1.30
注：b/a 为孔的长短轴比，相邻 b/a 之间 Y_c 值用算术内插法确定，小数点后第三位四舍五入。			

10.5.3 盖板结构特性系数（K_c）和计算直径（D_c）按照表 13 规定选取。

表 13　盖板结构特性系数和计算直径

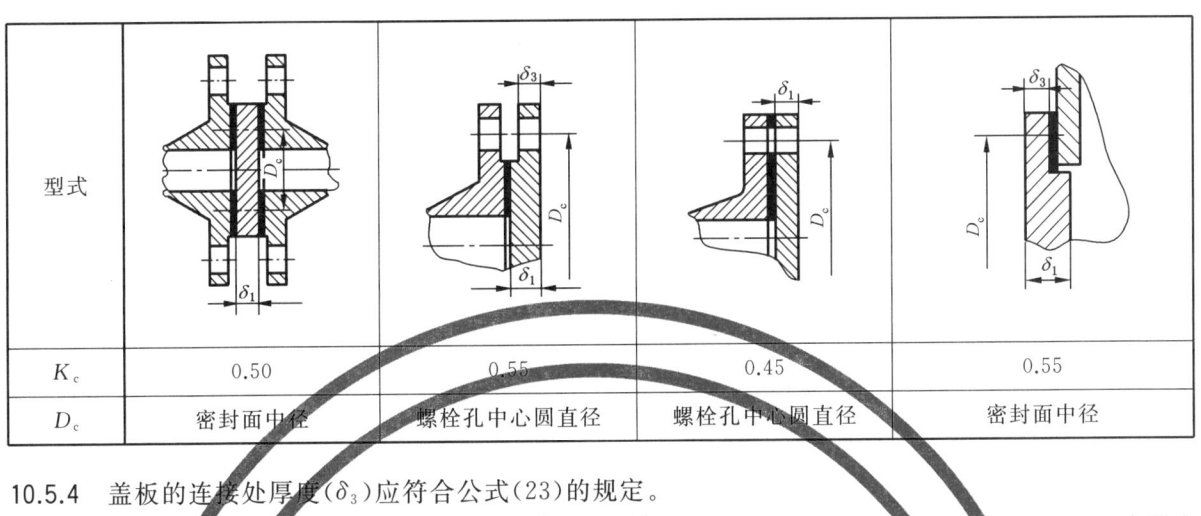

型式				
K_c	0.50	0.55	0.45	0.55
D_c	密封面中径	螺栓孔中心圆直径	螺栓孔中心圆直径	密封面中径

10.5.4　盖板的连接处厚度（δ_3）应符合公式（23）的规定。

$$\delta_3 \geqslant 0.8\delta_1$$ ·····················（23）

10.6　弯管或弯头和内、外弧无开孔的圆弧形集箱筒体

10.6.1　弯管或弯头和圆弧形集箱筒体外弧的计算厚度按照公式（24）计算：

$$\delta_t = K_o \frac{pD_o}{2\varphi_w[\sigma]+p}$$ ·····················（24）

其中 K_o 按照公式（25）计算：

$$K_o = \frac{4R - D_o}{4R - 2D_o}$$ ·····················（25）

10.6.2　弯管或弯头和圆弧形集箱筒体内弧的计算厚度按照公式（26）计算：

$$\delta_t = K_i \frac{pD_o}{2\varphi_w[\sigma]+p}$$ ·····················（26）

其中 K_i 按照公式（27）计算：

$$K_i = \frac{4R - D_o}{4R - 2D_o}$$ ·····················（27）

10.6.3　弯管或弯头直段和中弧的计算厚度按照公式（28）计算：

$$\delta_t = \frac{pD_o}{2\varphi_w[\sigma]+p}$$ ·····················（28）

10.6.4　圆弧形集箱筒体中弧的计算厚度按照公式（29）计算：

$$\delta_t = \frac{pD_o}{2\varphi_{min}[\sigma]+p}$$ ·····················（29）

10.6.5　弯管或弯头和圆弧形集箱筒体计算厚度公式的适应范围，按照表 10 的集箱和管道部分，其中 β_t 计算公式中 δ_t 取中弧的计算厚度。

10.6.6　外径（D_o）不大于 100 mm 的弯管或弯头，可不校核内弧计算厚度。

10.7　焊制、锻制三通和等径叉形管

10.7.1　焊制、锻制三通和等径叉形管的结构示意图见图 3。

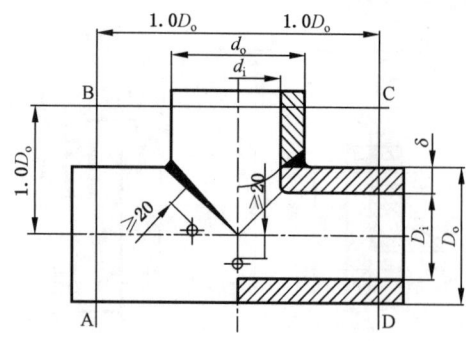

a) 焊制三通

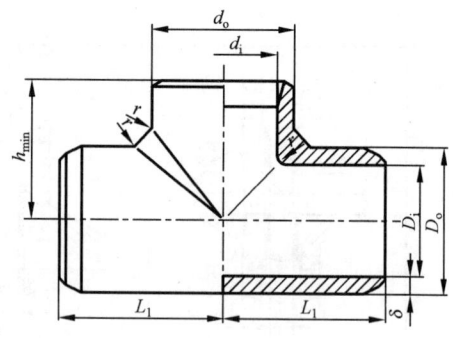

b) 锻制三通

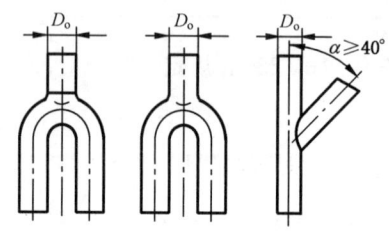

c) 等径叉形管

图 3　焊制、锻制三通和等径叉形管结构示意图

10.7.2　焊制、锻制三通主管和等径叉形管的计算厚度按照公式(30)计算：

$$\delta_t = \frac{pD_o}{2\varphi_t[\sigma] + p} \qquad \text{(30)}$$

10.7.3　焊制和锻制三通支管的计算厚度按照公式(31)计算：

$$\delta_t = \frac{pd_o}{2\varphi_t[\sigma] + p} \qquad \text{(31)}$$

10.7.4　焊制和锻制三通,在允许区域另有孔桥时,公式(30)、公式(31)中的 φ_t 应由 φ_{min} 替代。

10.7.5　焊制和锻制三通的计算厚度公式适用范围：

$$d_i/D_i \geqslant 0.8; d_o \leqslant 813 \text{ mm}$$

10.7.6　等径叉形管的计算厚度公式适用范围：

$$D_o \leqslant 108 \text{ mm}; 1.05 \leqslant \beta_t \leqslant 2.00$$

10.8　热挤压三通

10.8.1　热挤压三通主管圆筒体的计算厚度按照公式(32)计算：

$$\delta_t = \frac{pD_o}{2\varphi_{min}[\sigma] + p} \qquad \text{(32)}$$

10.8.2　热挤压三通支管圆筒体的计算厚度按照公式(33)计算：

$$\delta_t = \frac{pd_o}{2\varphi_{min}[\sigma] + p} \qquad \text{(33)}$$

10.8.3　热挤压三通过渡区计算厚度及支管最大允许内径($[d]_{i\,max}$)按照表 14 计算。

表 14 热挤压三通过渡区计算厚度及支管最大允许内径

主管外径	≤660 mm	>660 mm
直型三通过渡区计算厚度	$\delta_t = \dfrac{1.3 p D_o}{1.9[\sigma] + p} + 2$	$\delta_t = \dfrac{1.3 p D_o}{2[\sigma] + p} + 10$
鼓型三通过渡区计算厚度	$\delta_t = \dfrac{1.3 p d_o}{1.9[\sigma] + p} + 2$	$\delta_t = \dfrac{1.3 p d_o}{2[\sigma] + p} + 10$
支管最大允许内径	$[d]_{i\,max} = d_o + 2R - 2\sqrt{(R + \delta_t + C_1)^2 - R^2}$ 当 $R > 2.42(\delta_t + C_1)$ 时， 取 $[d]_{i\,max} = d_o - 2(\delta_t + C_1)$	$[d]_{i\,max} = d_o - 2(\delta_t + C_1)$
过渡区（A、B、C、D）范围及相关尺寸示意图		

11 开孔补强

11.1 符号

本章使用下列符号适用于：

A_0 ——纵截面内需要的补强面积，单位为平方毫米（mm²）；

A_1 ——纵截面内起补强作用的焊缝面积，单位为平方毫米（mm²）；

A_2 ——纵截面内起补强作用的接管面积，单位为平方毫米（mm²）；

A_3 ——纵截面内起补强作用的垫板面积，单位为平方毫米（mm²）；

A_4 ——纵截面内（除接管外）起补强作用的圆筒体或凸形封头的面积，单位为平方毫米（mm²）；

b ——圆筒体或凸形封头上开孔有效补强宽度，单位为毫米（mm）；

D_i ——圆筒体或凸形封头内径，单位为毫米（mm）；

D_o ——圆筒体或凸形封头外径，单位为毫米（mm）；

d ——开孔直径或插入式整体焊接接管内径，单位为毫米（mm）；

d_{em} ——孔桥相邻孔当量直径，单位为毫米（mm）；

d_i ——接管内径，单位为毫米（mm）；

d_o ——接管外径，单位为毫米（mm）；

$[d]$ ——未补强孔的最大允许直径，单位为毫米（mm）；

$[d]_e$ ——孔桥补强计算时的最大允许当量直径，单位为毫米（mm）；

e ——焊缝高度,单位为毫米(mm);

h ——接管补强有效高度,单位为毫米(mm);

h_1 ——补强接管伸出圆筒体或凸形封头内壁的尺寸,单位为毫米(mm);

K ——斜向孔桥的换算系数;

K_s ——凸形封头结构形状系数;

k ——圆筒体或凸形封头开孔结构特性系数;

p ——计算压力,单位为兆帕(MPa);

p_r ——锅炉额定压力,单位为兆帕(MPa);

s ——相邻孔节距(横向取中径弧长),单位为毫米(mm);

δ ——圆筒体或凸形封头名义厚度,单位为毫米(mm);

δ_b ——接管名义厚度,单位为毫米(mm);

δ_{be} ——接管有效厚度,单位为毫米(mm);

δ_{b0} ——接管计算厚度,单位为毫米(mm);

δ_e ——圆筒体或凸形封头有效厚度,单位为毫米(mm);

δ_r ——补强垫板厚度,单位为毫米(mm);

δ_0 ——强度未减弱圆筒体或凸形封头的计算厚度,单位为毫米(mm);

$[\sigma]$ ——计算壁温下的许用应力,单位为兆帕(MPa);

$[\sigma]_b$ ——计算壁温下的接管许用应力,单位为兆帕(MPa);

$[\sigma]_2$ ——计算壁温下的垫板许用应力,单位为兆帕(MPa);

φ_{min} ——最小减弱系数;

φ_{nr} ——未经补强的孔桥减弱系数;

φ_w ——焊接接头减弱系数;

$[\varphi]$ ——允许最小减弱系数;

$\sum A_0$ ——孔桥截面内需要的补强总面积,单位为平方毫米(mm²);

$\sum A_1$ ——孔桥截面内起补强作用的总焊缝面积,单位为平方毫米(mm²);

$\sum A_2$ ——孔桥截面内起补强作用的总接管面积,单位为平方毫米(mm²)。

11.2 适用条件

11.2.1 本章条适用于圆筒体和凸形封头的单孔补强。

11.2.2 按本章条计算应满足:

a) 圆筒体开孔尺寸:d/D_i 小于 0.8 且 d 小于 600 mm;

b) 凸形封头顶部中心开孔尺寸:d/D_i 小于 0.6 且 d 小于 600 mm;

c) 椭圆孔的长短轴比不大于 2;

d) 开孔补强有效范围内应保证圆筒体或凸形封头的焊接接头减弱系数为 1。

11.2.3 凸形封头顶部中心开孔满足补强条件,则公式(16)和公式(57)中的 φ_{min} 用 φ_w 代替。

11.2.4 圆筒体上相邻两孔间距不小于 $d_{em}+0.5d_0+e$ 的单独孔桥,按照单孔对其中任一孔进行补强。满足补强条件后,该孔按无孔处理。

11.2.5 本章条不适用于相邻两孔间距小于 $d_{em}+0.5d_0+e$,且两孔直径(d)均大于$[d]$的孔桥补强。

11.2.6 圆筒体上非连续排列,且两孔直径(d)均不大于$[d]$的单独孔桥,按照 11.6 进行补强。

11.2.7 当量孔径大于$[d]$的单孔,开孔结构特性系数(k)大于 0.40,应按单孔进行补强;开孔结构特性系数(k)不大于 0.40,可免于补强计算。

11.3 未补强孔及其最大允许直径

11.3.1 胀接孔、螺丝孔和其他不施焊的孔均为未补强孔。

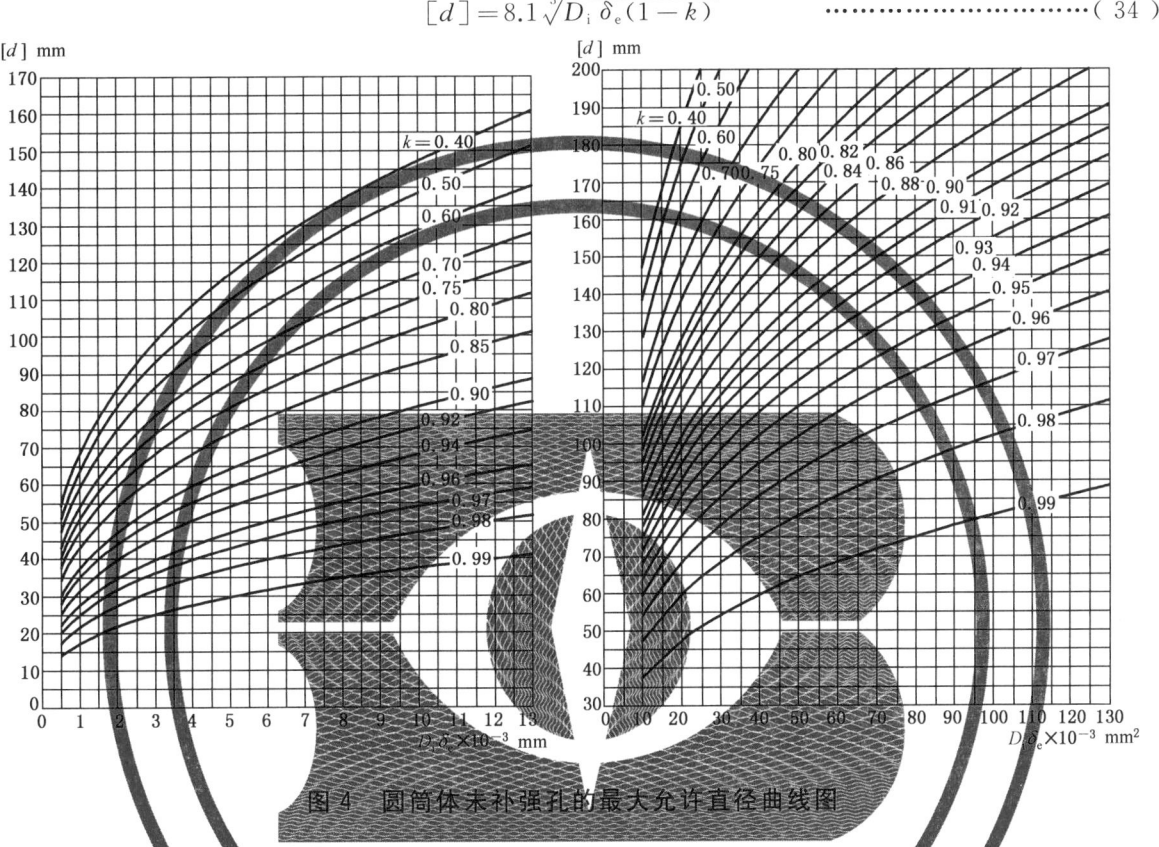

11.3.2 接管与圆筒体或凸形封头焊接结构型式为非补强结构或不满足开孔补强条件的孔视为未补强孔。

11.3.3 插入式整体焊接接管、双面角焊接管(或孔圈),接管(或孔圈)的许用应力($[\sigma]_b$)小于圆筒体或凸形封头的许用应力($[\sigma]$),补强计算时,d 应取接管(或孔圈)内径与 $2\delta_b[1-([\sigma]_b/[\sigma])]$ 之和。

11.3.4 圆筒体上未补强孔的最大允许直径,取公式(34)或图4所得值与 200 mm 的小者。

$$[d] = 8.1\sqrt[3]{D_i \delta_e (1-k)} \quad\quad\quad\quad\quad (34)$$

图 4 圆筒体未补强孔的最大允许直径曲线图

11.3.5 图 4 中,$D_i \delta_e$ 计算值大于 130×10^3 mm^2,按 130×10^3 mm^2 取用。

11.3.6 圆筒体的开孔结构特性系数(k)按照公式(35)或公式(36)计算:

$$k = \frac{pD_i}{(2[\sigma]-p)\delta_e} \quad\quad\quad\quad\quad (35)$$

$$k = \frac{p(D_o-2\delta)}{(2[\sigma]-p)\delta_e} \quad\quad\quad\quad\quad (36)$$

11.3.7 未补强凸形封头顶部中心开孔的最大允许直径,按照公式(37)计算:

$$[d] = \left(1 - \frac{p}{2[\sigma]}\right)(1-k)D_i \quad\quad\quad\quad\quad (37)$$

其中 k 按照公式(38)计算:

$$k = \frac{pD_iK_s}{(2[\sigma]-p)\delta_e} \quad\quad\quad\quad\quad (38)$$

11.4 孔的补强结构

11.4.1 开孔补强接管应采用图 5 结构型式,其中图 5 a)、图 5 b)、图 5 c)结构型式,仅适用于 p_r 不大于 2.5 MPa 的锅炉。

11.4.2 图 5 a)结构型式仅适用于不受热工作条件,其补强计算参照结构图 5 d),且焊缝高度(e)应符合公式(39)的规定。

$$1.539e(d_o + e) \geqslant A_0 - A_4 \qquad \cdots\cdots\cdots\cdots\cdots \quad (39)$$

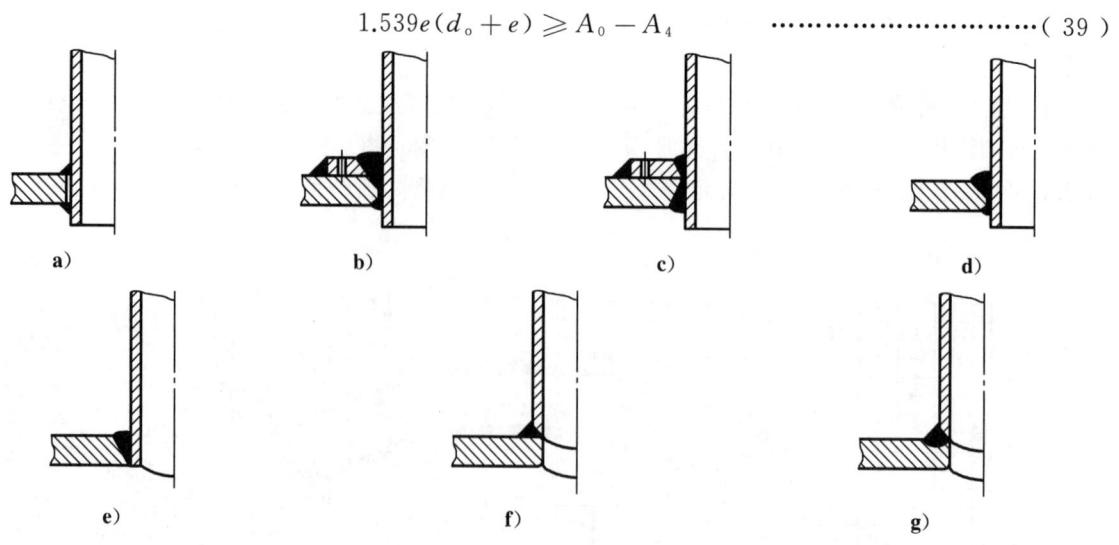

图 5 孔的补强结构型式

11.4.3 仅图 5 d)、图 5 e)、图 5 f)、图 5 g)结构型式适用于孔桥或凸形封头顶部中心开孔的补强。

11.5 单孔补强

11.5.1 开孔补强应符合公式(40)的规定：

$$A_1 + A_2 + A_3 + A_4 \geqslant A_0 \qquad \cdots\cdots\cdots\cdots\cdots\cdots\cdots\cdots\cdots\cdots\cdots \quad (40)$$

11.5.2 分布在孔边四分之一孔径范围内起补强作用的面积应不小于需要补强面积的三分之二。

11.5.3 当补强元件的许用应力大于被补强元件的许用应力时,则按被补强元件的许用应力计算。

11.5.4 开孔补强有效范围(ABCD)内的补强面积按表 15 确定。

表 15 孔的补强面积范围及计算

补强尺寸和范围	$\delta_r < \delta,\ h_1 \leqslant h$	$h_1 \leqslant h$	
A_0	$\left[d_i + 2\delta_{be}\left(1 - \dfrac{[\sigma]_b}{[\sigma]}\right)\right]\delta_0$	$\left[d_i + 2\delta_{be}\left(1 - \dfrac{[\sigma]_b}{[\sigma]}\right)\right]\delta_0$	$d_i\delta_0$
A_1	$2e^2$	$2e^2$(或 e^2)	e^2
A_2	$\left[2h(\delta_{be} - \delta_{b0}) + 2h_1\delta_{be}\right]\dfrac{[\sigma]_b}{[\sigma]}$	$\left[2h(\delta_{be} - \delta_{b0}) + 2h_1\delta_{be}\right]\dfrac{[\sigma]_b}{[\sigma]}$	$2h(\delta_{be} - \delta_{b0})\dfrac{[\sigma]_b}{[\sigma]}$
A_3	$0.8\delta_r(b - d_i - 2\delta_b)\dfrac{[\sigma]_2}{[\sigma]}$	0	0
A_4	$\left[b - d_i - 2\delta_{be}\left(1 - \dfrac{[\sigma]_b}{[\sigma]}\right)\right](\delta_e - \delta_0)$	$\left[b - d_i - 2\delta_{be}\left(1 - \dfrac{[\sigma]_b}{[\sigma]}\right)\right](\delta_e - \delta_0)$	$(b - d_i)(\delta_e - \delta_0)$

11.5.5 强度未减弱的圆筒体计算厚度(δ_0)按照公式(41)或公式(42)计算：

$$\delta_0 = \frac{pD_i}{2[\sigma]-p} \qquad\qquad\cdots\cdots\cdots\cdots\cdots\cdots\cdots(41)$$

$$\delta_0 = \frac{p(D_o - 2\delta_e)}{2[\sigma]-p} \qquad\qquad\cdots\cdots\cdots\cdots\cdots\cdots\cdots(42)$$

11.5.6 强度未减弱的凸形封头计算厚度(δ_0)按照公式(43)计算：

$$\delta_0 = \frac{pD_iK_s}{2[\sigma]-p} \qquad\qquad\cdots\cdots\cdots\cdots\cdots\cdots\cdots(43)$$

11.5.7 补强接管的计算厚度(δ_{b0})按照公式(44)计算：

$$\delta_{b0} = \frac{p(d_o - 2\delta_{be})}{2[\sigma]_b - p} \qquad\qquad\cdots\cdots\cdots\cdots\cdots\cdots\cdots(44)$$

11.5.8 有效补强范围和尺寸按以下规定选取：

a) $h = \min(2.5\delta_b, 2.5\delta)$；当$\delta_b/d_i$大于0.19时，$h = \sqrt{(d_i + \delta_b)\delta_b}$；

b) 对于圆筒体：$b = \max(2d_i, d_o + 2\delta)$；当$s - d_{em} < \max(d_i, 0.5d_o + \delta)$时，$b = 2(s - d_{em})$；

c) 对于凸形封头：$b = \min[\max(2d_i, d_o + 2\delta), D_i]$；

d) 非插入式接管，d_i取开孔直径d；

e) 圆筒体上椭圆孔，d_i取纵截面上的尺寸，d_o取长轴尺寸；

f) 凸形封头顶部椭圆中心孔，d_i、d_o取长轴尺寸；

g) 焊缝高度(e)，应取内外焊高较小者(单侧角焊缝除外)。

11.6 孔桥补强计算

11.6.1 圆筒体上的孔桥可用接管多余厚度，按图6所示进行孔桥补强，提高孔桥减弱系数。

11.6.2 孔桥补强应符合公式(45)的规定：

$$\sum A_1 + \sum A_2 \geqslant \left(\frac{\sum A_0}{\delta_0} - 2[d]_e\right)\delta_e \qquad\cdots\cdots\cdots\cdots\cdots(45)$$

11.6.3 孔桥补强的有效范围和面积，按图6所示和表15的单孔补强规定计算。

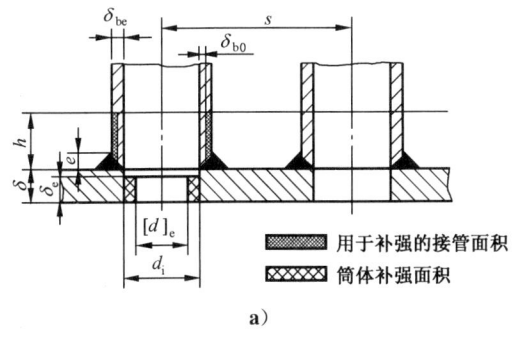
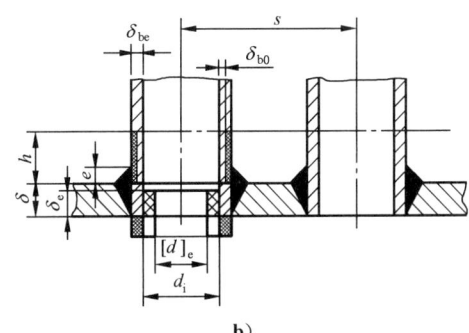

图6 孔桥补强面积

11.6.4 孔桥补强，其允许最小减弱系数($[\varphi]$)与未经补强的孔桥减弱系数(φ_{nr})应符合公式(46)的规定：

$$[\varphi] < \frac{4}{3}\varphi_{nr} \qquad\qquad\cdots\cdots\cdots\cdots\cdots\cdots\cdots(46)$$

11.6.5 孔桥补强的最大允许当量孔径($[d]_e$)按照公式(47)、公式(48)、公式(49)计算：

a) 纵向孔桥：

$$[d]_e = (1 - [\varphi])s \quad \cdots\cdots\cdots\cdots\cdots\cdots\cdots\cdots\cdots\cdots (47)$$

b) 横向孔桥：

$$[d]_e = \left(1 - \frac{[\varphi]}{2}\right)s \quad \cdots\cdots\cdots\cdots\cdots\cdots\cdots\cdots (48)$$

c) 斜向孔桥：

$$[d]_e = \left(1 - \frac{[\varphi]}{K}\right)s \quad \cdots\cdots\cdots\cdots\cdots\cdots\cdots\cdots (49)$$

11.6.6 圆筒体允许最小减弱系数（$[\varphi]$）按照公式（50）或公式（51）计算：

$$[\varphi] = \frac{p(D_i + \delta_e)}{2[\sigma]\delta_e} \quad \cdots\cdots\cdots\cdots\cdots\cdots\cdots\cdots (50)$$

$$[\varphi] = \frac{p(D_o - \delta_e)}{2[\sigma]\delta_e} \quad \cdots\cdots\cdots\cdots\cdots\cdots\cdots\cdots (51)$$

12 厚度附加量

12.1 符号

本章使用下列符号：

C ——厚度附加量，单位为毫米（mm）；

C_1 ——腐蚀裕量，单位为毫米（mm）；

C_2 ——工艺附加厚度，单位为毫米（mm）；

C_3 ——钢材厚度下偏差，单位为毫米（mm）；

D_o ——弯管或弯头的外径，单位为毫米（mm）；

m ——钢管厚度下偏差的百分比值，%；

α ——弯管或弯头工艺厚度变化率，%；

δ ——名义厚度，单位为毫米（mm）；

δ_t ——计算厚度，单位为毫米（mm）。

12.2 厚度附加量（C）

12.2.1 厚度附加量（C）按照公式（52）计算：

$$C = C_1 + C_2 + C_3 \quad \cdots\cdots\cdots\cdots\cdots\cdots\cdots\cdots (52)$$

12.2.2 平端盖和盖板厚度附加量（C）的值取 0 mm。

12.3 腐蚀裕量（C_1）

12.3.1 腐蚀裕量（C_1）宜根据实际腐蚀情况确定。一般情况，C_1 取 0.5 mm，当厚度（δ）大于 20 mm 时，C_1 值取 0 mm。

12.3.2 凸形封头的 C_1 取值与相连圆筒体相同。

12.4 工艺附加厚度（C_2）

12.4.1 工艺附加厚度（C_2）宜根据元件的实际制造工艺情况确定。一般情况，C_2 也可按附录 D 选取。

12.4.2 外径（D_o）不大于 100 mm 的弯管或弯头，不校核内弧计算厚度时，工艺附加厚度（C_2）应按附录 D 选取，弯管或弯头外弧工艺厚度变化率（α）应按照公式（D.5）计算。

12.5 钢材厚度下偏差（C_3）

12.5.1 钢板厚度下偏差（C_3）取钢板标准规定厚度下偏差。

12.5.2 钢管厚度下偏差(C_3)按照公式(53)或公式(54)计算：

$$C_3 = \frac{m}{100-m}(\delta_t + C_1 + C_2) \qquad \cdots\cdots\cdots\cdots\cdots\cdots\cdots (53)$$

$$C_3 = \frac{m}{100}\delta \qquad \cdots\cdots\cdots\cdots\cdots\cdots\cdots\cdots (54)$$

13 最高允许压力

13.1 符号

本章使用下列符号：

D_c ——盖板的计算直径,单位为毫米(mm)；

D_i ——圆筒体、封头、三通主管、等径叉形管内径,单位为毫米(mm)；

D_o ——圆筒体、封头、三通主管(热挤压鼓型三通支管)、等径叉形管外径,单位为毫米(mm)；

K_c ——盖板结构特性系数；

K_f ——平端盖结构特性系数；

K_i ——弯管或弯头和圆弧形集箱内弧形状系数；

K_o ——弯管或弯头和圆弧形集箱外弧形状系数；

K_s ——凸形封头结构形状系数；

$[p]$ ——最高允许工作压力,单位为兆帕(MPa)；

$[p]_h$ ——水压试验最高允许压力,单位为兆帕(MPa)；

R_e ——钢材在20℃时的屈服强度或规定非比例延伸强度($R_{p0.2}$),单位为兆帕(MPa)；

Y_c ——盖板形状系数；

β_e ——按有效厚度确定的外径与内径的比值；

δ_e ——圆筒体、焊制和锻制三通主管、热挤压三通过渡区、凸形封头的有效厚度,单位为毫米(mm)；

δ_1 ——平端盖或盖板的名义厚度,单位为毫米(mm)；

$[\sigma]$ ——计算壁温下的许用应力,单位为兆帕(MPa)；

φ_{min} ——最小减弱系数；

φ_t ——焊制和锻制三通、等径叉形管的结构减弱系数；

φ_w ——焊接接头减弱系数。

13.2 最高允许工作压力

13.2.1 任何工况下,元件的工作压力应不大于最高允许工作压力。

13.2.2 圆筒体最高允许工作压力按照公式(55)或公式(56)计算：

$$[p] = \frac{2\varphi_{min}[\sigma]\delta_e}{D_i + \delta_e} \qquad \cdots\cdots\cdots\cdots\cdots\cdots\cdots (55)$$

$$[p] = \frac{2\varphi_{min}[\sigma]\delta_e}{D_o - \delta_e} \qquad \cdots\cdots\cdots\cdots\cdots\cdots\cdots (56)$$

13.2.3 凸形封头最高允许工作压力按照公式(57)计算：

$$[p] = \frac{2\varphi_{min}[\sigma]\delta_e}{K_s D_i + \delta_e} \qquad \cdots\cdots\cdots\cdots\cdots\cdots\cdots (57)$$

13.2.4 弯管或弯头和圆弧形集箱筒体最高允许工作压力取公式(58)、公式(59)、公式(60)中的较小值：

外弧：

GB/T 16507.4—2022

$$[p] = \frac{2\varphi_w[\sigma]\delta_e}{K_o D_o - \delta_e} \quad\quad\quad (58)$$

内弧：

$$[p] = \frac{2\varphi_w[\sigma]\delta_e}{K_i D_o - \delta_e} \quad\quad\quad (59)$$

中弧：

$$[p] = \frac{2\varphi_{min}[\sigma]\delta_e}{D_o - \delta_e} \quad\quad\quad (60)$$

13.2.5 公式(58)、公式(59)、公式(60)中的δ_e取计算部位对应的有效厚度。

13.2.6 平端盖的最高允许工作压力按照公式(61)计算：

$$[p] = \left(\frac{\delta_1}{K_f D_i}\right)^2[\sigma] \quad\quad\quad (61)$$

13.2.7 盖板的最高允许工作压力按照公式(62)计算：

$$[p] = \left(\frac{\delta_1}{K_c Y_c D_c}\right)^2[\sigma] \quad\quad\quad (62)$$

13.2.8 焊制、锻制三通和等径叉形管的最高允许工作压力按照公式(63)计算：

$$[p] = \frac{2\varphi_t[\sigma]\delta_e}{D_o - \delta_e} \quad\quad\quad (63)$$

13.2.9 D_o不大于660 mm的热挤压三通最高允许工作压力按照公式(64)计算：

$$[p] = \frac{1.9[\sigma](\delta_e - 2)}{1.3D_o - (\delta_e - 2)} \quad\quad\quad (64)$$

13.2.10 D_o大于660 mm的热挤压三通最高允许工作压力按照公式(65)计算：

$$[p] = \frac{2[\sigma](\delta_e - 10)}{1.3D_o - (\delta_e - 10)} \quad\quad\quad (65)$$

13.2.11 最高允许工作压力下，开孔补强元件应满足补强要求。

13.2.12 多几何段组合元件应分段计算最高允许工作压力，并取其中最小值。

13.3 水压试验最高允许压力

13.3.1 元件的水压试验压力，应不大于水压试验最高允许压力。

13.3.2 圆筒体、焊制或锻制三通、等径叉形管水压试验最高允许压力按照公式(66)计算：

$$[p]_h = 0.45\frac{\beta_e^2 - 1}{\beta_e^2}\varphi_{min}R_e \quad\quad\quad (66)$$

13.3.3 凸形封头水压试验最高允许压力按照公式(67)计算：

$$[p]_h = \frac{0.9(\beta_e^3 - 1)}{(\beta_e^3 + 2)K_s + (\beta_e^3 - 1)}\varphi_{min}R_e \quad\quad\quad (67)$$

13.3.4 按有效壁厚计算的外径与内径比按照公式(68)或公式(69)计算：

$$\beta_e = 1 + \frac{2\delta_e}{D_i} \quad\quad\quad (68)$$

$$\beta_e = \frac{D_o}{D_o - 2\delta_e} \quad\quad\quad (69)$$

13.3.5 平端盖的水压试验最高允许压力按照公式(70)计算：

$$[p]_h = 0.9\left(\frac{\delta_1}{K_f D_i}\right)^2 R_e \quad\quad\quad (70)$$

13.3.6 盖板的水压试验最高允许压力按照公式(71)计算：

94

$$[p]_h = 0.9 \left(\frac{\delta_1}{K_c Y_c D_c}\right)^2 R_e \quad\cdots\cdots\cdots\cdots\cdots\cdots\cdots (71)$$

13.3.7 水压试验最高允许压力下,开孔补强元件应满足补强要求。

13.3.8 多几何段组合元件应分段计算水压试验最高允许压力,并取其中最小值。

14 附加应力校核

14.1 符号

本章使用下列符号:

A_e ——管子的有效横截面积,单位为平方毫米(mm^2);

D_i ——圆筒体内径,单位为毫米(mm);

D_o ——圆筒体外径,单位为毫米(mm);

F ——附加轴向力,单位为千牛(kN);

M ——校核截面的弯曲力矩,单位为千牛·毫米(kN·mm);

M_t ——校核截面的扭转力矩,单位为千牛·毫米(kN·mm);

p ——计算压力,单位为兆帕(MPa);

W ——校核截面的抗弯截面模量,单位为立方毫米(mm^3);

δ_e ——圆筒体的有效厚度,单位为毫米(mm);

σ_{aa} ——校核截面的附加轴向应力,单位为兆帕(MPa);

σ_{ab} ——校核截面的附加弯曲应力,单位为兆帕(MPa);

$[\sigma]$ ——计算壁温下的许用应力,单位为兆帕(MPa);

τ ——校核截面的附加扭转应力,单位为兆帕(MPa);

$\varphi_{c\,min}$ ——校核截面的最小减弱系数;

φ_w ——焊接接头减弱系数。

14.2 圆筒体弯曲应力

14.2.1 圆筒体各校核截面的最大弯曲应力按照公式(72)计算:

$$\sigma_{ab} = \frac{1\,000M}{W\varphi_w} \quad\cdots\cdots\cdots\cdots\cdots\cdots\cdots (72)$$

14.2.2 抗弯截面模量(W)计算应考虑由于开孔对截面的减弱。W的近似计算方法见附录E。

14.2.3 如圆筒体无较大的局部荷重,圆筒体荷重按照均布荷重考虑。

14.2.4 圆筒体荷重应包括:圆筒体及相连元件的金属重量、满水的水重以及绝热材料的重量等。

14.3 锅筒筒体和集箱筒体弯曲应力校核

14.3.1 当锅筒筒体支点间距大于10 m或最小孔桥减弱系数为横向孔桥时,应进行最大弯曲应力校核。最大弯曲应力应符合公式(73)的规定:

$$\sigma_{ab} \leqslant [\sigma] - \frac{p(D_i + \delta_e)}{4\varphi_{c\,min}\delta_e} \quad\cdots\cdots\cdots\cdots\cdots\cdots\cdots (73)$$

14.3.2 集箱筒体最大弯曲应力应符合公式(74)的规定:

$$\sigma_{ab} \leqslant [\sigma] - \frac{p(D_o - 2\delta_e)^2}{4\varphi_{c\,min}\delta_e(D_o - \delta_e)} \quad\cdots\cdots\cdots\cdots\cdots\cdots\cdots (74)$$

14.3.3 校核截面最小减弱系数($\varphi_{c\,min}$)为所校核截面上最大弯曲应力部位的横向孔桥减弱系数和环向焊接接头减弱系数的较小者。横向孔桥与环向焊接接头重迭,则取两者的乘积。

14.4 管子或管道轴向管壁附加应力校核

14.4.1 由重力载荷引起的管子或管道轴向管壁附加应力(轴向应力、弯曲应力和扭转应力)按照公式(75)进行校核:

$$\sigma_{aa} + \sqrt{\sigma_{ab}^2 + 4\tau^2} \leqslant [\sigma] - \frac{p\,(D_o - 2\delta_e)^2}{4\varphi_w \delta_e (D_o - \delta_e)} \quad\cdots\cdots\cdots\cdots\cdots\cdots\cdots (75)$$

其中 σ_{aa}、τ 分别按公式(76)和公式(77)计算:

$$\sigma_{aa} = \frac{1\,000F}{A_e \varphi_w} \quad\cdots\cdots\cdots\cdots\cdots\cdots\cdots\cdots\cdots\cdots (76)$$

$$\tau = \frac{500M_t}{W\varphi_w} \quad\cdots\cdots\cdots\cdots\cdots\cdots\cdots\cdots\cdots\cdots (77)$$

只有在校核断面上有环向焊缝时,才考虑环向焊接接头减弱系数(φ_w),其值按照表5选取。

14.4.2 管道系统应力按照 DL/T 5366 的要求进行校核。

15 结构限制和要求

15.1 符号

本章使用下列符号:

C_1 ——腐蚀裕量,单位为毫米(mm);

D_i ——封头的内径,单位为毫米(mm);

D_o ——圆筒体、三通主管外径,单位为毫米(mm);

d ——开孔直径,单位为毫米(mm);

d_i ——接管、三通支管内径,单位为毫米(mm);

d_o ——接管、三通支管外径,单位为毫米(mm);

d_r ——焊制三通补强筋的直径,单位为毫米(mm);

$[d]_{i\,max}$——热挤压三通满足过渡区强度要求的支管最大允许内径,单位为毫米(mm);

h_i ——封头内高度,单位为毫米(mm);

h_{min} ——三通支管最小高度,单位为毫米(mm);

h_r ——焊制三通补强板高度,单位为毫米(mm);

K_i ——焊角高度($i=1,2$),单位为毫米(mm);

L ——热挤压三通主管限制开孔最小半长,单位为毫米(mm);

L_1 ——三通主管最小半长,单位为毫米(mm);

l ——平端盖直段部分的长度,单位为毫米(mm);

p_r ——锅炉额定压力,单位为兆帕(MPa);

q_{max} ——元件承受的最大热流密度,单位为千瓦每平方米(kW/m²);

R ——热挤压三通外壁肩部最大过渡半径,单位为毫米(mm);

r ——锻制三通过渡圆弧半径,单位为毫米(mm);

α ——热挤压三通支管限制开孔区中心角,单位为度(°);

δ ——圆筒体、焊制三通主管或凸形封头的名义厚度,单位为毫米(mm);

δ_b ——接管的名义厚度,单位为毫米(mm);

δ_{bp} ——热挤压三通支管的最小需要厚度,单位为毫米(mm);

δ_d ——热挤压直型三通主管圆筒部分的纵截面无接管侧最小需要厚度,或热挤压鼓型三通缩口前主管圆筒部分的纵截面无接管侧最小需要厚度,单位为毫米(mm);

δ_{dc} ——设计厚度,单位为毫米(mm);

δ_{min} ——最小需要厚度,单位为毫米(mm);

δ_r ——焊制三通补强筋厚度,单位为毫米(mm);

δ_t ——计算厚度,单位为毫米(mm);

δ_u ——热挤压直型三通主管圆筒部分的纵截面接管侧最小需要厚度,或热挤压鼓型三通缩口前主管圆筒部分的纵截面接管侧最小需要厚度,单位为毫米(mm);

δ_{1d} ——热挤压鼓型三通缩口后主管圆筒部分的纵截面无接管侧最小需要厚度,单位为毫米(mm);

δ_{1u} ——热挤压鼓型三通缩口后主管圆筒部分的纵截面接管侧最小需要厚度,单位为毫米(mm);

λ ——材料导热系数,单位为千瓦每米每摄氏度[kW/(m·℃)]。

15.2 最大允许厚度

15.2.1 p_r 不大于 2.5 MPa 锅炉的锅炉锅筒可采用不绝热结构,筒体厚度应不大于表 16 所规定的值。

表 16 不绝热锅筒筒体的最大允许厚度

单位为毫米

工作条件	最大允许厚度
600 ℃＜烟温≤900 ℃的烟道内	30
烟温＞900 ℃的烟道或炉膛内	26

15.2.2 p_r 大于 2.5 MPa 锅炉的不绝热集箱筒体或焊制和热挤压三通厚度应不大于表 17 所规定的值。

表 17 不绝热集箱筒体或焊制和热挤压三通的最大允许厚度

单位为毫米

工作条件	最大允许厚度
600 ℃＜烟温≤900 ℃的烟道内	45
烟温＞900 ℃的烟道或炉膛内	30

15.2.3 p_r 不大于 2.5 MPa 锅炉的不绝热集箱和防焦箱筒体或焊制和热挤压三通厚度应不大于表 18 所规定的值。

表 18 不绝热集箱和防焦箱筒体或焊制和热挤压三通的最大允许厚度

单位为毫米

工作条件	最大允许厚度
600 ℃＜烟温≤900 ℃的烟道内	20
烟温＞900 ℃的烟道或炉膛内	15

15.2.4 q_{max} 不小于 580 kW/m² 的受热面管子,名义厚度应符合公式(78)的规定:

$$\delta \leqslant \frac{D_o}{1 + D_o q_{max}/(10^5 \lambda)} \qquad\qquad (78)$$

15.3 结构限制

15.3.1 受压元件的开孔等结构应符合 GB/T 16507.3 的规定，对焊连接管端的过渡段尺寸按照 DL/T 695规定确定。

15.3.2 锅筒胀接管孔的孔桥减弱系数不宜小于0.30。

15.3.3 筒体厚度不等厚过渡区及以外一个厚度长度的区域内不应开孔。

15.3.4 p_r 大于 2.5 MPa 的锅炉，接管（除连接受热面管外）的名义厚度应不小于 $0.015d_o + 3.2$ mm。

15.3.5 椭球封头的名义厚度(δ)，应不小于相同内径圆筒体的设计厚度(δ_{dc})。

15.3.6 平端盖中心孔的直径或椭圆孔长轴尺寸与受压直径之比值应不大于0.8。

15.3.7 平端盖任意两孔边缘之间的距离应不小于其中小孔的直径。

15.3.8 平端盖开孔边缘至平端盖外边缘之间的距离应不小于 $2\delta_{dc}$。

15.3.9 平端盖上的孔不应开在内转角圆弧处。

15.3.10 单筋、蝶式和厚度补强的焊制三通结构型式见图7。

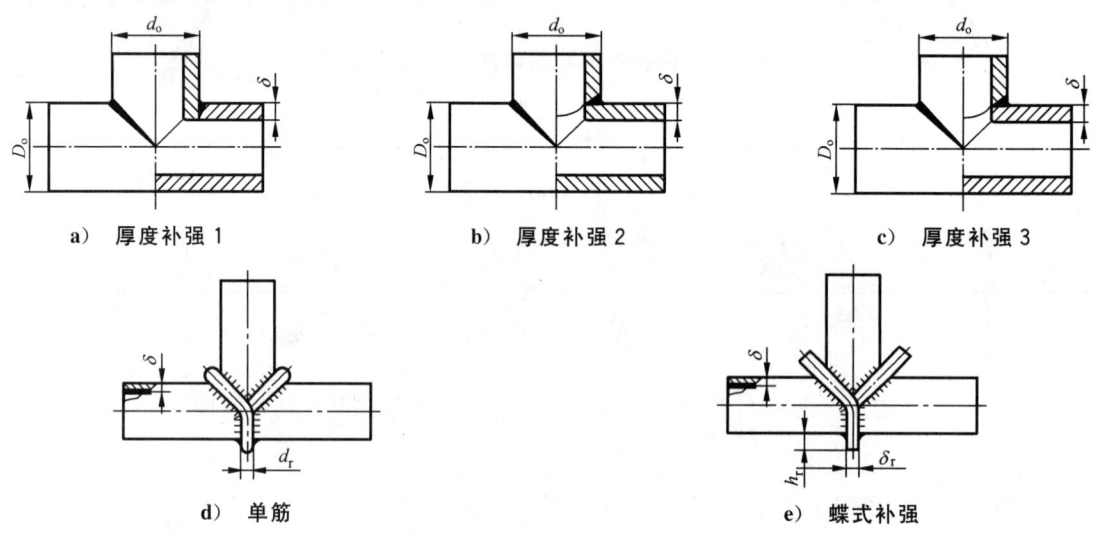

a) 厚度补强 1　　　　　b) 厚度补强 2　　　　　c) 厚度补强 3

d) 单筋　　　　　　　　　　e) 蝶式补强

图 7　焊制三通补强结构型式

15.3.11 单筋、蝶式补强元件材质应与焊制三通主管相同，其尺寸应符合表 19 的规定。

表 19　焊制三通单筋、蝶式补强元件的尺寸要求

单位为毫米

补强型式	补强元件尺寸	
	$\delta \leqslant 20$	$\delta > 20$
蝶式	$\delta_r = \delta; h_r = 6\delta$	$\delta_r = \delta; h_r = 120$
单筋	$d_r = 1.5\delta$	

15.3.12 焊制或锻制三通主管最小半长(L_1)和支管最小高度(h_{min})应不小于 1.15 倍的 D_o 或 DL/T 695规定。

15.3.13 焊制或锻制三通主管和支管中心轴线偏移 1.0 倍的 D_o 区域内不宜开孔，无法避免时开孔的边缘至三通相贯线或焊缝边缘的距离应不小于 20 mm，且开孔直径应不大于四分之一 D_o 和 60 mm。

15.3.14 焊制或锻制三通厚度不等厚过渡区，外壁斜度不宜大于 1：2，内壁斜度不宜大于 1：4。

15.3.15 锻制三通外壁相贯线过渡倒角的宽和高均取 1.0δ,但不宜大于 50 mm,过渡倒角与外壁应圆弧过渡,过渡圆弧半径 (r) 不宜小于 10 mm。

15.3.16 锻制三通内壁相贯线应圆弧过渡,圆弧半径 (r) 取四分之一 δ_b,但不宜大于 10 mm。

15.3.17 热挤压鼓型三通厚度应符合表 20 要求。

表 20 热挤压鼓型三通厚度要求

单位为毫米

类型	三通区	其他	示意图
δ_d	$\geqslant 0.8\delta_t + C_1$	$\geqslant \delta_{min}$	
δ_u	$\geqslant \delta_d$		
δ_{1d}	—		
δ_{1u}	—		
δ_{bp}	$\delta_{bp} \geqslant 0.5(d_o - [d]_{imax})$		

15.3.18 热挤压直型三通厚度应符合表 21 要求。

表 21 热挤压直型三通厚度要求

单位为毫米

类型	三通区	其他	示意图
δ_d	$\geqslant 0.8\delta_t + C_1$	$\geqslant \delta_{min}$	
δ_u	$\geqslant \delta_d$		
δ_{bp}	$\delta_{bp} \geqslant 0.5(d_o - [d]_{imax})$		

15.3.19 热挤压鼓型三通的结构特征尺寸应符合表 22 规定。

表 22 鼓型三通结构特征尺寸值

单位为毫米

三通规格	h	R	L	L_1
$203 \times 203 \times 254$	216	51	330	355
$219 \times 219 \times 273$				
$254 \times 254 \times 305$	254	61	330	355
$273 \times 273 \times 324$				

表 22 鼓型三通结构特征尺寸值（续）

单位为毫米

三通规格	h	R	L	L₁
254×254×356	279	67	413	438
273×273×356				
305×305×356	279	67	305	330
324×324×356				
305×305×406	305	76	362	387
325×325×377	305	76	362	387
324×324×406				
356×356×406	305	76	362	387
356×356×457	343	86	462	489
356×356×508	381	95	529	558
356×356×559	419	105	716	743
356×356×610	457	114	716	743
406×406×457	343	86	360	387
406×406×508	381	95	451	476
406×406×559	419	105	652	679
406×406×610	457	114	652	679
457×457×508	381	95	406	431
457×457×559	419	105	581	610
457×457×610	457	114	581	610
450×450×635				
508×508×559	419	105	502	527
508×508×610	457	114	502	527
508×508×660	495	124	591	616
508×508×711	521	133	591	616
559×559×610	457	114	461	482
559×559×660	495	124	591	616
559×559×711	521	133	591	616
610×610×660	495	124	505	533
610×610×711	521	133	505	533
660×660×711	521	133	402	431

15.3.20 热挤压直型三通的结构特征尺寸应符合表 23 规定。

表 23　直型三通的结构特征尺寸

单位为毫米

三通规格	h	R	$L=L_1$
254×254×203	203	46	216
273×273×219			
254×254×254	216	51	216
273×273×273			
305×305×203	229	51	254
305×305×254	241	62	254
324×324×273			
305×305×305	254	61	254
324×324×324			
356×356×254	257	61	279
356×356×305	270	72	279
356×356×324	270	72	279
356×356×356	270	67	279
406×406×305	295	67	304
406×406×356	305	71	304
406×406×406	305	76	304
457×457×356	330	71	343
457×457×406	330	75	343
457×457×457	343	86	343
508×508×457	368	84	381
508×508×508	381	95	381
559×559×508	406	92	419
559×559×559	419	105	419
610×610×559	432	102	432
610×610×610	457	114	432
660×660×660	495	124	495
711×711×711	520	133	520
762×762×762	559	143	559
813×813×813	597	152	597
864×864×864	635	162	635
914×914×914	673	171	673

15.3.21　热挤压鼓型三通，当 $0.5D_o-\delta_{1d}$ 大于 $0.5d_o-\delta_d$ 时，应增大 δ_{1d}，以防有用金属被切削。

15.3.22 热挤压鼓型三通,当 $0.5D_o-\delta_{1u}$ 大于 $0.5d_o-\delta_u$ 时,应增大 δ_{1u},以防有用金属被切削。

15.3.23 非表列规格三通的其结构特征尺寸参照表中相近三通尺寸或 DL/T 695 的有关规定。

15.3.24 热挤压直型和鼓型三通分区示意见图 8。

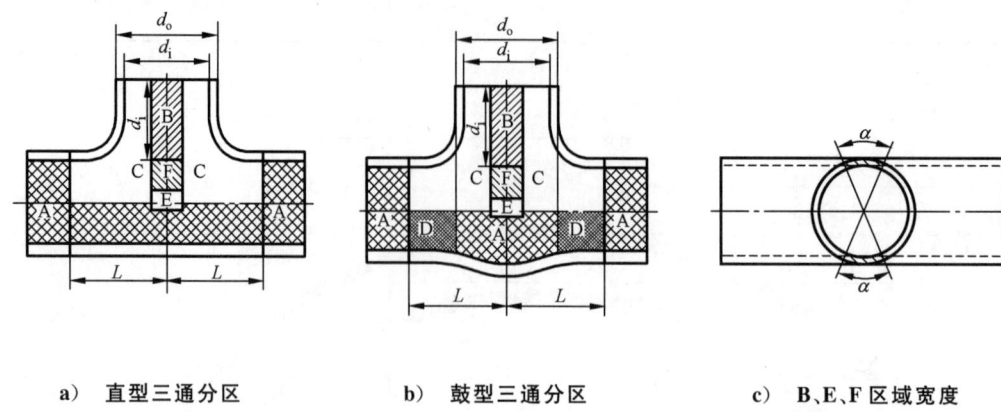

| a) 直型三通分区 | b) 鼓型三通分区 | c) B、E、F 区域宽度 |

图 8 热挤压直型和鼓型三通分区示意图

15.3.25 热挤压三通 B、F、E 区域的宽度所对应的中心角(α)与三通支管外径有关,支管外径与 α 角的关系见表 24。

表 24 热挤压三通支管外径与 α 角的关系

支管外径 mm	α	支管外径 mm	α
203、219	27°	508	40°
254、273	32°	559	39°
305、324	36°	610	38°
356、377	41°	660、711	37°
406	43°	762、813	36°
457	41°	864、914	35°

15.3.26 热挤压三通 E 区域高度为主管横截面水平中心线向支管侧偏移 20°、向无支管侧偏移 10°范围内的弧长距离。

15.3.27 热挤压直型和鼓型出口三通允许在 A 区域开孔,热挤压鼓型入口三通仅能在内径为常数的 A 区域开孔。

15.3.28 热挤压三通不应在 C、E 区域开孔;不宜在 B、F 区域开孔,无法避免时可在 F 区域及入口三通 B 区域开孔,且孔仅可沿支管轴线排列。

15.3.29 热挤压鼓型入口三通和受热辐射再热器出口三通不应在 D 区域开孔。

15.3.30 热挤压三通各区域内的开孔直径应不大于四分之一 D_o 和 60 mm。

附　录　A

（规范性）

锅筒低周疲劳寿命计算

A.1　符号

本附录使用下列符号：

a ——翻边接管开孔的内投影的长半轴，单位为毫米（mm）；

a_t ——计算工况最高壁温下的筒体材料热扩散率，单位为平方毫米每分（mm²/min）；

b ——翻边接管开孔的内投影短半轴，单位为毫米（mm）；

C_f ——径向温差热应力结构系数；

C_t ——径向壁温差结构系数；

D_i ——筒体内径，单位为毫米（mm）；

E ——计算工况最高壁温下的筒体材料弹性模量，单位为兆帕（MPa）；

E_0 ——低周疲劳曲线中规定的弹性模量，单位为兆帕（MPa）；

e ——自然对数的底；

K_{np} ——内压环向应力集中系数；

K_{rp} ——内压法向应力集中系数；

K_{zp} ——内压轴向应力集中系数；

K_{nt1} ——径向温差环向热应力集中系数；

K_{zt1} ——径向温差轴向热应力集中系数；

K_{nt2} ——周向温差环向热应力集中系数；

K_{zt2} ——周向温差轴向热应力集中系数；

m ——总计算工况数；

N ——低周疲劳设计曲线图中的循环次数；

N_i ——第 i 计算工况的允许循环次数（$i=1,2,\cdots,m$）；

n_i ——第 i 计算工况的预期循环次数（$i=1,2,\cdots,m$）；

p ——计算压力，单位为兆帕（MPa）；

p_j ——计算工况压力变动中峰值（$j=1$）或谷值（$j=2$）处的工作压力，单位为兆帕（MPa）；

t ——确定工质速率 v 所取用的时长，单位为分钟（min）；

t_c ——计算工况的计算温度，单位为摄氏度（℃）；

t_h ——计算工况的最高壁温，单位为摄氏度（℃）；

t_i ——内壁温度，单位为摄氏度（℃）；

t_1 ——计算工况的最低壁温，单位为摄氏度（℃）；

t_o ——外壁温度，单位为摄氏度（℃）；

α ——计算工况最高壁温下的筒体材料线膨胀系数，单位为每摄氏度（1/℃）；

β ——按名义厚度确定的外径与内径的比值；

β_1 ——温度阻尼系数的参数；

μ ——筒体材料的泊松比，$\mu=0.3$；

δ ——筒体名义厚度，单位为毫米（mm）；

δ_e ——筒体有效厚度，单位为毫米（mm）；

Δp	——压力变化范围,单位为兆帕(MPa);

Δp ——压力变化范围,单位为兆帕(MPa);

Δt_{max} ——周向最大壁温差,单位为摄氏度(℃);

Δt_r ——径向壁温差,单位为摄氏度(℃);

Δt_1 ——径向壁温差变化范围,单位为摄氏度(℃);

Δt_2 ——周向最大壁温差变化范围,单位为摄氏度(℃);

$\Delta \sigma$ ——交变应力范围,单位为兆帕(MPa);

$\Delta \sigma_{nz}$、$\Delta \sigma_{zr}$、$\Delta \sigma_{rn}$ ——主应力差的变化范围,单位为兆帕(MPa);

σ_a ——应力幅值,单位为兆帕(MPa);

σ_a' ——修正应力幅值,单位为兆帕(MPa);

$\sigma_{e,j}$ ——筒体在峰值($j=1$)或谷值($j=2$)时的内压薄膜应力值,单位为兆帕(MPa);

$\sigma_{n,j}$、$\sigma_{r,j}$、$\sigma_{z,j}$ ——计算工况峰值($j=1$)或谷值($j=2$)合成主应力分量,单位为兆帕(MPa);

$\sigma_{np,j}$ ——计算工况峰值($j=1$)或谷值($j=2$)内压环向主应力分量,单位为兆帕(MPa);

$\sigma_{nt1,j}$ ——计算工况峰值($j=1$)或谷值($j=2$)径向壁温差环向主应力分量,单位为兆帕(MPa);

$\sigma_{nt2,j}$ ——计算工况峰值($j=1$)或谷值($j=2$)周向壁温差环向主应力分量,单位为兆帕(MPa);

$\sigma_{nz,j}$、$\sigma_{zr,j}$、$\sigma_{rn,j}$ ——计算工况峰值($j=1$)或谷值($j=2$)主应力分量的差,单位为兆帕(MPa);

$\sigma_{rp,j}$ ——计算工况峰值($j=1$)或谷值($j=2$)内压法向主应力分量,单位为兆帕(MPa);

$\sigma_{rt1,j}$ ——计算工况峰值($j=1$)或谷值($j=2$)径向壁温差法向主应力分量,单位为兆帕(MPa);

$\sigma_{rt2,j}$ ——计算工况峰值($j=1$)或谷值($j=2$)周向壁温差法向主应力分量,单位为兆帕(MPa);

$\sigma_{zp,j}$ ——计算工况峰值($j=1$)或谷值($j=2$)内压轴向主应力分量,单位为兆帕(MPa);

$\sigma_{zt1,j}$ ——计算工况峰值($j=1$)或谷值($j=2$)径向壁温差轴向主应力分量,单位为兆帕(MPa);

$\sigma_{zt2,j}$ ——计算工况峰值($j=1$)或谷值($j=2$)周向壁温差轴向主应力分量,单位为兆帕(MPa);

$[\sigma]$ ——设计中,计算壁温下的许用应力,单位为兆帕(MPa);

τ ——时间常数,单位为分(min);

υ ——工质温度变化速率,单位为摄氏度每分(℃/min);

χ ——温度阻尼系数。

A.2 结构要求和考核点

A.2.1 筒体的焊接接管应采用整体结构,适用的接管结构见图 A.1。翻边接管开孔的内投影长短半轴 a、b 之比应为2:1。

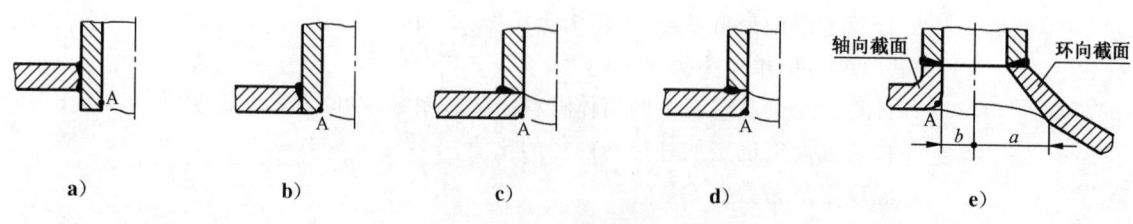

图 A.1 适用的接管结构

A.2.2 疲劳计算首先应要确定考核点,考核点位于筒体开孔、孔桥及其他结构不连续或应力集中处。

通常考核点位于筒体较大开孔的内转角处,见图 A.1 中的 A 点。

A.2.3 典型结构的考核点应力分量示意见图 A.2。

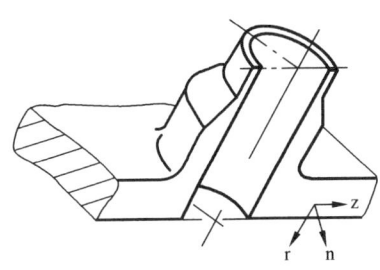

图 A.2 考核点应力分量示意图

A.2.4 考核点的各应力集中系数采用试验或数值计算方法获得,锅筒在考核点 A 处的各应力集中系数也可取表 A.1 中的推荐值。

表 A.1 锅筒考核点 A 处的应力集中系数推荐值

应力集中系数		结构型式	
		图 A.1a)～图 A.1d)	图 A.1e)
内压	K_{np}	3.1	2.5
	K_{zp}	-0.2	0.5
	K_{rp}	$-2\delta_e/(D_i+\delta_e)$	$-2\delta_e/(D_i+\delta_e)$
径向温差	K_{nt1}、K_{zt1}	1.0	1.0
周向温差	K_{nt2}、K_{zt2}	1.0	1.0

A.3 免于疲劳计算的判别条件

筒体满足下面条件之一可免于疲劳计算:
a) 按基本负荷设计;
b) 按 A.5 简化确定的各应力幅值(σ_a)得出的允许循环次数(N_i),及预期循环次数(n_i),满足公式(A.22)累计损伤安全准则。

A.4 应力幅值(σ_a)的简化确定

A.4.1 压力变化范围(Δp)大于 20% 计算压力(p),按照公式(A.1)计算:

$$\sigma_a = 3\frac{\Delta p}{p}[\sigma] \quad\quad\quad\cdots\cdots\cdots\cdots\cdots\cdots\quad(A.1)$$

A.4.2 筒体径向壁温差变化范围(Δt_1)大于 20 ℃,按照公式(A.2)计算:

$$\sigma_a = 2\alpha E \Delta t_1 \quad\quad\quad\cdots\cdots\cdots\cdots\cdots\cdots\quad(A.2)$$

A.4.3 筒体周向最大壁温差变化范围(Δt_2)大于 40 ℃,按照公式(A.3)计算:

$$\sigma_a = \alpha E \Delta t_2 \quad\quad\quad\cdots\cdots\cdots\cdots\cdots\cdots\quad(A.3)$$

A.5 疲劳载荷及工况组合

A.5.1 疲劳载荷类型至少应包括:
a) 内压;

    b) 筒体的径向温差；

    c) 筒体的周向温差。

A.5.2 疲劳载荷工况至少应包括：

    a) 冷态启停；

    b) 温态启停；

    c) 热态启停；

    d) 极热态启停；

    e) 水压试验。

A.5.3 疲劳工况的匹配组合，应根据机组的设计或实际运行方式进行。

A.6 疲劳计算中应力确定原则

A.6.1 计算中应力基于线弹性分析。

A.6.2 按以下步骤确定考核点处交变应力范围：

    a) 确定整个计算工况中要计算的所有时刻；

    b) 在图 A.2 所示直角坐标系中，确定考核点处各个计算时刻总应力的六个独立应力分量；

    c) 计算在考核点处两两不同计算时刻由 b)确定的六个应力分量的差值；

    d) 对 c)计算出的每组六个应力分量差分别导出三个主应力分量，并计算每组三个主应力分量中
最大与最小主应力分量的差；

    e) 交变应力范围($\Delta\sigma$)取由 d)计算出的所有主应力分量差中的最大值。

A.6.3 假定考核点的主应力方向在整个应力循环中不变化时，外壁绝热的筒体考核点处交变应力范围
按照 A.8、A.9 中方法确定。

A.7 考核点峰、谷值应力

A.7.1 内压峰值($j=1$)、谷值($j=2$)的主应力分量按照公式(A.4)计算：

$$\left.\begin{array}{l} \sigma_{np,j}=K_{np}\sigma_{e,j} \\ \sigma_{zp,j}=K_{zp}\sigma_{e,j} \\ \sigma_{rp,j}=K_{rp}\sigma_{e,j} \end{array}\right\} \quad\quad\quad\quad\quad\quad (\text{A.4})$$

A.7.2 内压峰值($j=1$)、谷值($j=2$)的薄膜应力值($\sigma_{e,j}$)按照公式(A.5)计算：

$$\sigma_{e,j}=\frac{D_i+\delta_e}{2\delta_e}p_j \quad\quad\quad\quad\quad\quad (\text{A.5})$$

A.7.3 径向壁温差(Δt_r)按照公式(A.6)计算：

$$\Delta t_r=t_o-t_i=-\frac{C_t\delta^2 v}{a_t}(1-e^{-\chi t/\tau}) \quad\quad\quad\quad (\text{A.6})$$

    若按照公式(A.6)计算的 Δt_r 满足$|\Delta t_r|>|vt|$，则 Δt_r 按照公式(A.7)计算：

$$\Delta t_r=-vt \quad\quad\quad\quad\quad\quad\quad\quad (\text{A.7})$$

A.7.4 径向壁温差结构系数(C_t)、温度阻尼系数(χ)、时间常数(τ)和温度阻尼系数的参数(β_1)，分别按
照公式(A.8)～公式(A.11)计算：

$$C_t=\frac{2\beta^2\ln\beta-\beta^2+1}{4(\beta-1)^2} \quad\quad\quad\quad\quad (\text{A.8})$$

$$\chi=\sqrt{\frac{\beta-1}{\beta_1}} \quad\quad\quad\quad\quad\quad\quad (\text{A.9})$$

$$\tau=\frac{D_i^2}{16a_t} \quad\quad\quad\quad\quad\quad\quad (\text{A.10})$$

$$\beta_1 = \frac{\beta^5 - 1}{5} - 4\beta^2 \left(\frac{\beta^3 \ln\beta}{3} - \frac{\beta^3 - 1}{9} \right) + 4\beta^4 \left[\beta (\ln\beta - 1)^2 + \beta - 2 \right] +$$

$$2 \left\{ 2\beta^2 \left[\beta(\ln\beta - 1) + 1 \right] - \frac{\beta^3 - 1}{3} \right\} + \beta - 1 \qquad \cdots\cdots\cdots\cdots\cdots (A.11)$$

A.7.5 峰值计算时,υ 取计算工况中降温初始阶段中工质降温速度最高时段平均降温速率(取负值);谷值计算时,υ 取计算工况中升温初始阶段中工质升温速度最高时段平均升温速率(取正值)。

A.7.6 径向温差峰值($j=1$)、谷值($j=2$)热应力的主应力分量按照公式(A.12)计算:

$$\sigma_{\mathrm{nt}1,j} = K_{\mathrm{nt}1} \frac{\alpha E}{C_{\mathrm{f}}(1-\mu)} \Delta t_{\mathrm{r}}$$

$$\sigma_{\mathrm{zt}1,j} = \begin{cases} 0 \\ K_{\mathrm{zt}1} \dfrac{\alpha E}{C_{\mathrm{f}}(1-\mu)} \Delta t_{\mathrm{r}} \quad [\text{图 A.1e) 接管型式}] \end{cases} \qquad \cdots\cdots\cdots\cdots (A.12)$$

$$\sigma_{\mathrm{rt}1,j} = 0$$

A.7.7 径向温差热应力结构系数(C_{f})按照公式(A.13)计算:

$$C_{\mathrm{f}} = \frac{4\beta^2 (\beta^2 - 1) \ln\beta - 2 (\beta^2 - 1)^2}{4\beta^4 \ln\beta - (3\beta^2 - 1)(\beta^2 - 1)} \qquad \cdots\cdots\cdots\cdots (A.13)$$

A.7.8 周向温差峰值($j=1$)、谷值($j=2$)热应力的主应力分量按照公式(A.14)计算:

$$\sigma_{\mathrm{nt}2,j} = 0.4 K_{\mathrm{nt}2} \alpha E \Delta t_{\max}$$

$$\sigma_{\mathrm{zt}2,j} = \begin{cases} 0 \\ 0.4 K_{\mathrm{zt}2} \alpha E \Delta t_{\max} \quad [\text{图 A.1e) 接管型式}] \end{cases} \qquad \cdots\cdots\cdots\cdots (A.14)$$

$$\sigma_{\mathrm{rt}2,j} = 0$$

一般情况下,谷值应力计算时 $\Delta t_{\max}$ 取 40 ℃,峰值应力计算时 $\Delta t_{\max}$ 取 10 ℃。

A.7.9 峰值($j=1$)、谷值($j=2$)合成主应力分量按照公式(A.15)计算:

$$\begin{aligned} \sigma_{\mathrm{n},j} &= \sigma_{\mathrm{np},j} + \sigma_{\mathrm{nt}1,j} + \sigma_{\mathrm{nt}2,j} \\ \sigma_{\mathrm{z},j} &= \sigma_{\mathrm{zp},j} + \sigma_{\mathrm{zt}1,j} + \sigma_{\mathrm{zt}2,j} \\ \sigma_{\mathrm{r},j} &= \sigma_{\mathrm{rp},j} + \sigma_{\mathrm{rt}1,j} + \sigma_{\mathrm{rt}2,j} \end{aligned} \qquad \cdots\cdots\cdots\cdots (A.15)$$

A.8 应力差、应力差变化范围和交变应力范围

A.8.1 峰值($j=1$)、谷值($j=2$)主应力分量差按照公式(A.16)计算:

$$\begin{aligned} \sigma_{\mathrm{nz},j} &= \sigma_{\mathrm{n},j} - \sigma_{\mathrm{z},j} \\ \sigma_{\mathrm{zr},j} &= \sigma_{\mathrm{z},j} - \sigma_{\mathrm{r},j} \\ \sigma_{\mathrm{rn},j} &= \sigma_{\mathrm{r},j} - \sigma_{\mathrm{n},j} \end{aligned} \qquad \cdots\cdots\cdots\cdots (A.16)$$

A.8.2 主应力差变化范围按照公式(A.17)计算:

$$\begin{aligned} \Delta\sigma_{\mathrm{nz}} &= | \sigma_{\mathrm{nz},1} - \sigma_{\mathrm{nz},2} | \\ \Delta\sigma_{\mathrm{zr}} &= | \sigma_{\mathrm{zr},1} - \sigma_{\mathrm{zr},2} | \\ \Delta\sigma_{\mathrm{rn}} &= | \sigma_{\mathrm{rn},1} - \sigma_{\mathrm{rn},2} | \end{aligned} \qquad \cdots\cdots\cdots\cdots (A.17)$$

A.8.3 交变应力范围按照公式(A.18)计算:

$$\Delta\sigma = \max\{ \Delta\sigma_{\mathrm{nz}}, \Delta\sigma_{\mathrm{zr}}, \Delta\sigma_{\mathrm{rn}} \} \qquad \cdots\cdots\cdots\cdots (A.18)$$

A.9 应力幅

A.9.1 应力幅值按照公式(A.19)计算:

$$\sigma_{\mathrm{a}} = \frac{\Delta\sigma}{2} \qquad \cdots\cdots\cdots\cdots (A.19)$$

A.9.2 修正的应力幅值按照公式(A.20)计算：

$$\sigma_a' = \sigma_a \frac{E_0}{E} \qquad\qquad\qquad (\text{A.20})$$

A.10 疲劳寿命计算

A.10.1 锅筒常用钢材的低周疲劳设计曲线见图 A.3。

A.10.2 计算工况的计算温度按照公式(A.21)确定。

$$t_c = 0.75 t_h + 0.25 t_l \qquad\qquad\qquad (\text{A.21})$$

A.10.3 第 i 工况的允许循环次数(N_i)等于低周疲劳设计曲线(见图 A.3)上, σ_a' 对应的 N 值。

A.10.4 累积损伤的安全准则符合公式(A.22)的规定。

$$\sum_{i=1}^{m} \frac{n_i}{N_i} < 1 \qquad\qquad\qquad (\text{A.22})$$

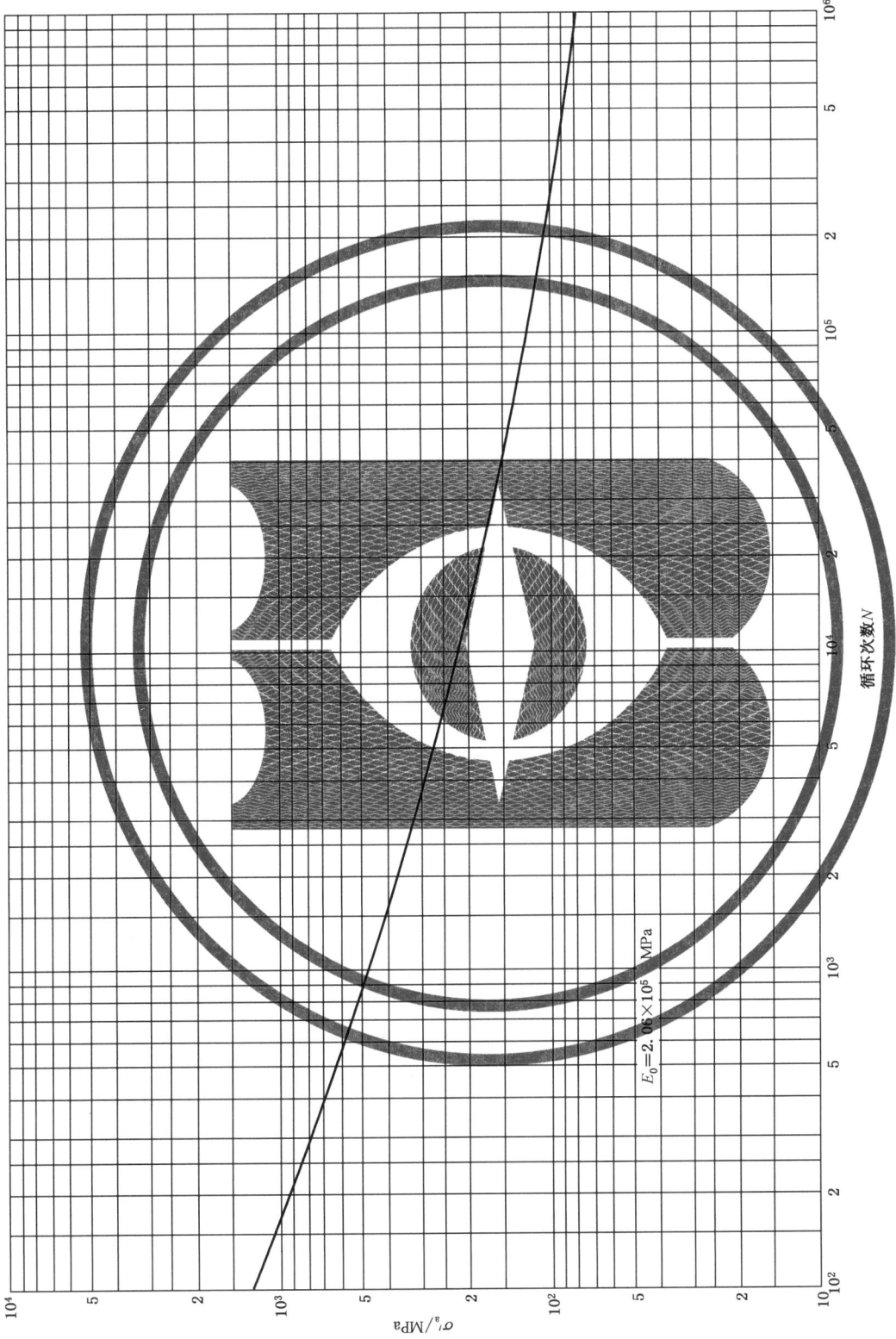

图 A.3 适用于计算温度 t_c 低于 375 ℃ 锅筒常用钢材的低周疲劳设计曲线

附 录 B

（规范性）

确定元件最高允许工作压力的试验和有限元分析验证法

B.1 符号

本附录使用下列符号：

f ——制造成型工艺系数；

p_b ——爆破压力，单位为兆帕（MPa）；

p_i ——试验或有限元计算温度下的验证压力（$i=1,2,3,4$），单位为兆帕（MPa）；

p_{min} ——试验或有限元计算温度下的最小验证压力，单位为兆帕（MPa）；

p_y ——试验温度下元件最薄弱部位达到屈服时的压力，单位为兆帕（MPa）；

$[p]$ ——最高允许工作压力，单位为兆帕（MPa）；

R_a ——圆筒体等回转壳体结构不连续部位的内外壁平均曲率半径，单位为毫米（mm）；

R_{aa} ——圆筒体等回转壳体两相邻高应力区之间内外壁平均曲率半径的平均值，单位为毫米（mm）；

R'_e ——试验温度下的元件钢材实际屈服强度或规定非比例延伸强度（$R'_{p0.2}$），单位为兆帕（MPa）；

R_m ——钢材在 20 ℃时的抗拉强度，单位为兆帕（MPa）；

R_{mt} ——试验元件钢材在 20 ℃时的实际抗拉强度，单位为兆帕（MPa）；

δ'_{amin} ——相邻两高应力区的最小厚度的平均值，单位为毫米（mm）；

δ'_{min} ——结构不连续处的最小厚度，单位为毫米（mm）；

δ_{pc} ——实用元件对应于试验元件 δ_{tc} 处的实际厚度，单位为毫米（mm）；

δ_{tc} ——试验元件最薄弱处厚度，单位为毫米（mm）；

Δ ——试验测量或有限元计算相对误差，%；

σ_1 ——第一主应力，单位为兆帕（MPa）；

σ_3 ——第三主应力，单位为兆帕（MPa）；

σ_e ——当量应力，单位为兆帕（MPa）；

$[\sigma]$ ——计算壁温下的许用应力，单位为兆帕（MPa）；

$[\sigma]_t$ ——试验或有限元计算温度下的许用应力，单位为兆帕（MPa）；

φ_w ——焊接接头减弱系数。

B.2 通用要求

B.2.1 本附录规定了决定元件最高允许工作压力的试验和有限元分析验证方法，这些方法包括：应力试验验证法、屈服试验验证法、爆破试验验证法、应力分析验证法和弹塑性数值分析验证法。

B.2.2 验证方法可用于不满足本文件正文各章节规定适用条件或未列入本文件的特殊受压元件。

B.2.3 元件内壁转角处应圆角过渡，圆角半径应大于 10 mm 或转角处较厚部位厚度的四分之一。

B.2.4 验证法的元件最高允许工作压力按照公式（B.1）确定：

$$[p]=\frac{p_{min}}{1+\Delta} \quad\quad\quad (B.1)$$

B.2.5 除爆破试验验证法外，由其他验证方法确定的元件最高允许工作压力，推广用于相同元件时，还应考虑计算温度和实际厚度等差异，修正最高允许工作压力。

B.3. 应力及应力分类

B.3.1 当量应力强度采用最大剪应力强度理论，当量应力按照公式（B.2）计算：

$$\upsilon_e = \upsilon_1 - \upsilon_3 \qquad \cdots\cdots\cdots\cdots\cdots\cdots\cdots\cdots\cdots\cdots\cdots\cdots \text{(B.2)}$$

B.3.2 一次应力,由机械载荷产生,满足元件内力与外力平衡的应力,不具自限性。

B.3.3 一次薄膜应力,沿截面厚度的平均一次应力。

B.3.4 一次弯曲应力,沿截面径向变化,平均合力为零的一次应力。

B.3.5 二次应力,满足整体变形协调条件,在结构不连续或相邻元件连接部位及其邻近区域产生的附加应力,具自限性。

B.3.6 在回转壳体经线方向上,内、外壁平均或截面平均当量应力值不小于 1.1 倍的 $[\sigma]$ 的应力区域不大于 $\sqrt{R_a \delta'_{\min}}$,并且相邻两个这样区域的边缘间距不小于 $2.5\sqrt{R_{aa}\delta'_{a\min}}$,则此应力属于一次局部薄膜应力。

B.4 试验验证法

B.4.1 应力试验验证法

B.4.1.1 应力试验验证法确定最高允许工作压力的控制原则:

a) 区分一次应力(一次薄膜应力、一次局部薄膜应力)和二次应力区域;

b) 确定最高试验压力,控制元件各点应力低于验证试验温度时材料的屈服强度;

c) 建立一次应力区最大内、外壁平均当量应力与试验压力的线性关系,在该线性关系下,1 倍许用应力对应的压力定义为试验验证压力(p_1);

d) 建立一次应力区最大当量应力与试验压力的线性关系,在该线性关系下,1.5 倍许用应力对应的压力定义为试验验证压力(p_2);

e) 建立二次应力区最大内、外壁平均当量应力与试验压力的线性关系,在该线性关系下,1.5 倍许用应力对应的压力定义为试验验证压力(p_3);

f) 建立二次应力区最大当量应力与试验压力的线性关系,在该线性关系下,3 倍许用应力对应的压力定义为试验验证压力(p_4)。

B.4.1.2 应力试验验证法步骤如下:

a) 分别在一次应力和二次应力区域的内、外壁对应点布置粘贴应变片;

b) 根据确定的最高试验压力,将压力分成若干升压和降压级;

c) 反复分级升压和降压,记录各级压力值及其各应变测点的应变值,直至重复性满足要求为止;

d) 取 p_1、p_2、p_3、p_4 中的最小值为最小验证压力($p_{\min}$);

e) 确定验证试验的相对误差(Δ);

f) 按照公式(B.1)确定元件的最高允许工作压力($[p]$)。

B.4.2 屈服试验验证法

B.4.2.1 屈服试验验证法仅适用于许用应力不是由蠕变极限或持久强度确定的元件。

B.4.2.2 验证试验温度下,元件钢材的屈服强度与抗拉强度之比不大于 0.6。

B.4.2.3 元件应未受过水压等超压试验,没有形变硬化和内应力。

B.4.2.4 屈服试验验证法的最小验证压力按照公式(B.3)确定:

$$p_{\min} = 0.75\frac{p_y[\sigma]\varphi_w}{R'_e} \qquad \cdots\cdots\cdots\cdots\cdots\cdots\cdots\cdots\cdots\cdots \text{(B.3)}$$

B.4.2.5 屈服压力(p_y)用应变测量法确定,确定步骤如下:

a) 确定二次应力区部位,在该应力区的外壁布置应变片;

b) 缓慢分级升压,记录每级压力值及相应的每个测点的应变值,建立最大应变点的应变与试验压力的关系曲线(见图 B.1),取相应残余应变量为 0.2% 的压力为 p_y。

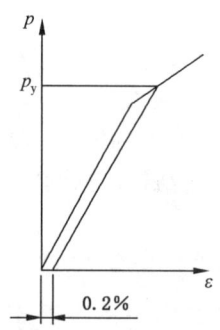

图 B.1　试验确定 p_y 的应变与压力的关系曲线

B.4.2.6　在确定验证试验的相对误差（Δ）后，按照公式（B.1）确定元件的最高允许工作压力（$[p]$）。

B.4.2.7　投入运行后，配合内外壁定期检查等安全措施，最高允许工作压力取 1.25 倍的$[p]$。

B.4.3　爆破试验验证法

B.4.3.1　爆破试验验证法仅适用于许用应力不是由蠕变极限或持久强度确定的元件。

B.4.3.2　爆破试件应不少于三个，且 p_b 应取其中最小值。

B.4.3.3　爆破试验验证法的最小验证压力（p_{min}）按照公式（B.4）确定：

$$p_{min} = \frac{p_b \delta_{pc} [\sigma] R_m}{4\delta_{tc} [\sigma]_t R_{mt}} \varphi_w f \qquad\qquad\qquad (B.4)$$

B.4.3.4　一般，制造成型工艺系数（f）取 1，浇铸元件的制造成型工艺系数（f）取 0.7。

B.4.3.5　在确定验证试验的相对误差（Δ）后，按照公式（B.1）确定元件的最高允许工作压力（$[p]$）。

B.5　有限元分析验证法

B.5.1　有限元分析验证法的条件和规定

B.5.1.1　对分析设计条件的准确性和完整性应予以确认。

B.5.1.2　有限元计算分析软件应通过认证或公认可靠，并具有完整的用户使用手册等说明文件。

B.5.1.3　元件的设计条件和分析结果文件，应有有限元分析验证和设计单位的批准标识。

B.5.1.4　有限元计算分析结果文件至少应包：结构设计图、计算模型图、有限元分析报告书等。

B.5.1.5　有限元分析报告书至少应包含：模型简化、边界条件、单元类型、单元划分等输入条件和有限元分析计算结果。其中：应力分析计算结果至少应包含：应力、位移等结果；弹塑性数值分析计算结果至少应包：载荷、应变等结果。

B.5.1.6　应将有限元分析中元件某一部位的计算结果与已有公认结果的相似部件的分析结果相比较，以证明有限元分析结果的准确性。

B.5.2　有限元分析验证法的一般步骤

B.5.2.1　根据元件的几何结构和载荷特性确定有限元计算分析方案。

B.5.2.2　建立有限元计算模型，选择分析单元类型。

B.5.2.3　输入模型材料参数。材料参数宜从 GB/T 16507.2 中选择。

B.5.2.4　确定载荷、边界条件，划分单元格，将分析模型进行计算。

B.5.2.5　分析计算结果，确定计算误差，判断是否需修改方案重新计算。

B.5.2.6　确定最高允许工作压力。

B.5.3 应力分析验证法

B.5.3.1 应力分析验证法确定最高允许工作压力的控制原则:

    a) 一次应力区,控制最大的内、外壁平均或截面平均当量应力不大于许用应力。建立该当量应力与计算分析压力的线性关系,在此线性关系下,1 倍许用应力对应的压力定义为分析验证压力(p_1)。

    b) 一次应力区,控制最大的当量应力或截面平均应力与弯曲应力之和的当量应力不大于 1.5 倍许用应力。建立该当量应力与计算分析压力的线性关系,在此线性关系下,1.5 倍许用应力对应的压力定义为分析验证压力(p_2)。

    c) 二次应力区,控制最大内外壁平均应力或截面平均当量应力不大于 1.5 倍许用应力。建立该当量应力与计算分析压力的线性关系,在此线性关系下,1.5 倍许用应力对应的压力定义为分析验证压力(p_3)。

    d) 二次应力区,控制最大当量应力或截面平均应力与弯曲应力之和的当量应力不大于 3 倍许用应力。建立该当量应力与计算分析压力的线性关系,在此线性关系下,3 倍许用应力对应的压力定义为分析验证压力(p_4)。

B.5.3.2 取 p_1、p_2、p_3、p_4 中的最小值为应力分析验证法的最小验证压力($p_{\min}$)。

B.5.3.3 在确定应力分析验证法的相对误差(Δ)后,按照公式(B.1)确定元件的最高允许工作压力($[p]$)。

B.5.4 弹塑性数值分析验证法

B.5.4.1 弹塑性数值分析验证法仅适用于许用应力不是由蠕变极限或持久强度确定的元件。

B.5.4.2 弹塑性数值分析验证法确定元件最高允许工作压力的原则:

    a) 由元件材料的标准试件拉伸试验曲线得到真实应力和真实应变关系,建立基于各向同性硬化的材料模型;

    注1: 真实应力指由作用于瞬时真实横截面积上的瞬时载荷所决定的正应力。

    注2: 真实应变指瞬时长度的无限小增量与该瞬时长度的比值的累积值。

    b) 基于塑性应变增量垂直于屈服面的关联流动法则,采用几何非线性大变形理论;

    c) 压力载荷施加采用由零开始,逐步递增的一次加载方式,直至元件失去承载能力;

    d) 取元件失去承载能力所对应的压力为失效压力(p_b)。

B.5.4.3 弹塑性数值分析验证法的最小验证压力($p_{\min}$)按照公式(B.5)计算:

$$p_{\min}=\frac{p_b}{4}\frac{[\sigma]}{[\sigma]_t}\varphi_w f \quad\cdots\cdots\cdots\cdots\cdots\cdots\cdots\cdots\cdots\cdots\cdots(\text{B.5})$$

B.5.4.4 在确定弹塑性数值分析验证法的相对误差(Δ)后,按照公式(B.1)确定元件的最高允许工作压力($[p]$)。

附　录　C

（规范性）

设计附加压力（Δp_a）取值

C.1　符号

本附录使用下列符号：

p_o——元件工作压力，单位为兆帕（MPa）；

p_r——锅炉额定压力，单位为兆帕（MPa）；

Δp_a——设计附加压力，单位为兆帕（MPa）。

C.2　设计附加压力（Δp_a）

C.2.1　锅炉再热系统元件，Δp_a 取值应不小于 $0.10p_o$。

C.2.2　直流锅炉（再热系统除外）元件，Δp_a 取值应不小于 $0.05p_r$。

C.2.3　非直流热水或蒸汽锅炉（再热系统除外）元件，Δp_a 按表 C.1 取值。

表 C.1　设计附加压力

单位为兆帕

锅炉额定压力（p_r）	设计附加压力（Δp_a）
$p_r \leqslant 0.8$	$\geqslant 0.03$
$0.8 < p_r \leqslant 5.3$	$\geqslant 0.04p_r$
$p_r > 5.3$	$\geqslant 0.05p_r$

附　录　D

（资料性）

工艺附加厚度取值

D.1　符号

本附录使用下列符号：

C_1——腐蚀裕量，单位为毫米(mm)；

C_2——工艺附加厚度，单位为毫米(mm)；

C_3——钢材厚度下偏差，单位为毫米(mm)；

D_i——封头，单位为毫米(mm)；

D_o——管子外径，单位为毫米(mm)；

h_i——封头内高度，单位为毫米(mm)；

p_r——锅炉额定压力，单位为兆帕(MPa)；

R——弯管、弯头或圆弧形集箱筒体中心线的曲率半径，单位为毫米(mm)；

α——弯管、弯头或圆弧形集箱筒体工艺厚度变化率，%；

δ——名义厚度，单位为毫米(mm)；

δ_t——计算厚度，单位为毫米(mm)。

D.2　一般情况工艺附加厚度

D.2.1　锅筒筒体厚度(δ)不大于100 mm，卷制工艺附加厚度(C_2)根据表D.1选取。

表 D.1　卷制工艺附加厚度

单位为毫米

卷制工艺	热卷		冷卷	
	$p_r \geqslant 9.8$ MPa	$p_r < 9.8$ MPa	热校	冷校
附加厚度	4	3	1	0

D.2.2　管制弯管、弯头和圆弧形集箱筒体外弧的工艺附加厚度(C_2)按照公式(D.1)或公式(D.2)计算：

$$C_2 = \frac{\alpha}{100 - \alpha}(\delta_t + C_1) \quad \cdots\cdots\cdots\cdots\cdots\cdots\cdots\cdots （ D.1 ）$$

$$C_2 = \frac{\alpha}{100}(\delta - C_3) \quad \cdots\cdots\cdots\cdots\cdots\cdots\cdots\cdots （ D.2 ）$$

D.2.3　管制的弯管、弯头和圆弧形集箱筒体内弧的工艺附加厚度(C_2)按照公式(D.3)或公式(D.4)计算：

$$C_2 = \frac{\alpha}{100 + \alpha}(\delta_t + C_1) \quad \cdots\cdots\cdots\cdots\cdots\cdots\cdots\cdots （ D.3 ）$$

$$C_2 = -\frac{\alpha}{100}(\delta - C_3) \quad \cdots\cdots\cdots\cdots\cdots\cdots\cdots\cdots （ D.4 ）$$

D.2.4　直管、直集箱筒体与管制弯管、弯头和圆弧形集箱筒体中弧的工艺附加厚度(C_2)取值为0。

D.2.5　弯管、弯头和圆弧形集箱筒体工艺厚度变化率(α)，应按实际工艺确定。

D.2.6　无实际弯管、弯头和圆弧形集箱筒体工艺厚度变化率时，工艺厚度变化率应按照公式(D.5)

计算：

$$\alpha = \frac{25D_o}{R} \quad \cdots\cdots\cdots\cdots\cdots\cdots\cdots\cdots\cdots\cdots\cdots\cdots (D.5)$$

D.2.7 凸形封头冲压工艺附加厚度(C_2)按照表 D.2 选取。

表 D.2 冲压工艺附加厚度

单位为毫米

结构参数	凸形封头	直段
椭球封头($0.20 \leqslant h_i/D_i \leqslant 0.35$)	$0.10(\delta_t + C_1)$ 或 $0.09(\delta - C_3)$	0
深椭球或球形封头($0.35 < h_i/D_i \leqslant 0.50$)	$0.15(\delta_t + C_1)$ 或 $0.13(\delta - C_3)$	0

附 录 E

（资料性）

开孔减弱截面的抗弯截面模量（W_{x1}）的近似算法

E.1 符号

本附录使用下列符号：

D_i——圆筒体的内径，单位为毫米（mm）；

D_o——圆筒体的外径，单位为毫米（mm）；

d_i——孔的直径（$i=1,2,3,\cdots$），单位为毫米（mm）；

I_{x1}——开孔减弱截面对圆筒体截面重心水平轴线的惯性矩，单位为毫米的四次方（mm⁴）；

R_a——圆筒体等回转壳体结构不连续部位的内外壁平均半径，单位为毫米（mm）；

W_{x1}——圆筒体开孔减弱截面对截面重心水平轴线抗弯截面模量，简称"抗弯截面模量"，单位为立方毫米（mm³）；

y_b——圆筒体开孔减弱截面重心与截面水平轴线之间的垂直距离，单位为毫米（mm）；

α_i——接管中心线与圆筒体水平中心轴线之间的夹角（$i=1,2,3,\cdots$），单位为度（°）；

δ——圆筒体的名义厚度，单位为毫米（mm）。

E.2 开孔减弱截面的抗弯截面模量的计算公式

E.2.1 圆筒体开孔减弱截面的示意图见图 E.1。

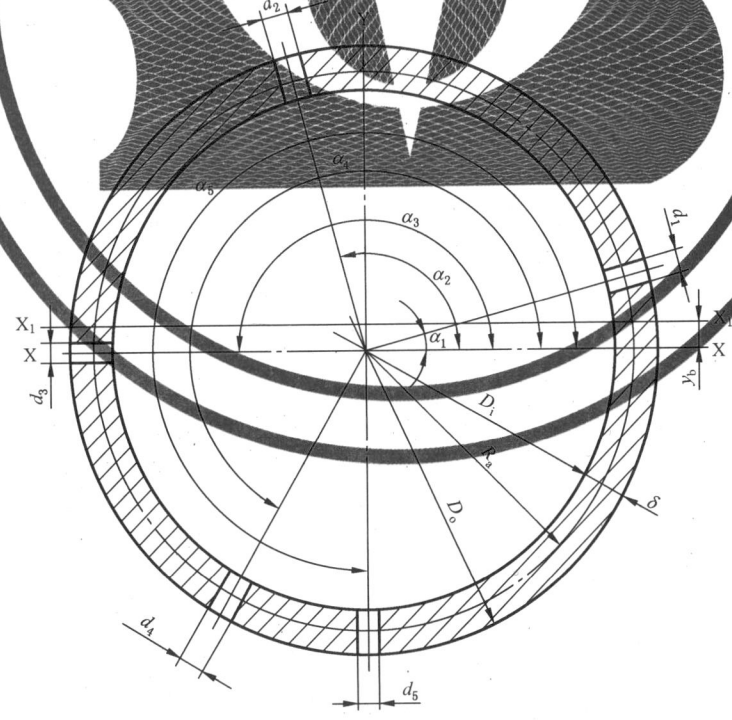

图 E.1 圆筒体开孔减弱截面图

E.2.2 开孔减弱截面的抗弯截面模量按照公式(E.1)计算：

$$W_{x1} = \frac{I_{x1}}{D_o/2 + y_b} \quad\cdots\cdots\cdots\cdots\cdots\cdots\cdots\cdots\cdots\cdots (E.1)$$

E.2.3 开孔减弱截面的抗弯截面模量也可按照公式(E.2)近似计算：

$$W_{x1} \approx \frac{\pi(D_o^4 - D_i^4)/64 - \sum d_i \delta R_a^2 \sin^2\alpha_i}{D_o/2 + y_b} \quad\cdots\cdots\cdots\cdots\cdots (E.2)$$

E.2.4 圆筒体开孔减弱截面重心与截面水平轴线之间的垂直距离(y_b)按照公式(E.3)计算：

$$y_b = \frac{-\delta R_a \sum d_i \sin\alpha_i}{\pi(D_o^2 - D_i^2)/4 - \sum \delta d_i} \quad\cdots\cdots\cdots\cdots\cdots\cdots\cdots (E.3)$$

E.2.5 开孔减弱截面对圆筒体截面重心水平轴线的惯性矩(I_{x1})按照公式(E.4)计算：

$$I_{x1} = \frac{\pi}{64}(D_o^4 - D_i^4) - \sum\left(\frac{d_i^3 \delta}{12}\cos^2\alpha_i + \frac{d_i \delta^3}{12}\sin^2\alpha_i + d_i \delta R_a^2 \sin^2\alpha_i\right) - y_b^2\left[\frac{\pi}{4}(D_o^2 - D_i^2) - \sum d_i\delta\right]$$

$$\cdots\cdots\cdots\cdots\cdots\cdots (E.4)$$

参 考 文 献

[1] TSG 11 锅炉安全技术规程
[2] TSG 91 锅炉节能环保技术规程

ICS 27.060.30
CCS J 98

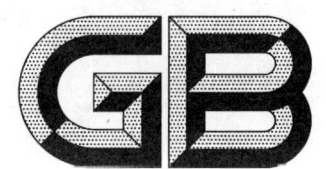

中华人民共和国国家标准

GB/T 16507.5—2022
代替 GB/T 16507.5—2013

水管锅炉
第 5 部分：制造

Water-tube boilers—
Part 5：Fabrication

2022-07-11 发布

2023-02-01 实施

国家市场监督管理总局
国家标准化管理委员会 发 布

前　言

本文件按照 GB/T 1.1—2020《标准化工作导则　第 1 部分:标准化文件的结构和起草规则》的规定起草。

本文件是 GB/T 16507《水管锅炉》的第 5 部分。GB/T 16507 已经发布了以下部分:

——第 1 部分:总则;

——第 2 部分:材料;

——第 3 部分:结构设计;

——第 4 部分:受压元件强度计算;

——第 5 部分:制造;

——第 6 部分:检验、试验和验收;

——第 7 部分:安全附件和仪表;

——第 8 部分:安装。

本文件代替 GB/T 16507.5—2013《水管锅炉　第 5 部分:制造》,与 GB/T 16507.5—2013 相比,除结构调整和编辑性改动外,主要技术变化如下:

——更改了冷成形、热成形的定义(见 3.1~3.2,2013 年版的 3.1~3.3);

——增加了焊缝公称厚度的定义(见 3.4);

——删除了锅炉制造单位的资质要求和人员的资格要求(见 2013 年版的 4.1);

——增加了水管锅炉的装配要求(见 4.6);

——增加了锅炉制造应进行制造监督检验的规定(见 4.7);

——增加了电站锅炉范围内管道及其组合装置的制造监督检验要求(见 4.8);

——更改了用钢印标记材料的范围,细化了标记方法(见 5.1~5.1,2013 年版的 5.1~5.4);

——增加了材料热切割时的预热要求(见 6.2.2 表 1);

——删除了奥氏体钢筒体成形后的热处理要求[见 2013 年版的 6.3.3a)];

——更改了拉伸变形率计算公式的表达方式[见公式(1)、公式(2),2013 年版的公式(1)、公式(2)];

——更改了管子成形后的热处理要求(见 6.4.1.2、6.4.4,2013 年版的 6.4.4);

——更改了弯头外侧减薄和弯头内侧增厚的计算公式,增加了弯头减薄率计算公式[见公式(3)、公式(4)、公式(5),2013 年版的公式(3)、公式(4)];

——更改了弯头内侧检测增厚要求的范围[见 6.4.2.5b),2013 年版的 6.4.2.4.1b)];

——删除了 07Cr2MoW2VNbB 材料热处理的相关规定,更改并细化了管子成形后的热处理要求,以表注的方式补充了 Fe-5B-2 冷弯后热处理的要求,增加了奥氏体钢管冷成形后的热处理要求(见 6.4.4.1~6.4.4.4 及表 2、表 3,2013 年版的 6.4.4.1~6.4.4.2 及表 1);

——完善了封头厚度偏差要求[见 6.5.1.7c),2013 年版的 6.5.1.7c)],并增加了封头厚度偏差示意图(见图 7);

——整合了锅筒、启动(汽水)分离器的制造和装配公差,增加了储水箱的制造和装配公差要求(见 6.5.1、表 4、表 5,2013 年版的 6.5.1~6.5.2、表 2、表 3、表 4);

——修正了图 8、图 11、图 12 的表达方式(见图 8、图 11、图 12,2013 年版的图 7、图 10、图 11);

——细化了受热面管子、管道、集箱、启动(汽水)分离器、水冷壁部件的制造和尺寸偏差控制要求

（见 6.5.3、6.5.4，2013 年版的 6.5.4、6.5.5）；

——增加了膜式管屏生产过程中的产品试样要求（见 6.5.4.1）；

——增加了胀接记录和胀接后的水压试验要求（见 7.7.4、7.7.5）；

——删除了管孔尺寸偏差中的管子公称外径 14～16 和 18～25 的两个规格（见 2013 年版的表 9）；

——删除了焊接工艺评定及产品焊接试件的试验项目中：合同规定的其他试验如接头硬度试验、断口试验等[见 2013 年版的 8.2.3e)、8.2.7 和 8.9.3c)]；

——更改了全焊缝金属拉力试样试验结果的考核要求（见 8.2.7，2013 年版的 8.2.5）；

——增加了焊缝熔敷金属及热影响区夏比 V 型缺口冲击试验的合格指标（见 8.2.8）；

——增加了焊接工艺评定试样保存的要求（见 8.2.10）；

——增加了焊接操作人员施焊记录和焊工代号钢印（或记录）的要求（见 8.4.2）；

——更改了 Fe-1、Fe-3、Fe-5A、Fe-5B-2、Fe-5C 类材料焊前最低预热温度及其表达方式（见 8.7.2.5 及表 13，2013 年版的 8.7.2）；

——将直管表面机械损伤的质量要求纳入了返修章节（见 8.9.3，2013 年版的 6.4.2.4.4）；

——增加了用于承压部位的铸铁件不应补焊的要求（见 8.9.3.2）；

——删除了产品焊接试件的具体内容，相关要求按 GB/T 16507.6 执行（见 8.10，2013 年版的 8.9）；

——增加了若焊接管孔因结构设计不能避免而开在焊缝及其热影响区上时的热处理要求（见 9.1.5）；

——删除了管道类部件焊后分段热处理时的加热段长度要求（见 2013 年版的 9.3.2.2）；

——更改了受热面管装炉温度的限制条件（见 9.3.3.1，2013 年版的 9.3.3.2）；

——更改了焊后热处理的升、降温速度（见 9.3.3.2 和 9.3.3.3，2013 年版的 9.3.3.3 和 9.3.3.4）；

——更改了 Fe-5C 类材料焊后热处理温度要求（见 9.3.3.2 表 14，2013 年版的 9.3.5.3 表 12）；

——删除了材料类别为 Fe-5B-2 的注，将其内容纳入了表 14 脚注 a（见 9.3.3.2 表 14，2013 年版的表 12 的 Fe-5B-2 注）；

——更改了 Fe-1、Fe-4、Fe-5A 类材料焊后免除热处理的条件（见 9.3.6，2013 年版的表 12 的 Fe-1 注、Fe-4 注、Fe-5A 注）；

——更改了焊后热处理温度低于规定最低保温温度时的保温时间的表达方式（见 9.3.6.1 表 15，2013 年版的 9.3.5.3 表 13）；

——增加了对于非本文件要求的热处理，热处理后需要焊接时，焊后免除热处理的条件不变（见 9.4.2）；

——增加了涂装和包装要求（见第 10 章）；

——更改了气体保护焊、焊条电弧焊钢管与扁钢焊接熔深合格标准（见表 B.1，2013 年版的表 B.1）；

——删除了 07Cr2MoW2VNbB 材料的分组分类，由企业根据各自的经验应用（见 2013 年版的表 C.1）。

请注意本文件的某些内容可能涉及专利。本文件的发布机构不承担识别专利的责任。

本文件由全国锅炉压力容器标准化技术委员会（SAC/TC 262）提出并归口。

本文件起草单位：上海锅炉厂有限公司、东方电气集团东方锅炉股份有限公司、哈尔滨锅炉厂有限责任公司、北京巴布科克·威尔科克斯有限公司、上海发电设备成套设计研究院有限责任公司、中国锅炉与锅炉水处理协会、武汉锅炉股份有限公司、无锡华光环保能源集团股份有限公司、杭州锅炉集团股份有限公司、南通万达锅炉有限公司。

本文件主要起草人：蒋秀华、卢征然、顾卫红、曾会强、李秋石、张旗、张瑞、郭华、韩前新、沈华东、罗飞、张磊。

本文件及其所代替文件的历次版本发布情况为：

——1996 年首次发布为 GB/T 16507—1996；

——2013 年第一次修订时,将水管锅炉和锅壳锅炉内容分开,各由 8 部分组成,水管锅炉为 GB/T 16507.1—2013~GB/T 16507.8—2013《水管锅炉》,锅壳锅炉为 GB/T 16508.1—2013~ GB/T 16508.8—2013《锅壳锅炉》,本文件为 GB/T 16507.5—2013《水管锅炉 第 5 部分:制造》;

——本次为第二次修订。

GBT 16507.5—2022

引　言

　　GB/T 16507《水管锅炉》是全国锅炉压力容器标准化技术委员会(以下简称"委员会")负责制修订和归口的锅炉通用建造标准之一。其制定遵循了国家颁布的锅炉安全法规所规定的安全基本要求,设计准则、材料要求、制造检验技术要求、验收标准和安装要求均符合 TSG 11《锅炉安全技术规程》的相应规定。GB/T 16507 为协调标准,满足《锅炉安全技术规程》的基本要求,同时也符合 TSG G91《锅炉节能环保技术规程》的要求。GB/T 16507 旨在规范锅炉的设计、制造、检验、验收和安装,由 8 个部分构成。

　　——第 1 部分:总则。目的在于确定水管锅炉范围界定、锅炉参数、建造规范以及节能和环保等建造水管锅炉的通用技术要求。

　　——第 2 部分:材料。目的在于确定水管锅炉受压元件和非受压元件、受力构件、锅炉钢结构和焊接材料等的选材和用材要求。

　　——第 3 部分:结构设计。目的在于确定水管锅炉结构设计的基本要求、焊接连接要求、开孔和各元(部)件的具体设计要求。

　　——第 4 部分:受压元件强度计算。目的在于确定水管锅炉受压元件的计算壁温、计算压力、设计许用应力取值及强度设计计算方法。

　　——第 5 部分:制造。目的在于确定水管锅炉在制造过程中的标记、冷热加工成形、胀接、焊接和热处理要求。

　　——第 6 部分:检验、试验和验收。目的在于确定水管锅炉受压元件和与其直接连接的承受载荷的非受压元件的检验、试验和验收要求。

　　——第 7 部分:安全附件和仪表。目的在于确定水管锅炉安全附件和仪表的设置和选用要求。

　　——第 8 部分:安装与运行。目的在于确定水管锅炉本体和锅炉范围内管道的安装、调试、质量验收以及运行要求。

　　由于 GB/T 16507 没有必要,也不可能囊括适用范围内锅炉建造和安装中的所有技术细节,因此,在满足 TSG 11《锅炉安全技术规程》所规定的基本安全要求的前提下,不禁止 GB/T 16507 中没有特别提及的技术内容。

　　GB/T 16507 不限制实际工程设计和建造中采用能够满足安全要求的先进技术方法。

　　对于未经委员会书面授权或认可的其他机构对标准的宣贯或解释所产生的理解歧义和由此产生的任何后果,本委员会将不承担任何责任。

水管锅炉
第 5 部分:制造

1 范围

本文件规定了水管锅炉在制造过程中的标记、冷热加工成形、胀接、焊接和热处理等的各项要求。

本文件适用于 GB/T 16507.1 界定的水管锅炉的制造。

2 规范性引用文件

下列文件中的内容通过文中的规范性引用而构成本文件必不可少的条款。其中,注日期的引用文件,仅该日期对应的版本适用于本文件;未注日期的引用文件,其最新版本(包括所有的修改单)适用于本文件。

GB/T 5310 高压锅炉用无缝钢管

GB/T 16507.1 水管锅炉 第 1 部分:总则

GB/T 16507.2 水管锅炉 第 2 部分:材料

GB/T 16507.3 水管锅炉 第 3 部分:结构设计

GB/T 16507.4 水管锅炉 第 4 部分:受压元件强度计算

GB/T 16507.6 水管锅炉 第 6 部分:检验、试验和验收

GB/T 30583—2014 承压设备焊后热处理规程

JB/T 3223 焊接材料质量管理规程

NB/T 47014 承压设备焊接工艺评定

NB/T 47018(所有部分) 承压设备用焊接材料订货技术条件

NB/T 47055 锅炉涂装和包装通用技术条件

3 术语和定义

GB/T 16507.1 界定的以及下列术语和定义适用于本文件。

3.1

冷成形 cold forming

在工件材料再结晶温度以下进行的塑性变形加工。

注:在工程实践中,通常将室温下进行的塑性变形加工称为冷成形;高于室温至再结晶温度之间的塑性变形加工称为温成形(warm forming)。对蠕变强度增强型铁素体钢 10Cr9Mo1VNbN、10Cr9MoW2VNbBN、10Cr11MoW2VNbCu1BN、11Cr9Mo1W1VNbBN,钢管弯曲成形温度(t)小于 705 ℃;对 07Cr2MoW2VNbB 钢,钢管弯曲成形温度(t)小于 605 ℃。

3.2

热成形 hot forming

在工件材料再结晶温度以上进行的塑性变形加工。

注:对蠕变强度增强型铁素体钢 10Cr9Mo1VNbN、10Cr9MoW2VNbBN、10Cr11MoW2VNbCu1BN、11Cr9Mo1W1VNbBN,钢管弯曲成形温度(t)不小于 705 ℃;对 07Cr2MoW2VNbB 钢,钢管弯曲成形温度(t)不小于 605 ℃。

3.3

管子成形 tube forming

管子的弯管、镦厚、缩颈、扩口等加工过程。

3.4

焊缝公称厚度 nominal thickness of weld

焊缝的名义厚度。

注 1：对全焊透对接焊缝，为所连接较薄零件的厚度。

注 2：对全焊透角接焊缝，为焊缝深度。

注 3：对部分焊透坡口焊缝和材料修补时的焊缝，为焊缝的深度。从两侧施焊的部分焊透或全焊透坡口焊缝，把在给定位置上两侧焊缝深度之和作为该焊缝的总深度。

注 4：对角焊缝，为角焊缝喉高。角焊缝与坡口焊缝组合在一起使用时，取坡口焊缝深度和角焊缝喉部尺寸两者中的较大值。

注 5：如果筒体上有多个开孔形成孔桥，且其节距小于平均孔径的两倍，则为坡口深度与角焊缝喉部尺寸之和。

4 基本要求

4.1 锅炉受压元件的结构应符合 GB/T 16507.3 的规定，强度计算应符合 GB/T 16507.4 的要求。

4.2 设计和制造工艺文件应与本单位的生产条件相符合。

4.3 受压元件的制造应采用适宜的工艺和方法，不应产生影响安全和使用的附加应力、有害缺陷。

4.4 锅炉受压元件制造中所涉及的设备、仪器仪表应符合规定精度，并定期进行检定或校正。

4.5 原材料应符合 GB/T 16507.2 和设计图样的要求。

4.6 应根据经国家核准的鉴定机构审核通过的设计图样、制造单位的工艺及技术要求和相应的工程实际经验来制造和装配水管锅炉。

4.7 锅炉制造应由监督检验机构进行制造监督检验。

4.8 对于电站锅炉范围内管道、减温减压装置、流量计（壳体）、工厂化预制管段等元件组合装置，应按锅炉部件或压力管道元件组合装置的要求进行制造监督检验。

5 标记

5.1 材料标记

5.1.1 应制订受压元件和主要承载构件用材料的材料标识程序。

5.1.2 锅炉受压件（锅筒、启动（汽水）分离器、储水箱、集箱类部件、公称外径不小于 219 mm 的管子）的材料标记应能追溯到材料的质量证明书；其他受压件（公称外径小于 219 mm 的管子）和承受载荷的非受压件（锅筒、启动（汽水）分离器、储水箱、集箱类部件上的支吊件）的材料标记应便于识别，以防止材料混用。

5.2 材料标记移植

应在制造过程中保留材料标记。锅炉受压元件用的材料分割下料前，应作标记移植，并且便于识别。

5.3 制造过程中的标记

焊工标记、无损检测（RT 检测）标记以及要求追溯的材料标记应作为永久性的标记保留，生产过程中标记被覆盖或因加工而丢失标记时应作标记移植。

5.4 标记方法

5.4.1 宜采用下列标记方法或下列方法的组合：

    a) 钢印（低应力钢印）；

    b) 震动蚀刻或其他蚀刻工具；

    c) 涂漆或用标记笔标记。

5.4.2 下列情况不应用钢印标记：

    a) 不锈钢管；

    b) 在管子弯头内外弧区域；

    c) 客户要求不准许用钢印标记的材料。

5.4.3 当无法用5.4.1的方法进行标记时，可用其他不损坏锅炉安全性的方法（如定位图、贴票签等）进行标记。

6 成形、加工和制造公差

6.1 一般要求

6.1.1 制造单位应确保受压元件加工或成形后的实际厚度不小于设计要求的最小需要厚度。

6.1.2 采用冷成形时，应考虑所用钢材的冷脆性。

6.1.3 采用温成形时，应避开钢材的回火脆性温度区。

6.1.4 材料成形工艺应考虑材料的应变量。冷成形所采用的制造方法不应使元件产生过大的变形率（或应变量），否则应进行相应的成形后热处理。

6.1.5 用于制造端盖、法兰、管件等的材料应符合GB/T 16507.2和设计图样的规定。

6.2 材料的分割

6.2.1 根据材料特性和规格选择材料的分割方法。采用的分割方法应保证工艺要求的加工精度，还应减少或避免因下料而造成的变形。下料后如变形超出允许范围，应采用合适的方法予以矫正。

6.2.2 根据钢材的类别和厚度确定材料的热切割是否需要预热，推荐的预热要求见表1。

表 1　热切割预热要求

钢材类别[a]	材料厚度 mm	最低预热温度 ℃	备注
Fe-1-1 Fe-1-2	≤150	不要求	最低预热温度也可按焊前预热温度执行
	>150	80	
Fe-1-3	≤30	不要求	
	>30	80	
Fe-3-1	≤16	不要求	
	>16	80	
Fe-3-2、Fe-3-3	任意厚度	100	
Fe-4	≤50	不要求	
	>50	150	

表 1 热切割预热要求（续）

钢材类别[a]	材料厚度 mm	最低预热温度 ℃	备注
Fe-5A	≤50	100	最低预热温度也可按焊前预热温度执行
	>50	150	
Fe-5B-1、Fe-5B-2 5C	≤13	150	
	>13	200	
Fe-6	任意厚度	要求[b]	
Fe-7	任意厚度	要求[b]	
[a] 钢材类别应符合 NB/T 47014。 [b] 预热温度应符合相应的材料标准的要求。			

6.2.3 热切割表面应通过机械加工或打磨的方法去除所有过烧金属、割渣、有害刻痕及多余金属等。对于合金钢,热切割后应留有加工裕量,除非能表明材料的组织没有损坏。

6.3 锅筒、启动(汽水)分离器、储水箱、集箱类筒体和封头成形

6.3.1 用钢板制造筒体和封头,当采用锻制或冲压方式制造时,应根据锻造加热控制要求进行,并与锅炉制造单位的生产条件相符合。

6.3.2 封头的热成形或冷成形制造应采用连续成形工艺。

6.3.3 成形后热处理的要求按如下规定:

——钢板冷成形如图1,当变形率大于5%时,应于成形后进行相应热处理恢复材料的性能,热处理按第9章的规定进行;

——单向拉伸变形率(ε_1)按公式(1)、双向拉伸变形率(ε_2)按公式(2)进行计算:

$$\varepsilon_1 = 50\delta[1-(R_f/R_o)]/R_f \quad\cdots\cdots\cdots\cdots\cdots\cdots\cdots(1)$$

$$\varepsilon_2 = 75\delta[1-(R_f/R_o)]/R_f \quad\cdots\cdots\cdots\cdots\cdots\cdots\cdots(2)$$

式中:

ε_1 ——单向拉伸变形率,%;

ε_2 ——双向拉伸变形率,%;

δ ——板材名义厚度,单位为毫米(mm);

R_f ——成形后中面半径,单位为毫米(mm);

R_o ——成形前中面半径(对于平板为∞),单位为毫米(mm)。

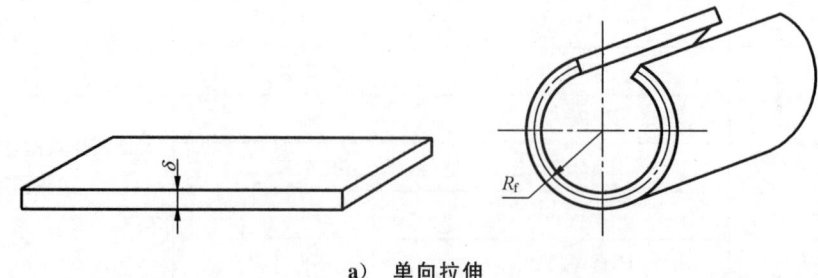

a) 单向拉伸

图 1 单向拉伸和双向拉伸成形

b) 弯头内侧增厚

公称外径大于 219 mm 的管子,弯后弯头内侧任何一点的厚度不应小于公式(4)的计算值:

$$\delta_i = \delta_t \times \left(1 + \frac{1}{4R/D_o - 2}\right) + C_1 \quad\cdots\cdots\cdots\cdots\cdots\cdots(4)$$

式中:

δ_i ——弯头内侧最小需要厚度,单位为毫米(mm);

δ_t ——直管的计算厚度,单位为毫米(mm),实际生产中可用"名义壁厚减去最大厚度负偏差再减去 C_1"代替 δ_t 进行计算,当不满足计算式时,再用 δ_t 进行校核,δ_t 按 GB/T 16507.4 的规定;

R ——管子弯曲半径,单位为毫米(mm);

D_o ——管子公称外径,单位为毫米(mm);

C_1 ——腐蚀裕量,单位为毫米(mm),C_1 按 GB/T 16507.4 的规定。

c) 弯头减薄率

弯头减薄率(b)按公式(5)计算:

$$b = \frac{\delta_o - \delta_m}{\delta_o} \times 100\% \quad\cdots\cdots\cdots\cdots\cdots\cdots(5)$$

式中:

b ——弯头减薄率;

δ_o ——弯前管子的实际厚度,单位为毫米(mm);

δ_m ——弯后弯头拉伸面管壁最薄处的实际厚度,单位为毫米(mm)。

弯头减薄率可作为弯管理论计算时弯管工艺附加厚度(C_2)选取的依据。

6.4.2.6 弯头圆度(a)按公式(6)计算:

$$a = 2\frac{D_{max} - D_{min}}{D_{max} + D_{min}} \times 100\% \quad\cdots\cdots\cdots\cdots\cdots\cdots(6)$$

式中:

a ——弯头圆度;

D_{max} ——弯头顶点上测得的最大外径,单位为毫米(mm);

D_{min} ——在 D_{max} 同一横截面上测得最小外径,单位为毫米(mm)。

考核标准如下:

a) 成排弯管子弯头:圆度不应大于 12%;

b) 其他管子弯头:

1) 当弯头处应变量大于 35% 时,圆度不应大于 14%;

2) 当弯头处应变量不小于 20%~35% 时,圆度不应大于 12%;

3) 当弯头处应变量小于 20% 时,圆度不应大于 10%。

弯管的应变量(ε_o)按公式(7)计算:

$$\varepsilon_o = r/R \times 100\% \quad\cdots\cdots\cdots\cdots\cdots\cdots(7)$$

式中:

ε_o ——弯管的应变量;

r ——管子外半径($D_o/2$),单位为毫米(mm);

R ——管子弯曲半径,单位为毫米(mm)。

6.4.2.7 弯管角度偏差应符合如下要求:

a) 公称外径(D_o)不大于 108 mm 的管子,弯头平面弯曲角度的偏差不超过 $\pm1°$;

b) 公称外径(D_o)大于 108 mm 的管子,弯头平面弯曲角度的偏差不超过 $\pm30'$;

c) 当管子公称外径(D_o)不小于 108 mm 时,还应测两端间的距离,距离偏差不超过 ±4 mm。

6.4.2.8 弯头表面质量应符合如下要求。

a) 弯头表面不应有裂纹等尖锐性缺陷。

b) 管子弯后弯头内侧如有明显的波纹应按图 2 的方法测量,也可用模板测量。波纹应同时满足下列条件,若不能满足下列条件,应调换管子。

1) 波纹幅度:$h=(d_1+d_3)/2-d_2 \leqslant 3\% \times D_o$。

2) 波距:$A>12h$。

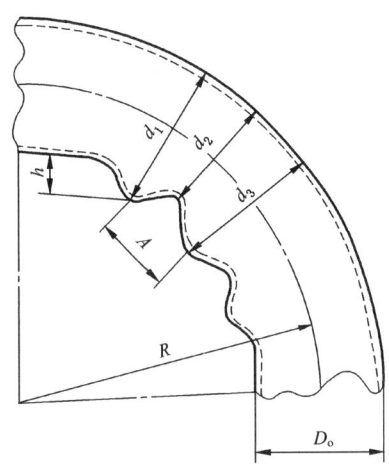

标引序号说明:

d_1、d_2、d_3——测量处管子的实际外径;

D_o ——管子公称外径;

R ——管子弯曲半径。

注:为清晰起见,波纹已被放大。

图 2　弯管波纹示意图

c) 任何弯头沿管子中心线方向不应有宽度超过 12 mm 的平直区。

6.4.2.9 应对公称外径不大于 60 mm 的受热面弯管检测流通面积,进行通球检查,通球球径按 GB/T 16507.6 的规定。

6.4.3　管端成形

6.4.3.1 为满足不同壁厚管子或不同口径管子的拼接,可对管端进行镦厚、缩颈、扩口加工成形。

6.4.3.2 管端镦厚、缩颈、扩口加工成形后,管子的外表面及壁厚的过渡区应平滑、无裂纹。

6.4.3.3 管端镦厚、缩颈、扩口量的控制及成形后的热处理,应根据经验证过的工艺进行,并确保不会损害材料的使用性能。

6.4.4　管子成形后的热处理

6.4.4.1 一般要求如下:

a) 所有冷、热弯后的弯头,包括冷弯后热成形的弯头,除应符合 6.4.4.1b)的规定,还应按 6.4.4.2～6.4.4.3 的要求进行热处理;

b) 碳钢材料(Fe-1)管子及 09CrCuSb(ND 钢)管子,若热成形在相应材料标准规定的正火范围内进行,则不要求进行热处理;

c) 减薄率超过 25% 的所有冷成形弯头,弯后应按照相应的材料标准的要求进行热处理。

6.4.4.2 采用冷弯的弯管,热处理要求如下。

a) 铁素体钢

当弯头处应变量大于 38.5％时,宜进行弯后热处理。

材料为 10Cr9Mo1VNbN(Fe-5B-2)、10Cr9MoW2VNbBN(Fe-5B-2)的管子,应根据其设计温度和成形后的应变量进行相应的热处理,推荐的冷弯后热处理要求如表 2。

表 2　铁素体钢管子冷弯后热处理

材料牌号 (材料类别)	较低温度限制范围		较高温度限制范围		热处理要求
	计算壁温 ℃	应变量 %	计算壁温 ℃	应变量 %	
10Cr9Mo1VNbN、 10Cr9MoW2VNbBN (Fe-5B-2)	>540～600	>25	>600	>20	整体正火＋回火[a]
		>5～25		>5～20	消除应力热处理[b,c]

[a] 按材料标准的要求进行整体正火＋回火(不应局部进行)热处理。

[b] 消除应力热处理:10Cr9Mo1VNbN 材料应在 730 ℃～785 ℃、10Cr9MoW2VNbBN 材料应在 730 ℃～775 ℃以 1 h/25 mm 或最少 30 min 进行;或可按母材标准要求进行正火＋回火。

[c] 当设计温度不大于 600 ℃,弯头应变大于 5％,但不大于 25％时,如果元件的一部分在表中允许的热处理温度以上进行加热,则整个部件应重新进行正火＋回火。

其他类别材料冷弯后的热处理要求,应根据制造单位的工艺确定;当材料标准另有规定时,应按相应的规定执行。

b)　奥氏体钢

奥氏体钢管子应根据其设计温度和成形后的应变量进行相应的热处理,推荐的冷弯后热处理要求见表 3。

表 3　奥氏体钢管子冷弯后热处理

材料牌号 (材料类别)	较低温度限制范围		较高温度限制范围		超过计算壁温和成形应变限制 范围时的最低热处理温度 ℃
	计算壁温 ℃	应变量 %	计算壁温 ℃	应变量 %	
07Cr19Ni10 (Fe-8)	>580～670	>20	—	—	1 040
07Cr19Ni11Ti (Fe-8)	>540～670	>15[a]	—	—	1 040
07Cr18Ni11Nb (Fe-8)	>540～670	>15	—	—	1 040
08Cr18Ni11NbFG (Fe-8)	>540～675	>15	>675	>10	1 175
10Cr18Ni9NbCu3BN (Fe-8)	>540～675	>15	>675	>10	1 095
07Cr25Ni21NbN (Fe-8)	>540～675	>15	>675	>10	1 095
当管子的应变不能按本文件的计算公式进行计算时,成形应变限制范围应为上表中所列数值的一半。					
[a] 对于外径小于 89 mm 的单纯的弯管,应变量大于 20％。					

6.4.4.3 采用热弯的弯管,热处理要求如下。

    a) 铁素体钢

      所有热弯弯头,包括冷弯后热整形的弯头,为了使材料性能回复到最佳状态宜进行相应的热处理。

      材料为 10Cr9Mo1VNbN(Fe-5B-2)、10Cr9MoW2VNbBN(Fe-5B-2)的管子,热弯后应进行整体正火＋回火热处理。

      其他类别的材料可根据材料类别、外径、壁厚等因素,按各制造单位确定弯后热处理工艺。

    b) 奥氏体钢

      奥氏体钢热弯(包括两次成形)后应进行固溶处理,并根据材料规范用水和空气进行适当的加速冷却。

6.4.4.4 管端成形后的热处理要求如下。

    a) 铁素体钢

      材料为 10Cr9Mo1VNbN(Fe-5B-2)、10Cr9MoW2VNbBN(Fe-5B-2)的管子管端冷、热成形后应进行整体正火＋回火处理。

    b) 奥氏体钢

      奥氏体钢管子管端冷、热成形后应进行固溶处理。

    c) 除 6.4.4.4 a)、b)以外的材料,管端成形后的热处理可根据制造工艺确定。

6.5 制造和装配公差

6.5.1 锅筒、启动(汽水)分离器、储水箱

6.5.1.1 筒体纵缝或封头拼接焊缝两边钢板的实际边缘偏差值不应大于板材名义厚度(取焊缝两侧钢板中厚度较薄者)的 10%,且不超过 3 mm;当板材名义厚度大于 100 mm 时,不超过 6 mm。

6.5.1.2 环缝两边钢板的实际边缘偏差值(包括板厚差在内)不应大于板材名义厚度的 15% 加上 1 mm,且不超过 6 mm;当板材名义厚度大于 100 mm 时,应不超过 10 mm。

6.5.1.3 筒体纵、环缝两边钢板中心线一般宜对齐,筒体环缝两侧的钢板不等厚时,也可一侧的边缘对齐。筒体纵、环缝两边钢板(包括两侧名义厚度不同的钢板)对接时,两侧中任何一侧的名义边缘差值超过本文件规定的边缘偏差值时,则应将较厚一侧钢板的边缘削至与另一侧钢板平齐,或将较薄侧钢板堆焊至与另一侧钢板平齐。削出或堆焊出的斜面应平滑,并且斜率不大于 1:3,必要时,焊缝宽度可计算在斜面内。采用削薄方法时,元件削薄后的实际壁厚不应小于按 GB/T 16507.4 规定计算出的设计要求的最小需要厚度。

6.5.1.4 筒体的任意同一横截面上最大内径与最小内径之差不应大于名义内径的 1%。

6.5.1.5 在焊接接头环向、轴向形成的棱角 E,宜分别用弦长等于 $D_i/6$,且不小于 200 mm 的内样板 (或外样板)和直尺检查(见图 3、图 4)。纵缝形成的环向棱角,其 E 值不应大于 $(\delta_s/10+2)$ mm,且不大于 4 mm;轴向棱角应按 6.5.1.3 削薄或堆焊。

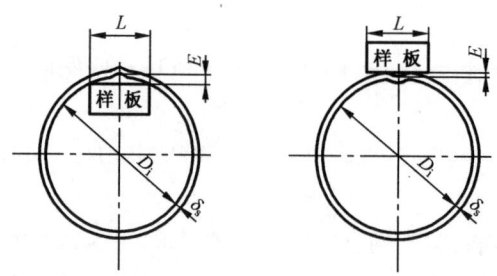

标引序号说明：

E ——筒体棱角；

D_i ——筒体名义内径；

L ——样板或直尺长度；

δ_s ——筒体名义厚度。

图 3 焊接接头处的环向棱角

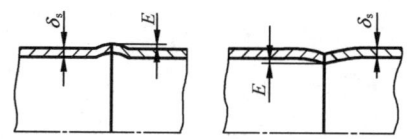

标引序号说明：

E ——筒体棱角；

δ_s ——筒体名义厚度。

图 4 焊接接头处的轴向棱角

6.5.1.6 筒体尺寸偏差(如图 5 所示)应符合以下规定。

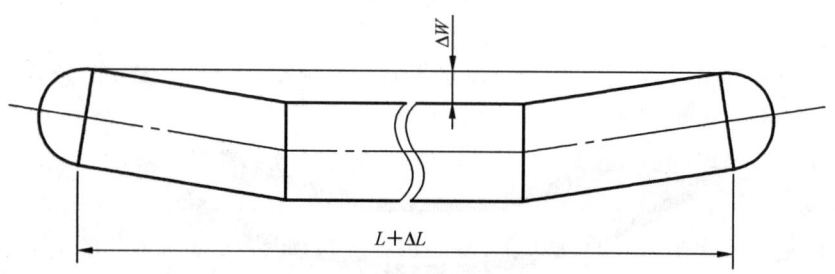

标引序号说明：

L ——筒体长度；

ΔL ——筒体长度偏差；

ΔW——筒体直线度偏差。

图 5 筒体尺寸偏差示意图

a) 筒体长度偏差应符合表 4 的要求。

表 4　筒体长度偏差

筒体长度(L) m	筒体长度偏差(ΔL) mm	
	锅筒、储水箱	启动(汽水)分离器
$L \leqslant 5$	+10 −5	+5 −5
$5 < L \leqslant 10$	+20 −10	+5 −5
$L > 10$	+30 −15	+6 −10

b)　筒体直线度偏差应符合表 5 的要求。

表 5　筒体直线度偏差

筒体长度(L) m	$L \leqslant 5$	$5 < L \leqslant 7$	$7 < L \leqslant 10$	$10 < L \leqslant 15$	$L > 15$
筒体直线度偏差(ΔW) mm	$\leqslant 5$	$\leqslant 7$	$\leqslant 10$	$\leqslant 15$	$\leqslant 20$

6.5.1.7　封头尺寸偏差要求如下。

a)　内径偏差

封头成形后,任一截面上最大内径与最小内径之差不应大于封头公称内径的 1%。当封头与筒体环向对接接头的边缘偏差超过 6.5.1.2 的规定时,应对封头端面的圆度进行校正,或按 6.5.1.3 的规定进行削薄或堆焊。

b)　形状偏差

用带间隙的全尺寸的内样板检查椭圆形、球形封头内表面的形状偏差(见图 6),缩进尺寸为 $3\% D_i \sim 5\% D_i$,其最大形状偏差外凸不应大于 $1.25\% D_i$,内凹不应大于 $0.625\% D_i$。检查时应使样板垂直于待测表面。

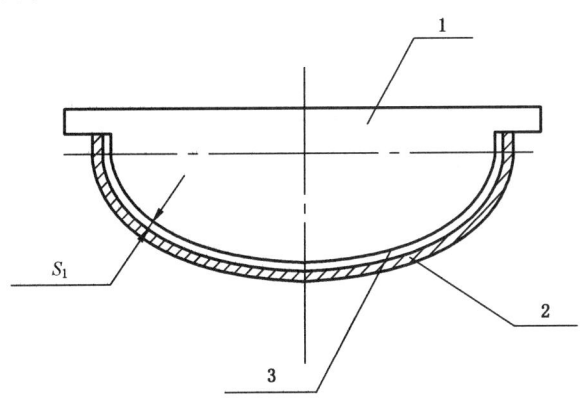

标引序号说明:

1 ——间隙样板;

2 ——封头;

3 ——间隙样板轮廓测量基准线;

S_1——缩进尺寸(视封头大小而定)。

图 6　封头的形状偏差检查

GBT 16507.5—2022

c) 厚度偏差

成形后厚度偏差(见图7):椭球形封头弯曲部分任意点的厚度(t_1)不应小于该元件名义厚度(t)的90%,球形封头弯曲部分任意点的厚度(t_1)不应小于该元件名义厚度(t)的85%。扳边封头人孔扳处直段厚度(t_2)不应小于该元件名义厚度(t)的70%。

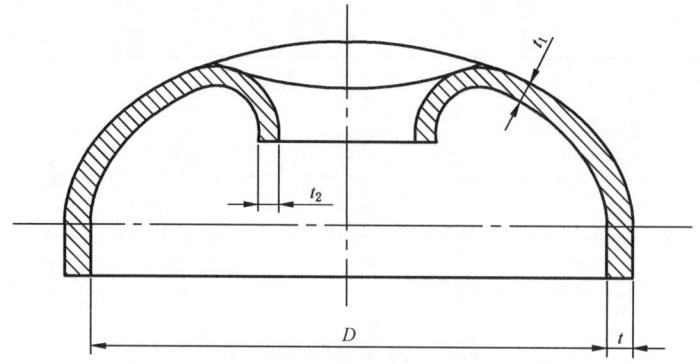

标引序号说明:

t ——封头名义厚度;

t_1 ——封头弯曲部分任意点的厚度;

t_2 ——封头人孔扳处直段的厚度;

D ——封头名义内径。

图7　封头厚度偏差示意图

6.5.1.8　启动(汽水)分离器管座(管接头)位置偏差应符合图8的规定。允许公称外径不小于219 mm的斜接管角度偏差1°。

单位为毫米

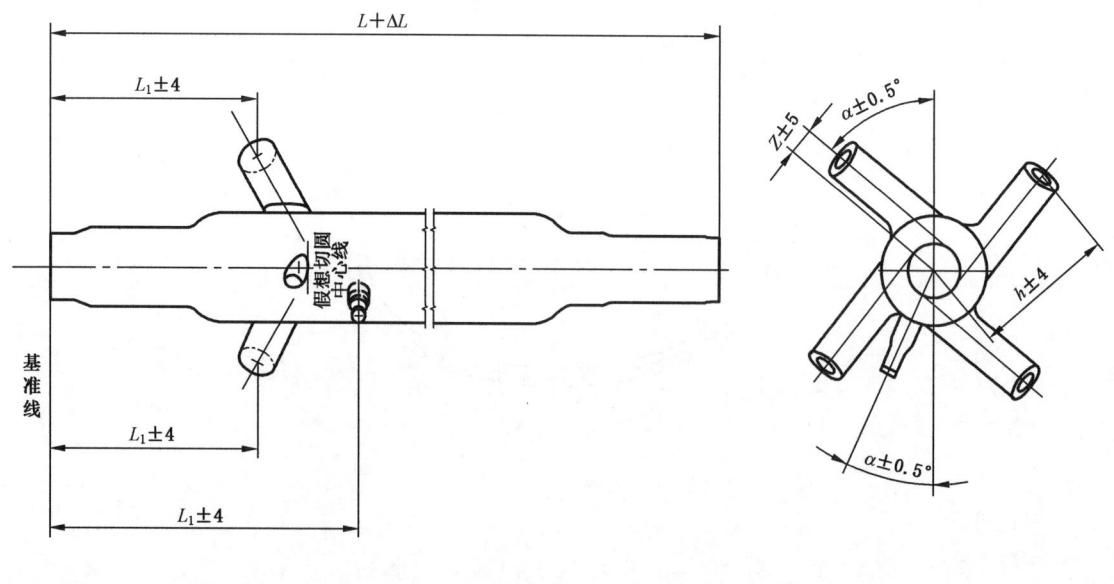

a)

图8　启动(汽水)分离器尺寸偏差示意图

136

单位为毫米

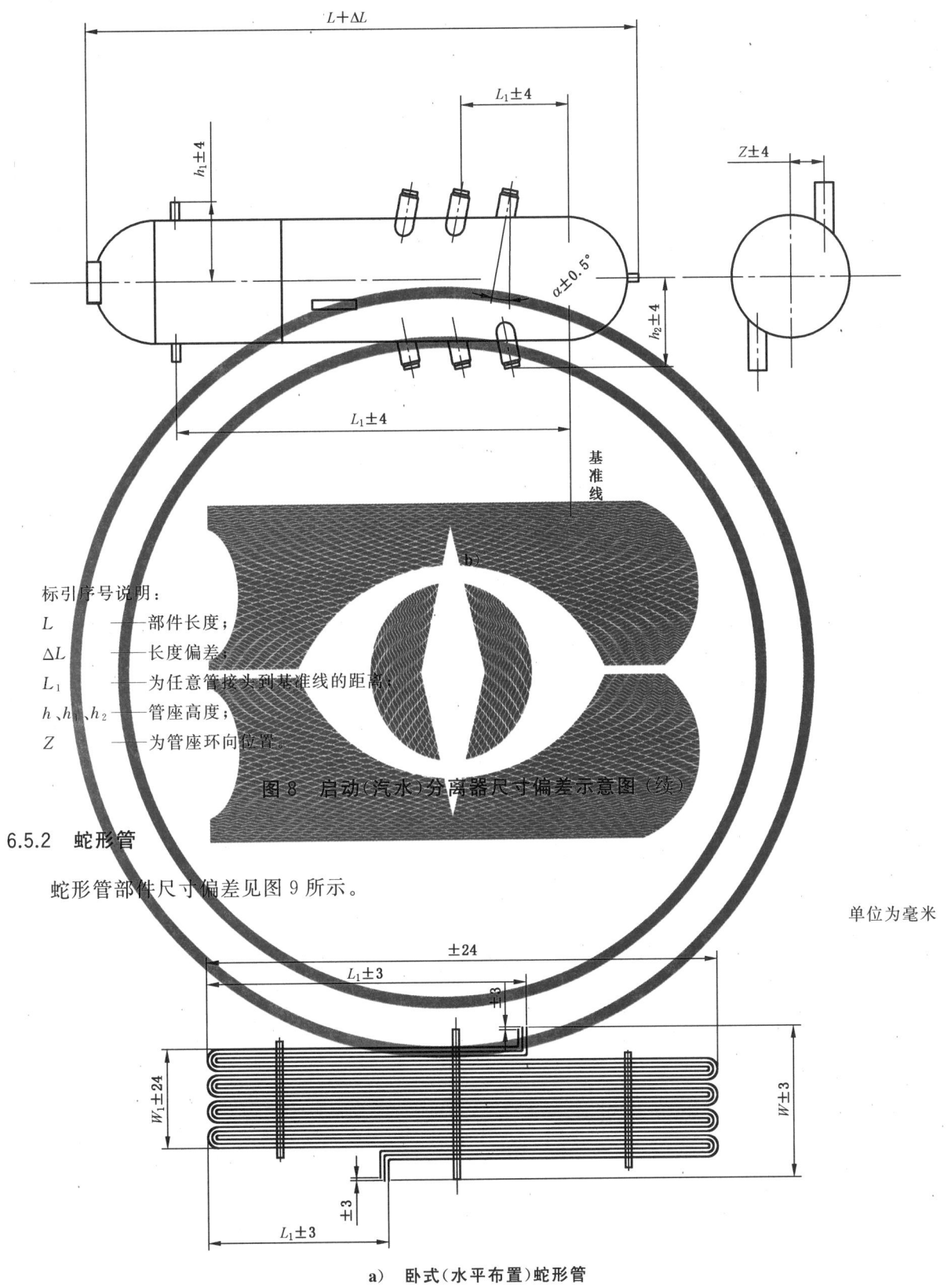

标引序号说明：

L ——部件长度；
ΔL ——长度偏差；
L₁ ——为任意管接头到基准线的距离；
h、h₁、h₂ ——管座高度；
Z ——为管座环向位置。

图 8　启动（汽水）分离器尺寸偏差示意图（续）

6.5.2　蛇形管

蛇形管部件尺寸偏差见图 9 所示。

单位为毫米

a)　卧式（水平布置）蛇形管

图 9　蛇形管尺寸偏差示意图

单位为毫米

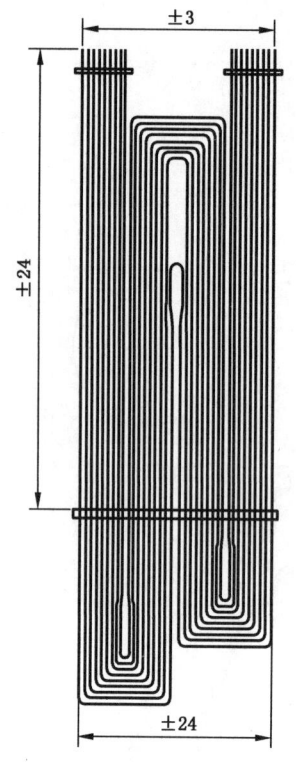

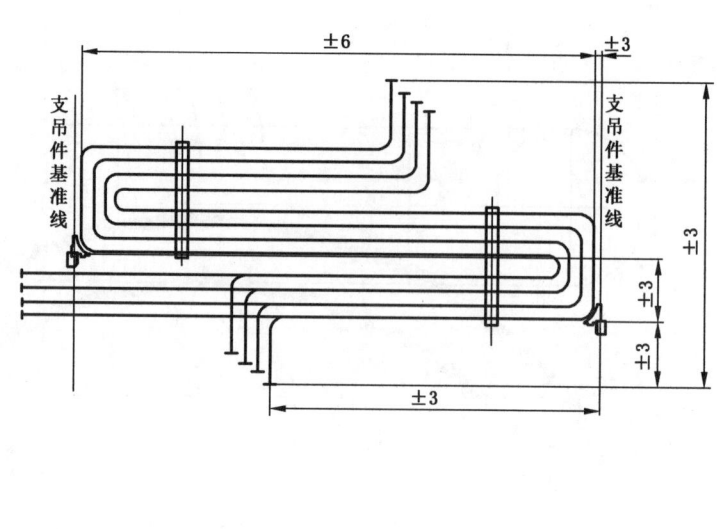

b) 悬吊式(垂直布置)蛇形管   c) 搁置式(水平布置)蛇形管

除注明外,尺寸偏差:±12 mm;角度偏差:±1°;

平面度不超过 12 mm,300 mm×300 mm 范围内平面度不超过 4 mm;

对悬吊或支承用管夹偏差为±3 mm;固定用管夹偏差为±24 mm;

装配后,当管圈节距≥100 mm 时,允许管子之间的最小净间隙为 12 mm;当管圈节距<100 mm 时,允许管子之间的最小净间隙为 1 mm;

对工地焊管端,制造单位应根据现场焊接方法控制其端面倾斜度偏差,满足现场安装要求;

公差不累计。

图示外形与设计外形无关,仅为了示意偏差。

图 9　蛇形管尺寸偏差示意图(续)

6.5.3　管子、管道、集箱类部件

6.5.3.1　对接接头边缘偏差

6.5.3.1.1　对接接头坡口内壁应对准并且平齐。当接头两侧的公称外径和名义壁厚相等时,受热面管子对接接头外表面的边缘偏差不应超过管子名义壁厚的 10%加 0.5 mm,且最大不超过 1 mm;集箱类部件外表面的边缘偏差不应超过名义壁厚的 10%加 0.5 mm,且最大不超过 4 mm,超出上述规定或公称外径不同使边缘偏差超限时,应将超出的部分削薄。

6.5.3.1.2　对接接头内表面的边缘偏差不应超过名义厚度的 10%加 0.5 mm,且最大不超过 1 mm,超出部分应内镗或削薄。

6.5.3.1.3　对接接头边缘偏差超差时的削薄要求按 6.5.1.3。

6.5.3.2　管子、管道尺寸偏差

带弯头的管子、管道应控制其两端部之间的尺寸偏差,以便于安装。

6.5.3.3 集箱类部件尺寸偏差

集箱类部件的长度偏差和直线度偏差应符合表6的要求。

表 6 集箱类部件尺寸偏差

长度（L） m	长度偏差（ΔL） mm			直线度偏差（ΔW）
	两端开口	一端开口，一端封闭	两端封闭	
＜20	+5 −8	+8 −10	±10	2.5 mm/m，且最大为 16 mm
≥20	±8	+10 −12	±13	2.5 mm/m，且最大为 20 mm
注1：采用缩口式集箱，长度偏差允许比表中的数值增加50%。				
注2：对两端开口集箱，直线度偏差（ΔW）最大为 8 mm。				

6.5.3.4 管接头偏差

管接头偏差如图10所示，应符合表7的规定。

单位为毫米

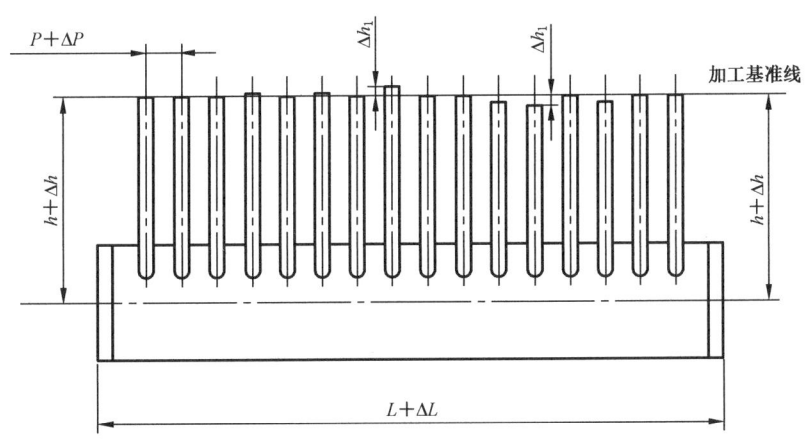
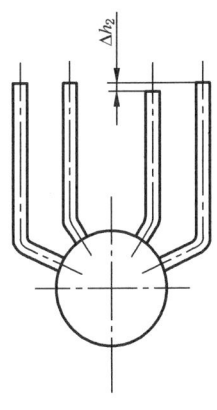

a） 长管接头

图 10 管接头偏差示意图

单位为毫米

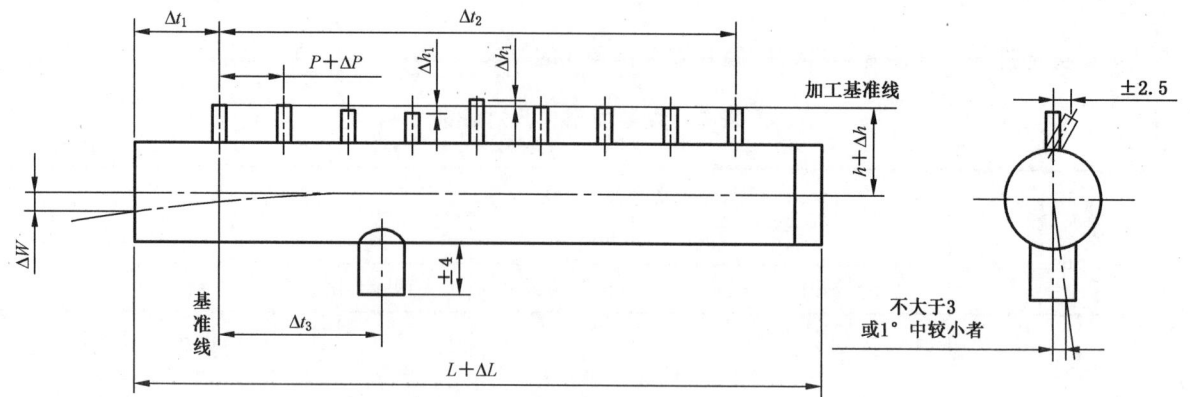

b) 短管接头

标引序号说明：

L ——部件长度；

ΔL ——长度偏差；

h ——同一排管接头中，管端加工基准线到集箱中心线的距离；

Δh ——同一排管接头中，管端加工基准线到集箱中心线的距离偏差；

Δh_1——同一排管接头中，任意管接头与管端加工基准线的偏差；

Δh_2——不同排管接头中，任意排管接头与管端加工基准线的偏差；

P ——同一排管接头中，任意相邻管接头间的节距；

ΔP ——同一排管接头中，任意相邻管接头间的节距偏差；

Δt_1 ——集箱开口端到基准管接头的距离偏差；

Δt_2 ——同一排管接头中，最外侧两管接头之间的距离偏差；

Δt_3 ——单个管座中线线到基准管接头的距离偏差；

ΔW ——直线度偏差。

图 10　管接头偏差示意图（续）

表 7　管接头偏差

单位为毫米

尺寸偏差	管接头与下列组件连接		
	光管水冷壁	膜式壁管屏	省煤器、过热器和再热器
Δh	±2	±2	±3
Δh_1	±2	±1	±3
Δh_2	—	—	±1
Δp	±3	±2	±5
Δp_1	±6	±4	±10
Δt_1	±2.5	±1.5	±2.5
Δt_2	±6	±4	±6
Δt_3	±6	±6	±6
注：任意两长管接头管端节距偏差为 ΔP_1。			

6.5.3.5 法兰偏差

法兰的端面倾斜度（Δf）（见图 11）不应大于 2 mm。法兰螺栓孔在螺栓圆上的偏移（Δa）应符合表 8 的要求。法兰高度（H）的偏差不应超过 ±2 mm。

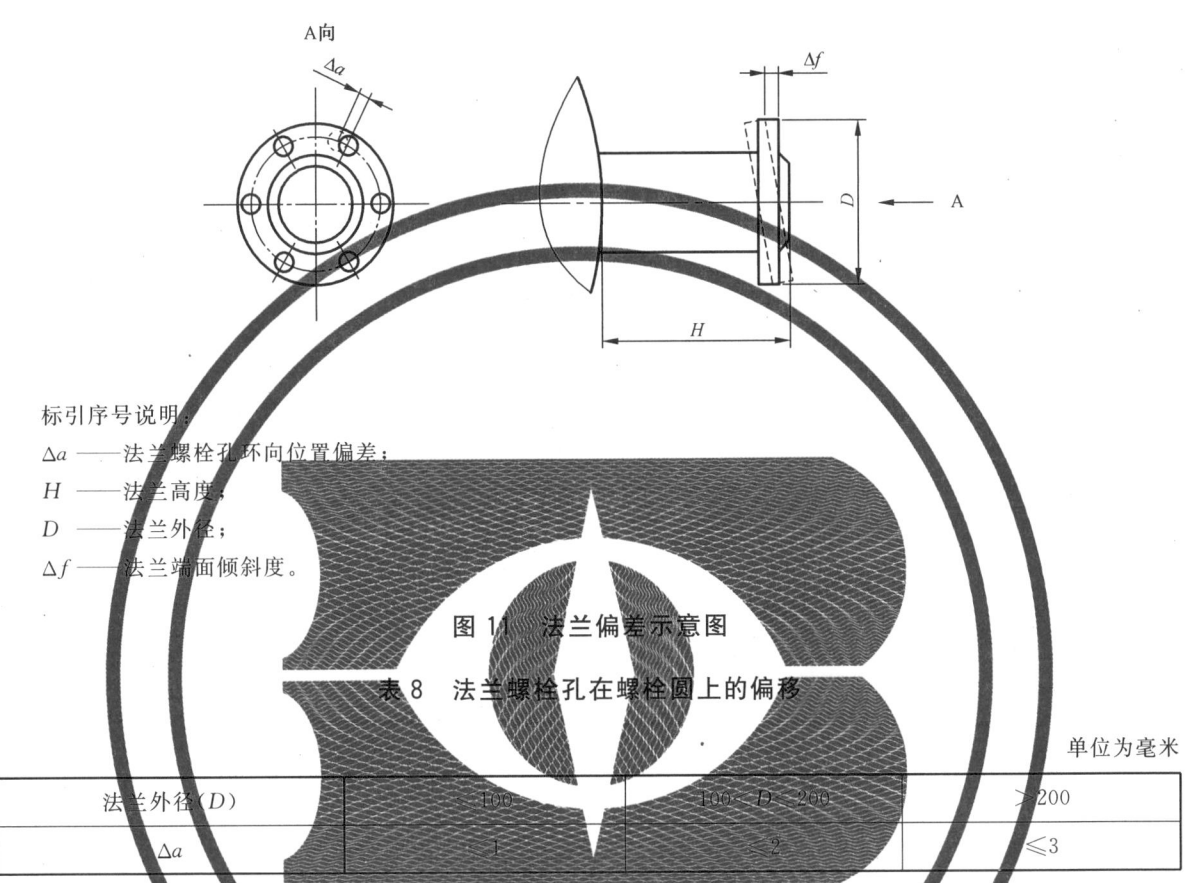

标引序号说明：

Δa ——法兰螺栓孔环向位置偏差；

H ——法兰高度；

D ——法兰外径；

Δf ——法兰端面倾斜度。

图 11 法兰偏差示意图

表 8 法兰螺栓孔在螺栓圆上的偏移

单位为毫米

法兰外径（D）	≤100	100<D≤200	≥200
Δa	1	2	≤3

6.5.4 膜式壁管屏

6.5.4.1 膜式壁管屏生产过程中宜进行产品试样检查，产品试样宜按不同产品、不同焊接方法等取样，具体由制造单位根据产品结构和工艺确定，试样熔深按附录 B 检查。

6.5.4.2 膜式壁管屏尺寸偏差见图 12，应符合表 9 的规定。

单位为毫米

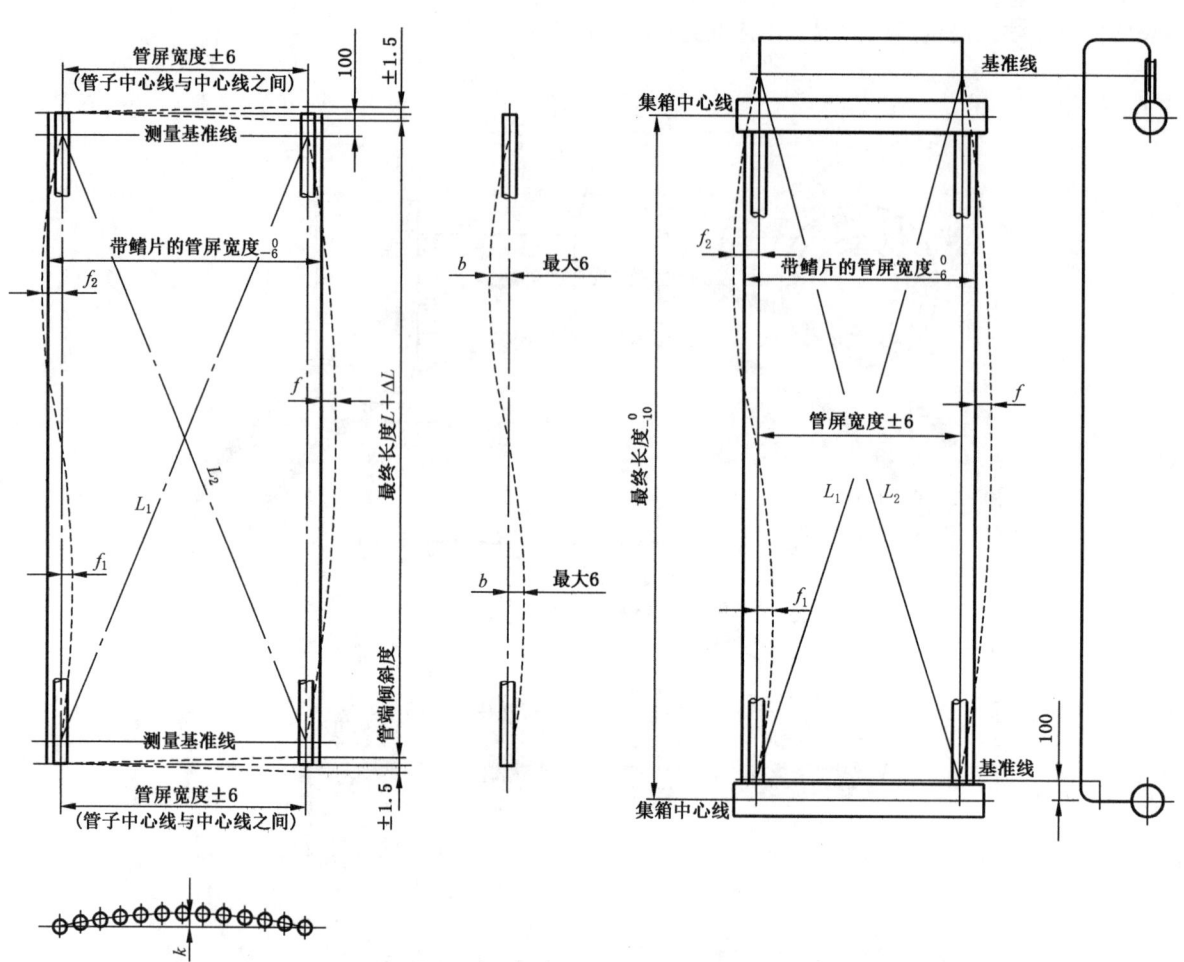

a) 不带集箱管屏

b) 两端带集箱管屏

标引序号说明:

L ——管屏长度;

ΔL ——管屏长度偏差;

L_1、L_2 ——管屏两对角线长度;

ΔL_1 ——管屏两对角线之间的长度偏差,$\Delta L_1 = |L_1 - L_2|$;

f ——管屏单向旁弯度;

f_1、f_2 ——管屏双向旁弯度;

b ——管屏纵向弓形度;

k ——管屏横向弓形度。

注:对一端带集箱的管屏,除了测量基准线位置根据实际情况选择,尺寸偏差按 a)考核。

图 12 膜式壁管屏尺寸偏差示意图

表 9 膜式壁管屏尺寸偏差

项 目	不带集箱或一端带集箱的管屏		两端带集箱管屏	
	$L \leq 12$ m	$L > 12$ m		
长度偏差(ΔL)	± 2 mm	± 3 mm	$^{0}_{-10}$ mm	
对角线偏差(ΔL_1)	≤ 5 mm		≤ 10 mm	
旁弯度偏差	单向旁弯	双向旁弯	单向旁弯	双向旁弯
	$f \leq 6$ mm	$| f_1 + f_2 | \leq 6$ mm	$f \leq 6$ mm	$| f_1 + f_2 | \leq 6$ mm
管屏纵向弓形度(b)	≤ 6 mm		≤ 6 mm	
管屏横向弓形度(k)	端部≤ 3 mm,其他部位≤ 6 mm		端部≤ 3 mm,其他部位≤ 6 mm	
节距偏差	± 3 mm		—	
管屏宽度尺寸偏差 (管子中心线间)	± 6 mm		± 6 mm	
带鳍片的管屏宽度 尺寸偏差	$^{0}_{-6}$ mm		$^{0}_{-6}$ mm	
单片管屏的管端 不齐度偏差	± 1.5 mm		—	
孔的水平位置偏差	± 5 mm			
孔的垂直位置偏差	± 25 mm[a]			

> [a] 燃烧器孔的垂直位置偏差为± 6 mm。

7 胀接

7.1 一般要求

7.1.1 胀接处的计算壁温不宜超过 400 ℃。

7.1.2 管子公称外径不应大于 89 mm。

7.1.3 管子公称壁厚不应大于 5 mm,筒体的壁厚不应小于 12 mm;管孔壁之间的距离不应小于 19 mm。

7.2 胀接管孔

7.2.1 胀接管孔不应开在锅筒筒体的纵向焊缝上,且避免开在环向焊缝上。当胀接管孔必须开在环焊缝上时,应确保管孔周围 60 mm(如果管孔直径大于 60 mm,则取孔径值)范围内的焊缝经射线或超声检测合格,焊缝在管孔边缘上不存在夹渣,并对开孔部位的焊缝内外表面余高进行磨平,且对锅筒进行整体热处理。

7.2.2 胀接管孔中心与焊接边缘(除 7.2.1 外)的距离不应小于 $0.8d$(d 为管孔直径),且不小于 $0.5d + 12$ mm。

7.2.3 胀接管孔的表面粗糙度(Ra)值不应大于 12.5 μm,孔表面不应有纵向或螺旋形贯穿性刻痕。

7.2.4 胀接管孔的尺寸偏差按表 10 的规定。

表 10 管孔尺寸偏差

单位为毫米

管子公称外径(D_o)	管孔直径($D_o+\Delta D$)	管孔直径偏差	管孔不圆度及圆锥度
32～51	$D_o+0.3$	+0.28	0.14
57～60	$D_o+0.5$	+0.34	0.15
63.5～76	$D_o+0.5$	+0.40	0.15
83～89	$D_o+0.6$	+0.46	0.19

7.2.5 若锅筒壁厚不小于 22 mm 时,为提高胀接的拔脱力和紧密接触密封,可在管孔内增设胀接槽,槽深宜 0.5 mm～1 mm,槽宽宜 4 mm。

7.3 胀接管

7.3.1 胀接管表面不应有重皮、裂纹、纵向沟纹、压偏等缺陷,胀接处横向沟纹、麻点等缺陷其深度不应大于管子名义厚度的 10%。

7.3.2 胀接管子的材料宜选用低于锅筒硬度的材料。若管端硬度大于锅筒硬度时,应进行退火处理。管端退火不应用煤炭作燃料直接加热,退火管端长度不应小于 100 mm。

7.3.3 管端胀接处的表面应均匀打磨,打磨长度不应小于筒体厚度(δ)+50 mm。打磨后管子表面粗糙度(Ra)值不应大于 12.5 μm。

7.3.4 管子胀接端同一截面上壁厚允许最大差值应符合如下规定:当名义壁厚不大于 3 mm 时,为 0.3 mm;当名义壁厚大于 3 mm 时,为 0.35 mm。

7.3.5 胀接管端最小外径应按表 11 的要求。

表 11 胀接管的最小外径

单位为毫米

管子公称外径	最小外径
32	31.35
38	37.35
42	41.35
51	50.19
57	56.13
60	59.1
63.5	62.57
70	69
76	74.81
83	81.27
89	87.71

7.4 胀管器的选用

7.4.1 胀管器的初始最小直径应小于管子的最小内径,并确保胀管器能顺利地放入管孔内。

7.4.2 胀管器圆柱直段的有效长度为锅筒壁厚(δ)+15 mm,同时圆整到 0 或 5。

7.4.3 胀管器的胀杆和滚柱工作表面应无刻痕、压坑和碰伤等缺陷,胀杆全长的直线度不应大于 0.1 mm。

7.4.4 胀管设备转速一般宜根据胀管器和试胀工艺确定。

7.5 胀接工艺

7.5.1 胀接管孔与管子外径应逐个逐根进行测量并作好记录,同时管孔与管子装孔后的最大允许间隙应符合表 12 的要求。

表 12 管孔与管子的最大间隙

单位为毫米

管子公称外径	最大间隙
32~42	1.36
51	1.41
57~60	1.50
63.5	1.53
70~76	1.66
83~89	1.90

7.5.2 胀接时的环境温度宜大于 0 ℃。

7.5.3 在产品正式胀接前应进行试胀,以确定合理的胀管率。

7.6 胀管率计算方法

7.6.1 内径控制法

当采用内径控制时,胀管率一般应控制在 1.0%~2.1% 范围内。胀管率可按式(8)进行计算。

$$H_n = \left(\frac{d_1 + 2\delta}{d} - 1\right) \times 100\% \quad\quad\quad (8)$$

式中:

H_n ——内径控制法胀管率;

d_1 ——胀完后的管子实测内径,单位为毫米(mm);

δ ——未胀时的管子实测壁厚,单位为毫米(mm);

d ——未胀时的管孔实测直径,单位为毫米(mm)。

7.6.2 外径控制法

当采用外径控制法时,胀管率一般控制在 1.0%~1.8% 范围内。胀管率可按式(9)计算。

$$H_w = \frac{D - d}{d} \times 100\% \quad\quad\quad (9)$$

式中:

H_w ——外径控制法胀管率;

D ——胀管后紧靠锅筒外壁处管子的实测外径,单位为毫米(mm);

d ——未胀时的管孔实测直径,单位为毫米(mm)。

7.6.3 管子壁厚减薄率控制法

当采用管子壁厚减薄率控制法时,应符合如下要求。

a) 在胀管前的试胀工作中,应对每一种规格的管子和壁厚的组合都进行扭矩设定。

b) 扭矩设定是通过试管胀进试板的管孔来实现的,试管胀完毕后,打开试板,取出试管测量管壁减薄量,然后计算其管壁减薄率,管子壁厚减薄率一般控制在10%～12%范围内,扭矩设定完毕后,应将扭矩记录下来,并且将其应用于施工;胀接管子壁厚减薄率应按公式(10)计算:

$$H_b = \frac{\delta - \delta_m}{\delta} \times 100\% \quad\quad\quad\quad\quad\quad\quad (10)$$

式中:

H_b——管子壁厚减薄率控制法胀管率;

δ ——未胀时的管子实测壁厚,单位为毫米(mm);

δ_m ——胀接后管壁实测厚度,单位为毫米(mm)。

c) 为保证胀管设备的正常运行,在施工中每班工作之前,操作人员都应进行一次试胀,同时检验部门应核实用于施工的扭矩是否与原设定的扭矩完全相同。

7.7 胀接质量

7.7.1 管端伸出长度宜在 6 mm～12 mm 范围内,管端喇叭口的扳边与管子中心线的夹角应在12°～15°之间,扳边起点与锅筒表面宜平齐,由胀接部分转入喇叭口部分应有明显的界限,而不应有明显的切口和挤出现象。

7.7.2 胀接后的管子端部不应有起皮、皱纹、裂纹、切口和偏斜等缺陷。

7.7.3 管端翻边、喇叭口的边缘上应无裂纹,胀接口内壁胀大部分过渡到未胀部分应均匀、平齐、无切口和沟槽。

7.7.4 应根据实际检查和测量结果做好胀接记录。

7.7.5 胀接全部完毕后,应进行水压试验,检查胀口的严密性。

8 焊接

8.1 一般要求

8.1.1 用焊接方法制造和返修锅炉受压元件和承载构件,对于受压元件之间及与承载构件的焊接,制造单位应制定符合要求的焊接工艺和相应的检查、验收要求,以保证焊接质量。

8.1.2 锅炉受压元件不宜采用电渣焊。

8.2 焊接工艺评定

8.2.1 受压元件之间的对接焊接接头、受压元件之间或受压元件与承载的非受压元件之间连接的要求全焊透的 T 形接头或角接接头所采用的焊接工艺均应按 NB/T 47014 及本文件第 8 章的附加要求进行评定;锅炉膜式管屏所采用的焊接工艺应按第 8 章和附录 B 的要求进行评定。NB/T 47014 及本文件未涉及的焊接方法由制造单位制定符合产品技术要求的焊接工艺评定规程进行焊接工艺评定。

8.2.2 锅炉焊接工艺评定材料分类分组应符合 NB/T 47014 和本文件附录 C 的规定。

8.2.3 焊接工艺评定试件应由制造单位采用本单位设备由本单位熟练焊工或焊接操作工施焊。

8.2.4 试件的焊后热处理(PWHT)和无损检验(NDE)及理化性能试验可委托有资质的机构,但应提供热处理曲线和有效试验报告。制造单位应对试验记录真实性进行确认并编写焊接工艺评定报告(PQR)。

8.2.5 工艺评定适用于本单位产品的焊接操作。批准后的焊接工艺评定只可作编辑性修改补充。

8.2.6 焊接工艺评定试验除符合 NB/T 47014 的要求外,还应满足以下要求:

a) 额定工作压力不小于 3.8 MPa 的锅炉锅筒、启动(汽水)分离器、储水箱及集箱类部件的纵向焊缝,当板厚大于 20 mm 时,焊接工艺评定试验应补充全焊缝金属拉伸试验;当板厚大于 20 mm 且不大于 70 mm 时,应从焊接工艺评定试板上沿焊缝纵向切取全焊缝金属拉伸试样一个;当板厚大于 70 mm 时,应切取全焊缝金属拉伸试样两个;试验方法和取样位置可参照 GB/T 2652 的规定执行;

b) 额定工作压力不小于 3.8 MPa 的锅炉锅筒、启动(汽水)分离器、合金钢材料集箱类部件和管道的对接焊缝,当双面焊壁厚不小于 12 mm(单面焊壁厚不小于 16 mm)应做焊缝熔敷金属及热影响区夏比 V 型缺口室温冲击试验;

c) 焊接试件的材料为合金钢(碳锰钢除外)时,额定工作压力不小于 3.8 MPa 的锅炉锅筒的对接焊缝,工作压力不小于 9.8 MPa 或壁温大于 450 ℃的启动(汽水)分离器、集箱类部件、管道的对接焊缝,工作压力不小于 3.8 MPa 的锅筒、集箱类部件上管接头的角焊缝,在焊接工艺评定时应进行金相检验;

d) 水冷壁膜式管屏结构焊接工艺评定采用管子加扁钢焊接角焊缝的形式,生产线埋弧焊(SAW)试件至少为 2 根管子加 1 根扁钢组成双身管,采用熔化极气体保护焊(GMAW)机械焊接试件应至少为 3 根管子组成的管屏;采用手工方法焊接的试件可为 1 根管子加 1 根扁钢焊接角焊缝进行试验,试验按 NB/T 47014 板—板角焊缝评定试验的要求取 5 个宏观金相试件。

8.2.7 全焊缝金属拉伸试样的试验结果应满足母材规定的抗拉强度(R_m)、下屈服强度(R_{eL})或规定塑性延伸强度($R_{p0.2}$)。

8.2.8 焊缝熔敷金属及热影响区夏比 V 型缺口室温冲击试验的冲击吸收功平均值应不低于母材规定值,如母材无此规定值时,应不低于 27 J,且允许其中一个试样低于最低平均值,但不低于最低平均值的 70%。

8.2.9 按 8.2.6c)的规定进行的金相检验发现有裂纹、疏松、过烧和超标的异常组织之一者,即为不合格;按 8.2.6d)的规定进行的金相检验,试验结果除满足 NB/T 47014 外,还应符合附录 B 的要求。

8.2.10 制造单位应将焊接工艺评定记录予以保存,记录应注明评定日期和试验结果。焊接工艺评定报告应经制造单位焊接责任工程师审核,技术负责人批准后存入技术档案,保存至该工艺评定失效为止,焊接工艺评定试样应至少保留 5 年。

8.3 焊接工艺

8.3.1 焊接受压元件的焊接工艺规程(WPS)应注明如下内容:焊接方法及机械化程度、材料、厚度范围、焊接坡口、焊接规范、焊接位置、预热温度、单层(道)或多层(道)、层(道)间温度、焊接材料、热处理要求、施焊技术要求等。

8.3.2 当环境温度低于 0 ℃时应采用预热措施。

8.3.3 管子焊接时,一般应采用多层焊(工艺规定单层焊的除外),各焊层的起、熄弧点应尽量错开。

8.3.4 不应在焊件的非焊接表面引弧,如产生弧坑,应将其磨平或焊补。有裂纹倾向的材料,磨平或焊补后应进行表面无损检测。

8.3.5 焊件纵缝两端的引弧板、熄弧板或试件,焊后不宜锤击打落,应用气割割下。

8.4 焊接操作人员

8.4.1 焊接锅炉受压元件的焊接操作人员(以下简称"焊工")应具有相应的资格,才能在有效期内从事合格项目范围内的焊接工作。

8.4.2 焊工应按照焊接工艺规程施焊并且做好施焊记录;锅炉受压元件的焊缝附近应打焊工代号钢

印,对不能打钢印的材料应有焊工代号的详细记录。

8.4.3 制造单位应建立焊工焊接档案,内容至少包括焊工焊绩、焊缝质量检验结果和焊接质量事故。

8.5 焊接材料

锅炉受压件的焊接材料应符合 NB/T 47018(所有部分)及有关标准、订货技术要求的规定。使用单位应根据质量管理体系规定按相关标准验收或复验,合格后方可使用。焊接材料的保管、发放等应符合 JB/T 3223 的规定。

8.6 焊接接头坡口

8.6.1 制造单位技术文件应规定焊接接头的坡口形式、尺寸和装配间隙,可参照 GB/T 985.1、GB/T 985.2 的规定执行。

8.6.2 坡口加工可采用热切割、锯切、剪切、打磨、机加工等方法或这些方法的组合,但不应损害材料冶金和力学性能或产生有害缺陷。

8.6.3 制成的坡口表面应清洁,无锈皮和残渣。坡口和施焊表面在焊接前应将油污、铁锈和其他影响焊接质量的杂物清理干净。

8.6.4 必要时应对坡口面进行无损检测。

8.7 预热和后热要求

8.7.1 一般要求

为避免焊接裂纹,应根据所焊接件的材质和接头处的厚度等,在焊接(包括定位焊)前进行预热,如有需要,还应考虑焊后及时后热。

8.7.2 焊前预热

8.7.2.1 焊前是否需要预热和预热温度的数值与材料的化学成分、连接零件所受到的拘束度、材料的力学性能、热处理状态、材料厚度、焊接工艺及焊接材料等因素有关。

8.7.2.2 应按 NB/T 47014 对焊接工艺评定所提出的要求,在焊接工艺规程(WPS)中规定焊接预热温度。表 13 给出了常用的推荐最低预热温度,制造厂可根据实际情况及经验进行适当的调整。

8.7.2.3 通常情况下,当焊接两种不同材料时,应按需要较高预热温度的材料进行预热。当中断焊接重新施焊时,仍需按规定重新预热。

8.7.2.4 采用组合焊接工艺时,如需预热,对每个工艺应分别确定预热要求。

8.7.2.5 除表 13 所述情况外,环境温度低于 0 ℃时,应采取预热措施,预热温度应不低于 15 ℃。

表 13 常用钢材推荐的最低预热温度

钢材类别	接头处材料厚度 mm	最低预热温度 ℃
Fe-1-1	≥90	80
Fe-1-2、Fe-1-3	>25	80
Fe-3-1	>16	80
Fe-3-2	任意厚度	100
Fe-3-3	任意厚度	150

表 13 常用钢材推荐的最低预热温度（续）

钢材类别	接头处材料厚度 mm	最低预热温度 ℃
Fe-4-1	>13	120
Fe-4-2	>13	150
Fe-5A	>13	200
Fe-5B-1、Fe-5B-2		
Fe-5C	≤13	150
Fe-6	任意厚度	200

钢材类别按 NB/T 47014。

注：若采用氩弧焊，最低预热温度可适当降低。

8.8 层（道）间温度和焊后后热

8.8.1 焊接接头有冲击韧性要求时，应在焊接工艺规程（WPS）中规定层（道）间最高温度。

8.8.2 对冷裂纹敏感的材料，焊后宜及时采取措施（如后热或含消氢处理、缓冷等）保证材料的使用性能。

8.9 焊接操作

8.9.1 锅筒、启动（汽水）分离器、储水箱、集箱类部件及管道的焊接

8.9.1.1 纵缝、环缝的焊接应满足以下要求：
a) 多道焊接时，后道焊接前均应将前道焊缝的表面清理干净；
b) 在锅筒的纵向和环向对接焊中使用了衬垫材料时，焊接后应将其除去；
c) 锅筒纵向和环向对接焊缝焊后打磨平时，应有记录或标记可追踪到焊缝位置；
d) 集箱对接焊缝不应使用永久性衬环；
e) 易熔填塞物不应看作是衬环，只有当易熔填塞物材料与母材可互溶且完全熔入焊缝时，才可使用易熔填塞物。

8.9.1.2 管接头及附件焊接应满足以下要求：
a) 管接头及吊耳每条焊缝至少焊接两道，当采用多道焊接时，后道焊接前均应将前道焊缝的表面清理干净；
b) 不应使用永久性衬环；
c) 易熔填塞物不应看作是衬环，只有当易熔填塞物材料与母材可互溶且完全熔入焊缝时，才可使用易熔填塞物；
d) 已完工的焊缝表面在焊道间应无不规则、锐利的刻痕或凹坑。

8.9.2 管子焊接

8.9.2.1 环缝焊接应满足以下要求：
a) 当采用多道焊接时，后道焊接前均应将前道焊缝的表面清理干净；
b) 当焊接工艺要求通内保护气时，焊缝背面保护应加入足够的气体将焊缝附近的空气除去以避免根部区域的氧化。

8.9.2.2 附件和管子的焊接应满足以下要求：

a) 承载附件的焊接应连续,该焊缝应是围绕在附件周边的角焊缝、部分焊透焊缝、单侧全焊透焊缝或双面全焊透焊缝;

b) 非承载附件的焊接,可采用间断焊;

c) 当采用多道焊接时,后道焊接前均应将前道焊缝的表面清理干净。

8.9.2.3 水冷壁拼排焊接可采用埋弧焊、气体保护焊、焊条电弧焊等。

8.9.2.4 应对公称外径不大于 60 mm 的受热面管子对接接头进行通径检查,通球球径按 GB/T 16507.6 的规定。既有弯头又有对接焊口的管子,其通球球径取弯管通球球径和对接接头通球球径两者中的较小者。

8.9.3 返修

8.9.3.1 受压元件原材料缺陷

8.9.3.1.1 如受压元件原材料存在缺陷以及因加工等原因造成不符合要求,需要修补时,应编制专门的返修工艺并经评定合格,按质量保证体系程序文件规定审批后返修。

8.9.3.1.2 受热面管直管表面机械损伤,其深度值不应影响设计要求的最小需要厚度。如果损伤处剩余厚度不小于设计要求的最小需要厚度,且损伤无尖锐棱角时,则可修磨;当机械损伤处管壁厚度小于设计要求的最小需要厚度时,应进行焊补和修磨。当机械损伤处剩余厚度小于设计要求的最小需要厚度的70%时应更换管子。

8.9.3.2 焊缝缺陷

受压元件的焊接接头经无损检测发现存在不合格的缺陷时,施焊单位应找出原因,制订可行的返修方案,方可进行返修,并满足以下要求:

a) 补焊前,缺陷应彻底清除;

b) 补焊后,补焊区应做外观和无损检测检查;

c) 要求焊后热处理的元件,补焊后应做焊后热处理;

d) 同一位置上的返修不宜超过两次,如果超过两次,应经过单位技术负责人批准;

e) 用于承压部位的铸铁件不应补焊;

f) 返修的部位、次数、返修情况应存入锅炉产品技术档案。

8.10 产品焊接试件

产品焊接试件的制备、检验要求和合格标准等应按 GB/T 16507.6 执行。

9 热处理

9.1 一般要求

9.1.1 除管子的冷、热成形热处理外,受压件用钢板的冷、热成形后的恢复材料性能热处理应符合 9.2 的规定。

9.1.2 管子冷、热成形后的热处理应符合 6.4.4 的规定。

9.1.3 受压元件和受压元件与非受压元件连接焊缝的焊后热处理应符合 9.3 的规定。

9.1.4 热处理设备应配有自动记录热处理的时间与温度曲线的装置,测温装置应能准确反映工件的实际温度。

9.1.5 若焊接管孔因结构设计不能避免而开在焊缝及其热影响区上时,该管接头焊后应进行去应力热处理。

9.2 成形后热处理

9.2.1 受压件在冷、热成形后,根据材料技术要求,可不热处理或按下列情况之一进行热处理:

a) 消除应力热处理;

b) 正火;

c) 正火+回火(如适用,回火可以是焊接应力消除工艺的一部分);

d) 淬火+回火;

e) 固溶处理。

也可采用其他热处理工艺,只要在成形后对产品进行检测证明完工的部件材料符合相应材料标准的要求。

9.2.2 当规定的最终热处理为正火时,如果部件在成形期间被均匀加热到正火温度,则不要求进一步的热处理。

9.2.3 当规定的最终热处理为正火+回火时,如果部件在成形期间被均匀加热到正火温度,则只要求进行额外的回火处理。

9.2.4 对淬火+回火钢,热成形后应进行淬火+回火热处理。

9.3 焊后热处理

9.3.1 焊后热处理时机

本文件所要求的焊后热处理应在所有焊接工作完成后进行。

9.3.2 焊后热处理方法

9.3.2.1 组件宜作为一个整体放在一个密闭的炉子中进行热处理。当不能实施时,可采用9.3.2.2~9.3.2.4的方法。

9.3.2.2 组件若采用分段进行热处理时,加热的各段至少要有1 500 mm的重叠部分,且伸出炉外的部分应有绝热措施。

9.3.2.3 组件若采用局部热处理时,焊缝和焊缝两侧的加热带宽度应各不小于焊接接头两侧母材厚度(取较大值)的3倍或不小于200 mm。

9.3.2.4 局部热处理时,应配有足够的绝热保温材料覆盖加热区域以外的元件毗邻区域,使其不会产生有害的温度梯度。

9.3.2.5 当通过内加热方法对组件进行热处理时,应将元件完全包覆在绝热保温材料内。

9.3.3 焊后热处理工艺

9.3.3.1 工件装炉温度不应大于400 ℃。对受热面管子,若满足GB/T 30583—2014中4.1.2的规定,也可采用连续热处理炉或侧进式加热炉。

9.3.3.2 自400 ℃起缓慢加热焊件至表14所规定的温度并按规定的时间进行保温。

可根据工件和热处理设备的具体情况确定升温速度,推荐的升温速度为:

a) 当焊缝公称厚度(δ)不大于25 mm时,升温速度不大于335 ℃/h;

b) 当焊缝公称厚度(δ)大于25 mm但不大于154 mm时,升温速度不大于8 500/δ(℃/h);

c) 当焊缝公称厚度(δ)大于154 mm时,升温速度不大于55 ℃/h。

注:上述升温速度为通用要求,有些材料对此升温速度的要求可能更加严格或较为放宽,升温速度根据实际结构特点确定。

表 14 受压元件和连接件焊后热处理要求

材 料	最低保温温度 ℃	在规定温度下的最小保温时间		
		$\delta\leqslant50$ mm	50 mm$<\delta\leqslant125$ mm	$\delta>125$ mm
Fe-1	600	0.04δ(h) 但不少于 0.25 h	以 2 h 为起点,再按超过 50 mm 的部分每 25 mm 增加 0.25 h	
Fe-3	600	0.04δ(h) 但不少于 0.25 h	以 2 h 为起点,再按超过 50 mm 的部分每 25 mm 增加 0.25 h	
Fe-4-1	650	0.04δ(h) 但不少于 0.25 h	0.04δ(h)	以 5 h 为起点,再按超过 125 mm 的部分每 25 mm 增加 0.25 h
Fe-4-2	680	0.04δ(h) 但不少于 0.25 h	0.04δ(h)	以 5 h 为起点,再按超过 125 mm 的部分每 25 mm 增加 0.25 h
Fe-5A	680	0.04δ(h) 但不少于 0.25 h	0.04δ(h)	以 5 h 为起点,再按超过 125 mm 的部分每 25 mm 增加 0.25 h
Fe-5B-2[a]	730	0.04δ(h) 但不少于 0.5 h	0.04δ(h)	以 5 h 为起点,再按超过 125 mm 的部分每 25 mm 增加 0.25 h
Fe-5C	720	0.04δ(h) 但不少于 0.5 h	0.04δ(h)	以 5 h 为起点,再按超过 125 mm 的部分每 25 mm 增加 0.25 h
Fe-8	不作规定[b]			

材料要求的焊后热处理温度与保温时间与表 14 不同时,应按材料的焊后热处理温度与保温时间进行焊后热处理。

在规定的温度下的保温时间并非是连续的,可以是多次焊后热处理多次保温时间之和。

δ——为焊缝的公称厚度,单位为毫米(mm)。

[a] 对 Fe-5B-2 材料,还应满足下列要求。

    a) 异种钢焊缝(如 Fe-5B-2 与含 Cr 量较低的其他铁素体钢、奥氏体钢或镍基材料之间所形成的焊缝),如果填充材料含 Cr 量<3.0%,或填充金属是镍基或奥氏体材料,则最低保温温度为 705 ℃。

    b) 当焊缝填充金属为镍基或 Fe-5B-2 类,并且焊缝 Ni+Mn≤1.0%时,最高保温温度可增加到 800 ℃。如果同时对多个焊缝做焊后热处理,当任何一个焊缝填充金属为 Fe-5B-2 类并且焊缝 Ni+Mn 含量在1.0%～1.2%或 Ni+Mn 含量不确定时,则最高热处理保温温度为 785 ℃。

    c) 如果部件的一部分被加热到高于 a)或 b)所允许的热处理温度,采取下列措施之一:

        1) 整个部件重新正火+回火;

        2) 如果超过 b)中规定的最高保温温度,但低于 800 ℃,去除焊缝金属并重新焊接;

        3) 如果部件最高保温温度超过 800 ℃,则超出部分及两侧不小于 75 mm 的过热区切除,重新正火+回火,或更换。

[b] Fe-8 供货为固溶处理状态时,焊后热处理不作规定。

9.3.3.3 保温结束后缓慢冷却至不大于 400 ℃后出炉,在静止空气中空冷。

可根据工件的尺寸和结构情况确定冷却速度,推荐的冷却速度为:

a) 当焊缝公称厚度(δ)不大于 25 mm 时,冷却速度不大于 335 ℃/h;

b) 当焊缝公称厚度(δ)大于 25 mm 但不大于 154 mm 时,冷却速度不大于 8 500/δ(℃/h);

c) 当焊缝公称厚度(δ)大于 154 mm 时,冷却速度不大于 55 ℃/h。

注：上述冷却速度为通用要求，有些材料对此冷却速度的要求可能更加严格或较为放宽，冷却速度根据实际结构特点确定。

9.3.3.4　在加热和保温期间，炉内气氛应避免对工件表面的过度氧化。加热火焰不应直接喷射在工件表面。

9.3.3.5　工件热处理加热与冷却过程中，任何温度梯度应是平缓的且工件在 4 600 mm 距离内各处的温度差应符合如下要求：

　　a)　当温度不大于 500 ℃时，不超过 140 ℃；

　　b)　当温度大于 500 ℃时，不超过 100 ℃。

9.3.3.6　热处理完成后，热电偶或热电偶座与工件的连接焊缝应磨平，必要时应进行表面无损检测。

9.3.4　产品焊接试件的热处理

需要热处理时，产品焊接试件应与所代表的产品同炉热处理。

9.3.5　热处理条件

9.3.5.1　除 9.3.6、9.4 规定的以及材料标准另有规定的以外，焊接受压元件均应在不低于表 14 所规定的温度进行焊后热处理。

9.3.5.2　当两种不同材料的受压元件用焊接方法连接时，一般应按表 14 对需较高焊后热处理温度材料的规定进行焊后热处理，但不应超过接头两侧任一材料的下临界温度 Ac₁。

9.3.5.3　如果受压元件由 Fe-8 与其他材料焊接连接时，应按相连材料的要求热处理工艺进行处理。如果焊接接头两侧均为 Fe-8 奥氏体钢，则不强制进行热处理。

9.3.5.4　在受压元件上焊接非受压元件时，应按受压元件所要求的焊后热处理温度进行焊后热处理。

9.3.5.5　将 Fe-5A 或以下类别材料的管接头用角焊缝、部分焊透焊缝或全焊透焊缝焊于较低 Fe-× 的集箱时，当管接头外径不大于 114 mm、名义厚度不大于 13 mm 且采用较低 Fe-× 的焊接材料焊接时，可按表 14 中较低的 Fe-× 材料的要求进行热处理。

9.3.6　受压元件和连接件焊后热处理的免除条件

9.3.6.1　当材料类别为 Fe-1 时，如果属于以下情况，Fe-1 材料焊后可不热处理。

　　a)　当材料类别为 Fe-1-1 时，如果属于以下情况，Fe-1-1 材料焊后可不热处理。

　　　　1)　当焊缝公称厚度(δ)不大于 25 mm 时；

　　　　2)　当焊缝公称厚度(δ)大于 25 mm 但不大于 30 mm 时，以不低于 100 ℃的温度进行预热。

　　b)　当材料类别为 Fe-1-2 时，如果属于以下情况，Fe-1-2 材料焊后可不热处理。

　　　　1)　当焊缝公称厚度(δ)不大于 20 mm 时；

　　　　2)　当焊缝公称厚度(δ)大于 20 mm 但不大于 25 mm，焊接接头任一侧母材按公式(11)所求得的碳当量(CE)不大于 0.45%时；

　　　　3)　当焊缝公称厚度(δ)大于 25 mm 但不大于 30 mm，且满足以下条件时：

　　　　　　——焊接接头任一侧母材按公式(11)所求得的碳当量(CE)不大于 0.45%；

$$CE = C + Mn/6 + (Cr + Mo + V)/5 + (Ni + Cu)/15 \quad\cdots\cdots\cdots\cdots(11)$$

　　　　　　——以不低于 120 ℃的温度进行预热；

　　　　　　——任一道焊缝厚度不大于 6 mm。

计算 CE 时，应按材料标准中化学成分的最大值，或化学成分的实测值，或材料试验报告中的数值。如果未能取得公式(11)最后两括弧内元素的化学成分数值，应用 0.15%代替这两项元素并按公式(12)计算。

$$CE = C + Mn/6 + 0.15 \quad\cdots\cdots\cdots\cdots(12)$$

c) 连接扩展受热面和管子的焊缝以及敷设覆盖层用销钉和受压元件的焊缝。

d) 焊于受压件上的螺柱焊,如果受压元件的壁厚大于 30 mm,以不低于 100 ℃的温度进行预热。

e) 堆焊耐腐蚀焊缝金属的管材当满足以下条件时:

    1) 堆焊层厚度不大于 6 mm;

    2) 当受压元件的公称壁厚大于 30 mm,以不低于 100 ℃的温度进行预热;

    3) 管材符合:外径不大于 141 mm 且不用于制造锅筒或筒体。

f) 用自动电弧螺柱焊或自动电阻螺柱焊焊接不承受荷载螺柱的焊缝,螺柱的直径不大于 13 mm。

g) 当不能按表 14 的规定热处理时,可按表 15 的规定以较低的温度和较长的保温时间进行焊后热处理。

表 15 焊后热处理温度低于规定最低保温温度时的保温时间

低于规定最低保温温度的降低值 ℃	降低保温温度后每 25 mm 厚度的最短保温时间 h	备注
30	2	a
55	4	a
80	10	a,b
110	20	a,b

a 表中每 25 mm 厚度的最短保温时间为公称壁厚不大于 50 mm 的材料。当材料公称壁厚大于 50 mm 时,超过的厚度每增加 25 mm,则每 25mm 厚度的最短保温时间应增加 15 min。

b 适用于 Fe-1-1、Fe-1-2 组材料。

9.3.6.2 当材料类别为 Fe-3 时,如果属于以下情况,Fe-3-1、Fe-3-2 材料焊后可不热处理(Fe-3-3 所有厚度材料的焊后热处理均为强制性的):

a) 受压元件上的环向对接焊缝,当接头处的焊缝公称厚度(δ)不大于 16 mm;

b) 用焊缝公称厚度(δ)不大于 13 mm 的角焊缝或焊缝公称厚度(δ)不大于 13 mm 的坡口焊缝和角焊缝的组合焊缝在受压元件上连接非受压元件,如果非受压元件的最大含碳量不大于 0.25%,受压元件的公称壁厚大于 16 mm 时,以不低于 100 ℃的温度进行预热;

c) 连接扩展受热面和管子的焊缝以及敷设覆盖层用销钉和受压元件的焊缝;

d) 在受压元件上进行未包括在以上 c)内的螺柱焊,当受压元件的公称壁厚大于 16 mm 时,以不低于 100 ℃的温度进行预热;

e) 堆焊耐腐蚀焊缝金属的管材当满足以下条件时:

    1) 堆焊层厚度不大于 6 mm;

    2) 当受压元件公称壁厚大于 16 mm 时,以不低于 100 ℃的温度进行预热;

    3) 管材符合:外径不大于 141 mm 且不用于制造锅筒或筒体。

f) 当不能按表 14 的规定热处理时,允许按表 15 的规定以较低的温度和较长的保温时间进行焊后热处理。

9.3.6.3 当材料类别为 Fe-4-1 时,如果属于以下情况,材料焊后可不热处理。

a) 受压元件上的环向对接焊缝,焊缝公称厚度(δ)不大于 10 mm;当焊缝公称厚度(δ)大于 10 mm 但不大于 16 mm 时,以不低于 120 ℃的温度进行预热。

b) 用焊缝公称厚度(δ)不大于 13 mm 的角焊缝或焊缝公称厚度(δ)不大于 13 mm 的坡口焊缝和角焊缝的组合焊缝在受压元件上连接非受压元件,或在其上连接受热面和不承受荷载的螺柱(销钉),受压元件的公称壁厚大于 10 mm 但不大于 16 mm 时,以不低于 120 ℃的温度进行预热。

    c) 堆焊耐腐蚀焊缝金属的管材当满足以下条件时：

        1) 堆焊层厚度不大于 6 mm；

        2) 当受压元件公称壁厚大于 10 mm 时，以不低于 120 ℃ 的温度进行预热；

        3) 管材符合：外径不大于 141 mm 且不用于制造锅筒或筒体。

9.3.6.4 当材料类别为 Fe-4-2 时，如果属于以下情况，材料焊后可不热处理。

    a) 受压元件上的环向对接焊缝，当焊缝公称厚度(δ)不大于 6 mm；当焊缝公称厚度(δ)大于 6 mm 但不大于 8 mm 时，以不低于 150 ℃ 的温度进行预热。

    b) 用焊缝公称厚度(δ)不大于 13 mm 的角焊缝或焊缝公称厚度(δ)不大于 13 mm 的坡口焊缝和角焊缝的组合焊缝在受压元件上连接非受压元件，或在其上连接受热面和不承受荷载的螺柱（销钉），受压元件的公称壁厚大于 6 mm 但不大于 10 mm 时，以不低于 150 ℃ 的温度进行预热。

    c) 堆焊耐腐蚀焊缝金属的管材当满足以下条件时：

        1) 堆焊层厚度不大于 6 mm；

        2) 当受压元件公称壁厚大于 6 mm 但不大于 10 mm 时，以不低于 150 ℃ 的温度进行预热；

        3) 管材符合：外径不大于 141 mm 且不用于制造锅筒或筒体。

9.3.6.5 当材料类别为 Fe-5A 时，如果属于以下情况，材料焊后可不热处理。

    a) 受压元件上的环向对接焊缝，焊缝公称厚度(δ)不大于 6 mm；当焊缝公称厚度(δ)大于 6 mm 但不大于 16 mm 时，以不低于 150 ℃ 的温度进行预热。

    b) 用焊缝公称厚度(δ)不大于 13 mm 的角焊缝或焊缝公称厚度(δ)不大于 13 mm 的坡口焊缝和角焊缝的组合焊缝在受压元件上连接非受压元件，或在其上连接受热面和不承受荷载的螺柱，受压元件的公称壁厚不大于 16 mm，以不低于 150 ℃ 的温度进行预热。

    c) 堆焊耐腐蚀焊缝金属的管材当满足以下条件时：

        1) 堆焊层的厚度不大于 3 mm；

        2) 当受压元件的公称壁厚大于 13 mm 时，以不低于 150 ℃ 的温度进行预热；

        3) 管材符合：外径不大于 141 mm 且不用于制造锅筒或筒体；

        4) 用具有 360°螺旋熔敷工艺装备的钨极惰性气体保护焊或气体保护电弧焊进行堆焊。

9.4 热处理后的焊接

9.4.1 热处理后的锅炉受压元件，如锅筒和集箱等，应避免直接在其上焊接元件。如不能避免，在同时满足下列条件时，焊后可不再进行热处理：

    a) 受压元件为碳素钢或碳锰钢材料；

    b) 角焊缝的计算厚度不大于 10 mm；

    c) 按经评定合格的焊接工艺施焊；

    d) 对角焊缝进行 100% 表面无损检测。

9.4.2 对于按 9.3.6 规定焊后可免除热处理的受压部件，在制造过程中因种种因素进行了热处理，热处理后如需要进行焊接或返修时，焊后免除热处理的条件仍按 9.3.6 执行。

10 涂装和包装

10.1 涂装

10.1.1 涂装一般要求如下：

    a) 涂装均应在锅炉产品制造完工并检验合格后实施；

b) 一般情况下,不锈钢和具有镀层防护的表面不做涂装;

c) 除合同另有规定外,产品涂装应经济、美观,且可保证产品表面保护持续 6 个月的时间。

10.1.2 涂装前的表面处理要求如下:

a) 涂装前的表面处理方法可采用手工或动力工具清理、喷射处理等方法;

b) 应考虑不同类型涂料对涂装表面底材除锈等级的要求。

10.1.3 应根据产品的结构形状和工艺要求,选用适宜的涂装方式,如手工刷漆、滚涂、浸涂或喷涂。

10.2 包装

10.2.1 包装一般要求如下:

a) 包装应在锅炉产品制造完工并涂装(可以不涂装的产品除外)结束检验合格后实施;

b) 应根据产品的性能要求、结构形状、尺寸、重量、路程、运输方式以及气候条件等具体情况对产品采用适宜的包装方式;

c) 除合同另有规定外,产品包装应科学、经济、安全、牢固、美观,且满足运输要求,并可保证产品可安全可靠地运抵目的地。

10.2.2 包装方式应满足如下要求:

a) 可采用箱装、框架、捆装、托盘、裸装等方式,也可设计专用包装装置,但每种包装件外形尺寸和质量应符合国内外运输方面有关超限、超重的规定;

b) 应对运输过程中可能影响后期安装的零件或连接件,如精密零件、紧固件、含机加工表面的零件应采取适当的防护措施。

10.2.3 包装文件、标志和产品标识应满足如下要求:

a) 产品出厂时的包装文件应包括:箱件清单、装箱清单及相关技术文件;

b) 除无法标记的包装件(如裸装件)外,标记内容应正确、醒目,并应符合国家相关标准的规定;

c) 每个发运产品应有一个唯一的可追溯的产品识别标识。

10.3 其他

锅炉涂装和包装还应满足 NB/T 47055 的相关要求。

附　录　A
（资料性）
管子弯管工艺试验

A.1　总则

A.1.1　锅炉中各种弯管均宜进行工艺试验，通过工艺试验来验证管子弯曲满足 6.4.2.4 要求。

A.1.2　本附录中弯管工艺试验适用于如下弯管方法：
　　——转模弯管（无芯轴）；
　　——转模弯管（有芯轴）；
　　——转模弯管（无芯轴）热弯；
　　——带顶镦推力转模弯管；
　　——组合弯（预弯、加热挤压弯）；
　　——中频感应加热弯管；
　　——膜式管屏的成排弯曲。

A.2　验证内容及要求

A.2.1　弯头外观质量

检查弯头的内、外表面，弯头表面质量（表面平直区、机械损伤、内侧波浪度）宜符合 6.4.2.8 的要求。

A.2.2　表面缺陷无损检测

对可疑的表面缺欠，必要时可进行表面无损检测确认。

A.2.3　弯头的几何形状和尺寸

A.2.3.1　在管子的弯曲角内，按 30°或 45°间隔进行测量（应包含弯头顶点位置），检测弯头顶处内、外弧的最小壁厚；检测弯头各检测截面上的圆度；检测弯头直段上的壁厚；弯头的减薄率、最小壁厚和圆度宜符合 6.4.2.5～6.4.2.6 的要求。

A.2.3.2　检测弯头的弯曲半径、平面度、弯曲角度和弯头的几何形状，宜符合本文件的要求。

A.2.4　硬度试验

A.2.4.1　在弯管工序完成后，应测量弯管的直段和弯头部分横截面（不进行剖切的弯管测管子外表面）的硬度。所测得的硬度值应满足使用要求，否则，该弯管应进行弯后热处理以满足材料的使用要求。

A.2.4.2　对热弯弯头或要求弯后正火加回火热处理的弯头，热处理后的硬度应不超过其母材的规定值。

A.2.5　力学性能试验

A.2.5.1　所有热弯弯头，或要求进行弯后热处理而非消除应力的弯头，应按材料标准要求进行各项力学性能试验。

A.2.5.2　试验的试样在弯头内取，当无法做到时，所要求的样品应从毗邻弯头开始的直管段中截取。

A.2.5.3　试样的各项力学性能试验值应满足相应的材料标准要求。

GB/T 16507.5—2022

A.2.6 金相检验

对材料类别为Fe-5类的铁素体钢（如10Cr9Mo1VNbN、10Cr9MoW2VNbBN等），经正火加回火热处理的弯头及采用中频感应加热弯的弯头，进行金相检验。金相和晶粒度宜符合相应钢管技术标准要求，没有过烧组织和晶间裂纹。

A.3 验证方法

A.3.1 工艺试验时，按不同的弯管设备、不同的弯管工艺（如冷弯、热弯等）、不同的弯后热处理工艺、不同的材料类别和不同的弯管工艺参数进行分类测试。

A.3.2 对于公称外径不大于80 mm的管子，弯曲到180°，取弯曲角度45°间隔通过切取剖面进行测试；对于公称外径虽不大于80 mm但受材料、结构、设备等因素限制或公称外径超过80 mm的管子，可弯至90°角度，此时应取弯曲角度30°间隔进行测试。对于中频加热弯，弯头可被弯曲到≥30°进行测试。但对公称外径超过80 mm的管子，厚度可通过超声波方法确定。

A.3.3 对于公称外径不大于80 mm的管子，每个工艺试验至少弯制5个弯头。

A.3.4 用于试验的管屏应至少由三根管子成组，且在弯曲前已焊接在一起。成排弯应在特定的成排弯管机上进行。弯头的考核与单个弯曲的弯管要求相同，见A.2.1～A.2.5。

A.3.5 管子弯曲工艺试验数据应做记录。

A.4 试验的有效范围

A.4.1 只要满足给出的管子弯曲成形率T_{FR}的要求，同类组别材料的管子在给定的弯管工艺下，其外径、壁厚和弯曲半径的任意组合都可以覆盖。

A.4.2 管子弯曲成形率（T_{FR}）根据A.4.3中的弯曲试验参数（D_o、δ与R）来确定。一次弯管试验的T_{FR}可覆盖在给定同类组别和弯管工艺的任何其他参数组合T_{FR}的110%。

A.4.3 外径不大于101 mm的管子弯曲成形率（T_{FR}）用式（A.1）计算得出：

$$T_{FR}=\frac{D_o{}^2}{\delta \times R} \quad\quad\quad (A.1)$$

式中：

T_{FR}——管子弯曲成形率，%；

D_o——管子公称外径，单位为毫米（mm）；

δ——管子名义壁厚，单位为毫米（mm）；

R——在管子中心线上测量得到的弯曲半径，单位为毫米（mm）。

A.4.4 外径大于101 mm的管子弯曲成形试验有效范围如下：

a) 外径覆盖的直径范围为：$0.5D_o$～$1.8D_o$；

b) 壁厚覆盖的厚度范围为0.7δ～1.5δ。

A.5 验证结论

记录弯曲工艺试验得出的结论，编制成文件，作为今后所有其他管子弯曲的基础。通过弯管工艺试验，确认该锅炉制造厂所选择的管子弯曲工艺是适合的。管子弯曲只有在满足上述相应的要求后才能用于锅炉的产品中。

附　录　B

（规范性）

锅炉膜式管屏焊接工艺评定附加要求

B.1 本附录使用下列符号：

S ——钢管壁厚，单位为毫米（mm）；

δ ——扁钢厚度，单位为毫米（mm）；

a_1、a_2 ——焊缝厚度，单位为毫米（mm）；

b ——未熔管壁厚度，单位为毫米（mm）；

t ——扁钢侧焊缝熔深，单位为毫米（mm）；

C ——钢管与扁钢允许的未焊透厚度，单位为毫米（mm）；

K_1、K_2——焊脚高度，单位为毫米（mm）。焊接工艺评定试样断面检查时，K_1、K_2 值作为参考，其他数据合格时，K_1、K_2 可不作考核，但应记录。

B.2 气体保护焊、焊条电弧焊钢管与扁钢焊接熔深要求按图 B.1，合格标准见表 B.1。

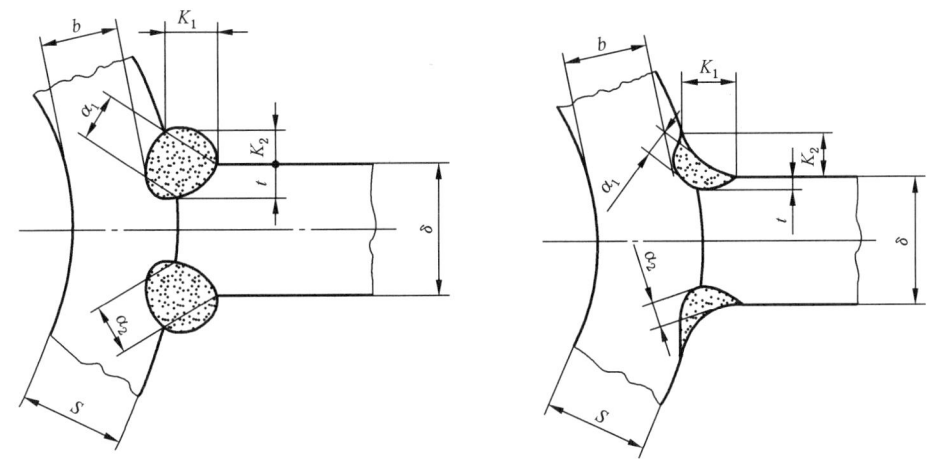

图 B.1　气体保护焊、焊条电弧焊钢管与扁钢焊接熔深要求

表 B.1　气体保护焊、焊条电弧焊钢管与扁钢焊接熔深合格标准

单位为毫米

扁钢厚度	钢管壁厚	考核要求		
$\delta \leqslant 6.5$	$S < 5$	$a_1 + a_2 \geqslant 1.25\delta$ $t \geqslant 1.0$	$b \geqslant 0.4S$	K_1、$K_2 \geqslant 4.0$
	$S \geqslant 5$		$b \geqslant 2.0$	
$\delta > 6.5$	—	$a_1 + a_2 \geqslant \delta$ $t \geqslant 1.0$	$b \geqslant 2.0$	K_1、$K_2 \geqslant 4.0$

评定适用厚度范围如下：

a)　当 $S < 5$ mm 时，最小 S，最大不限；

b)　当 $S \geqslant 5$ mm 时，最小 5 mm，最大不限。

GBT 16507.5—2022

B.3 埋弧焊钢管与扁钢的焊接熔深要求按图 B.2,合格标准见表 B.2。

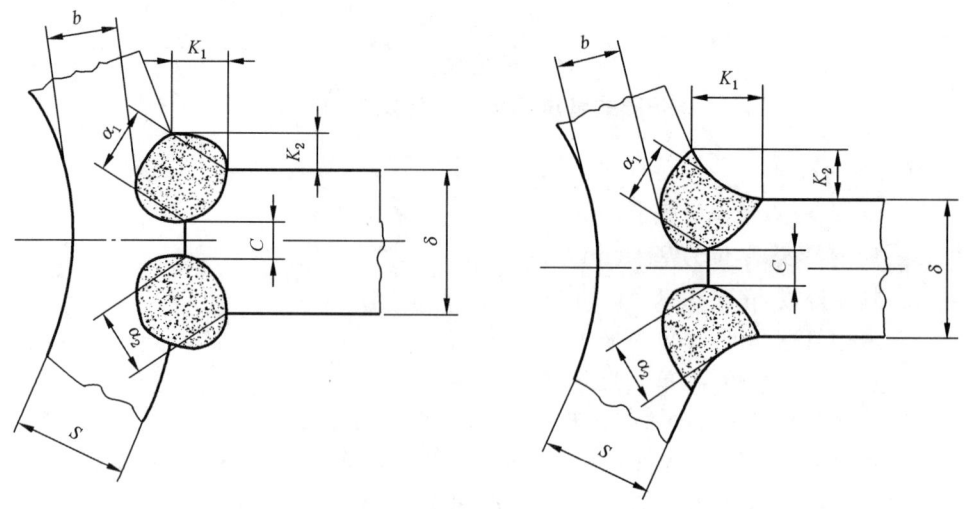

图 B.2 埋弧焊钢管与扁钢的焊接熔深要求

表 B.2 埋弧焊钢管与扁钢的焊接熔深合格标准

单位为毫米

扁钢厚度	钢管壁厚	考核要求		
$\delta \leqslant 6.5$	$S < 5$	$\alpha_1 + \alpha_2 \geqslant 1.25\delta$ $C \leqslant 0.4\delta$	$b \geqslant 0.4S$	$K_1、K_2 \geqslant 2.5$
	$S \geqslant 5$		$b \geqslant 2.0$	$K_1、K_2 \geqslant 3.0$
$\delta > 6.5$	—	$\alpha_1 + \alpha_2 \geqslant \delta$ $C \leqslant 0.4\delta$	$b \geqslant 2.0$	$K_1、K_2 \geqslant 3.0$

评定适用厚度范围如下:
a) 当 $S < 5$ mm 时,最小 S,最大不限;
b) 当 $S \geqslant 5$ mm 时,最小 5 mm,最大不限;
c) 当 $\delta \leqslant 6$ mm 时,最小不限,最大 6 mm;
d) 当 $\delta > 6$ mm 时,最大 δ(当扁钢采用开坡口的方式保证 C 值时,δ 最大不限)。

160

附 录 C
（规范性）
锅炉焊接工艺评定材料分类分组

为减少焊接工艺评定的数量，对材料进行分类。产品有冲击要求时，在类别号下再指定组别号。表 C.1 为用于锅炉受压元件但 NB/T 47014 未列出的材料。对于 NB/T 47014 和本附录未列入的材料，各制造厂可根据材料的化学成分、力学性能、焊接性，将其列入相应的类、组号。

表 C.1 铁基材料分类分组

母材		牌号、级别、型号	标 准
类别	组别		
Fe-3	Fe-3-3	15Ni1MnMoNbCu	GB/T 5310
Fe-5B	Fe-5B-2	10Cr9MoW2VNbBN	GB/T 5310
		10Cr11MoW2VNbCu1BN	GB/T 5310
		11Cr9Mo1W1VNbBN	GB/T 5310
Fe-8	Fe-8-1	07Cr19Ni10	GB/T 5310
		10Cr18Ni9NbCu3BN	GB/T 5310
		07Cr19Ni11Ti	GB/T 5310
		07Cr18Ni11Nb	GB/T 5310
		08Cr18Ni11NbFG	GB/T 5310
Fe-8	Fe-8-2	07Cr25Ni21NbN	GB/T 5310

GB/T 16507.5—2022

参 考 文 献

[1] GB/T 985.1 气焊、焊条电弧焊、气体保护焊和高能束焊的推荐坡口
[2] GB/T 985.2 埋弧焊的推荐坡口
[3] GB/T 2652 焊缝及熔敷金属拉伸试验方法
[4] TSG 11 锅炉安全技术规程
[5] TSG 91 锅炉节能环保技术规程

ICS 27.060.30
CCS J 98

中华人民共和国国家标准

GB/T 16507.6—2022
代替 GB/T 16507.6—2013

水管锅炉
第 6 部分：检验、试验和验收

Water-tube boilers—
Part 6：Inspection，testing and acceptance

2022-03-09 发布

2022-10-01 实施

国家市场监督管理总局
国家标准化管理委员会
发 布

GB/T 16507.6—2022

前　言

本文件按照 GB/T 1.1—2020《标准化工作导则　第 1 部分:标准化文件的结构和起草规则》的规定起草。

本文件是 GB/T 16507《水管锅炉》的第 6 部分。GB/T 16507 已经发布了以下部分:
——第 1 部分:总则;
——第 2 部分:材料;
——第 3 部分:结构设计;
——第 4 部分:受压元件强度计算;
——第 5 部分:制造;
——第 6 部分:检验、试验和验收;
——第 7 部分:安全附件和仪表;
——第 8 部分:安装与运行。

本文件代替 GB/T 16507.6—2013《水管锅炉　第 6 部分:检验、试验和验收》,与 GB/T 16507.6—2013 相比,除结构调整和编辑性改动外,主要技术变化如下:
——更改了范围(见第 1 章,2013 年版的第 1 章);
——增加了"术语和定义"一章(见第 3 章);
——更改了入厂验收中型钢的限定条件(见 4.1,2013 年版的 3.1);
——更改了材料质量证明书的要求(见 4.2,2013 年版的 3.2);
——更改了材料入厂验收要求,直接引用 JB/T 3375(见 4.3,2013 年版的 3.3~3.12);
——更改了材料标记移植的要求(见 4.4,2013 年版的 3.9);
——增加了产品尺寸、成形加工的检查要求,调整了咬边要求,增加了内凹深度、根部凸出、对接焊
　　缝余高、扁钢与管子的连接焊缝的要求(见 5.1、5.2、5.3、5.4,2013 年版的第 4 章);
——通球检查增加了"受热面管子"的限定语(见 6.1,2013 年版的 5.1);
——增加了 R/D 小于 1.0 时的弯管通球直径要求(见表 2,2013 年版的表 3);
——更改了"弯制后进行焊接"为"既有弯头又有对接接头"(见 6.2,2013 年版的 5.2);
——将内螺纹通球时的"管子理论最小内径"更改为"内螺纹管标准中给出的最小内径",补充了未
　　规定最小内径时的选取规定;将"管子最小壁厚"更改为"管子公称壁厚"(见 6.4,2013 年版的
　　5.4);
——更改"若按理论公称内径通球遇阻,则按管子实测最小内径选取钢球进行通球"的适用范围(见
　　6.5,2013 年版的第 5.4);
——更改完善了光谱检验的范围界定(见第 7 章,2013 年版的第 6 章);
——更改完善了相关部件的无损检测要求,表 3 脚注中增加"b 管接头按接头数抽查",管接头外径
　　大于 108 mm 做 100%UT 检测时增加脚注"c 只针对全焊透结构的角接接头";表 4 脚注 b 中
　　删除了"可按焊接接头长度抽查"的规定,改为"b 管接头按接头数抽查",管接头外径大于
　　108 mm 做 100%UT 检测时增加脚注"c 只针对全焊透结构的角接接头",增加脚注"d 热水锅
　　炉管道除外",增加表中的段"水温低于 100 ℃ 的给水管道可不进行无损检测";表 5 中增加脚
　　注"b 水温低于 100 ℃ 的省煤器受热面管可不进行无损检测"(见表 3、表 4、表 5,2013 年版的表
　　4、表 5、表 6);
——增加了"对于弯管半径(R)不大于 $1.4D$(公称外径)的弯管,其弯头区域应进行表面磁粉或渗

透检测抽查,每批(同一材质、同一规格、同一交货状态)抽查比例为 5%,且不少于 3 件"的规定(见 8.5.5);

——删除了"板材、管子弯曲后,内、外弯曲面以及两侧各 100 mm 的直段应进行磁粉或渗透检测。"的规定(见 2013 年版的 7.7.5);

——更改了对小口径管环焊接头无损检测要求的表述(见 8.8,2013 年版的 7.8.3);

——增加了衍射时差法超声检测的合格等级,完善了衍射时差法超声检测的相关要求(见 8.9.3,2013 年版的 7.9.4);

——增加了相控阵超声检测的合格等级,完善了相控阵超声检测的相关要求(见 8.9.4);

——更改了应制作纵缝焊接试件的要求(见 9.1,2013 年版的 8.1);

——更改了力学性能检验的相关要求(见 9.4~9.6,2013 年版的 8.4);

——更改了母材屈服强度的相关表述[见 9.5 c),2013 年版的 8.4.2.3];

——更改了夏比 V 型缺口室温冲击试验的合格要求(见 9.6,2013 年版的 8.4.3);

——更改了水压试验的相关要求(见第 10 章,2013 年版的第 9 章);

——更改了出厂资料、产品铭牌和标记的有关内容(见第 12 章,2013 年版的第 11 章);

——更改了锅炉产品合格证和特种设备代码编号方法的有关内容(见附录 A、附录 B,2013 年版的附录 A、附录 B)。

请注意本文件的某些内容可能涉及专利。本文件的发布机构不承担识别专利的责任。

本文件由全国锅炉压力容器标准化技术委员会(SAC/TC 262)提出并归口。

本文件起草单位:东方电气集团东方锅炉股份有限公司、上海锅炉厂有限公司、北京巴布科克·威尔科克斯有限公司、哈尔滨锅炉厂有限责任公司、上海发电设备成套设计研究院有限责任公司、无锡华光环保能源集团股份有限公司、武汉锅炉股份有限公司、杭州锅炉集团股份有限公司。

本文件主要起草人:陆毅、汤纯佳、张军辉、殷东岳、屈桢、张芳芳、刘平元、许建国、王桂玲、叶苏。

本文件及其所代替文件的历次版本发布情况为:

——1996 年首次发布为 GB/T 16507—1996;

——2013 年第一次修订时,将水管锅炉和锅壳锅炉内容分开,各由 8 个部分组成,水管锅炉为 GB/T 16507.1—2013~GB/T 16507.8—2013《水管锅炉》,锅壳锅炉为 GB/T 16508.1—2013~GB/T 16508.8—2013《锅壳锅炉》,本文件为 GB/T 16507.6—2013《水管锅炉 第 6 部分:检验、试验和验收》;

——本次为第二次修订。

引　言

　　GB/T 16507《水管锅炉》是全国锅炉压力容器标准化技术委员会(以下简称"委员会")负责制修订和归口的锅炉通用建造标准之一。其制定遵循了国家颁布的锅炉安全法规所规定的安全基本要求,设计准则、材料要求、制造检验技术要求、验收标准和安装要求均符合 TSG 11《锅炉安全技术规程》的相应规定。GB/T 16507 为协调标准,满足 TSG 11《锅炉安全技术规程》的基本要求,同时也符合 TSG 91《锅炉节能环保技术规程》的要求。GB/T 16507 旨在规范锅炉的设计、制造、检验、验收和安装,由 8 个部分构成。

　　——第 1 部分:总则。目的在于确定水管锅炉范围界定、锅炉参数、建造规范以及节能和环保等建造水管锅炉的通用技术要求。

　　——第 2 部分:材料。目的在于确定水管锅炉受压元件和非受压元件、受力构件、锅炉钢结构和焊接材料等的选材和用材要求。

　　——第 3 部分:结构设计。目的在于确定水管锅炉结构设计的基本要求、焊接连接要求、开孔和各元(部)件的具体设计要求。

　　——第 4 部分:受压元件强度计算。目的在于确定水管锅炉受压元件的计算壁温、计算压力、设计许用应力取值及强度设计计算方法。

　　——第 5 部分:制造。目的在于确定水管锅炉在制造过程中的标记、冷热加工成形、胀接、焊接和热处理要求。

　　——第 6 部分:检验、试验和验收。目的在于确定水管锅炉受压元件和与其直接连接的承受载荷的非受压元件的检验、试验和验收要求。

　　——第 7 部分:安全附件和仪表。目的在于确定水管锅炉安全附件和仪表的设置和选用要求。

　　——第 8 部分:安装与运行。目的在于确定水管锅炉本体和锅炉范围内管道的安装、调试、质量验收以及运行要求。

　　由于 GB/T 16507 没有必要,也不可能囊括适用范围内锅炉建造和安装中的所有技术细节,因此,在满足 TSG 11《锅炉安全技术规程》所规定的基本安全要求的前提下,不禁止 GB/T 16507 中没有特别提及的技术内容。

　　GB/T 16507 不限制实际工程设计和建造中采用能够满足安全要求的先进技术方法。

　　对于未经委员会书面授权或认可的其他机构对标准的宣贯或解释所产生的理解歧义和由此产生的任何后果,本委员会将不承担任何责任。

水管锅炉
第6部分:检验、试验和验收

1 范围

本文件规定了水管锅炉受压元件和与其直接连接的承受载荷的非受压元件的材料检验、产品尺寸、成形加工及焊接接头外观检查、通球检查、光谱检验、无损检测、产品焊接接头力学性能检验、水压试验、检验用文件、出厂资料、金属铭牌和标记要求。

本文件适用于 GB/T 16507.1 界定的水管锅炉受压元件和与其直接连接的承受载荷的非受压元件的检验、试验和验收。

2 规范性引用文件

下列文件中的内容通过文中的规范性引用而构成本文件必不可少的条款。其中,注日期的引用文件,仅该日期对应的版本适用于本文件;不注日期的引用文件,其最新版本(包括所有的修改单)适用于本文件。

GB/T 2652　焊缝及熔敷金属拉伸试验方法

GB/T 2900.48　电工名词术语　锅炉

GB/T 16507.1　水管锅炉　第1部分:总则

GB/T 16507.5　水管锅炉　第5部分:制造

JB/T 3375　锅炉用材料入厂验收规则

NB/T 47013.2　承压设备无损检测　第2部分:射线检测

NB/T 47013.3　承压设备无损检测　第3部分:超声检测

NB/T 47013.4　承压设备无损检测　第4部分:磁粉检测

NB/T 47013.5　承压设备无损检测　第5部分:渗透检测

NB/T 47013.10　承压设备无损检测　第10部分:衍射时差法超声检测

NB/T 47013.11　承压设备无损检测　第11部分:X射线数字成像检测

NB/T 47013.14　承压设备无损检测　第14部分:X射线计算机辅助成像检测

NB/T 47013.15　承压设备无损检测　第15部分:相控阵超声检测

NB/T 47016　承压设备产品焊接试件的力学性能检验

特种设备目录(国家质量监督检验检疫总局　2014年第114号)

3 术语和定义

GB/T 2900.48 和 GB/T 16507.1 界定的以及下列术语和定义适用于本文件。

3.1

水压试验压力　hydrostatic test pressure
在水压试验时,按规定对锅炉系统或受压部件(元件)施加的压力。

4 材料验收

4.1 一般要求

锅炉制造单位应制定材料采购标准并按其规定对锅炉用钢板、锅炉用钢管、结构钢板(用于制造大板梁的翼板和腹板)和钢带、型钢(高度 250 mm 及以上,或角钢边宽度 250 mm 及以上)、圆钢(用于制造拉杆和直径 40 mm 及以上的吊杆)、锻件、铸钢件、铸铁件、焊接材料(包括焊条、焊丝、药芯焊丝和焊剂)等进行入厂验收。

4.2 材料质量证明

4.2.1 材料制造单位应向材料使用单位提供质量证明书,质量证明书内容应齐全,并且印制可追溯的信息化标识,加盖材料制造单位质量检验章,并与实物相符,同时在材料的明显部位做出清晰、牢固的钢印标志或其他标志。锅炉材料采购单位从非材料制造单位取得锅炉用材料时,应取得材料制造单位提供的质量证明书原件或加盖了材料经营单位公章和经办负责人签字(章)的复印件。

4.2.2 质量证明书内容应符合相应材料标准的要求,质量证明书不符合标准规定的材料应予以拒收。

4.2.3 材料使用单位应对所取得的锅炉用材料及材料质量证明书的真实性和一致性负责。

4.3 材料入厂验收

锅炉制造单位应按照 JB/T 3375 的规定对锅炉用材料进行入厂验收,合格后才能使用。

4.4 入厂验收标识及标记移植

4.4.1 入厂验收合格的材料应有合格标识。

4.4.2 入厂验收不合格材料应有不合格标识,并予以隔离。

4.4.3 锅炉制造过程中应核实材料标记,并应按 GB/T 16507.5 的规定进行材料标记移植。

5 产品尺寸、成形加工及焊接接头外观检查

5.1 产品检测所用测量器具、仪器仪表应经确认合格,并应在确认有效期内使用。测量器具、仪器仪表的精度应符合相应规定,其有效量程应大于被测产品的检测值。

5.2 产品制作过程中的冷、热加工成形、热处理应符合 GB/T 16507.5 的规定,应有相应的记录。

5.3 制作完工的产品应进行相应的尺寸检测,检测结果应符合 GB/T 16507.5 的规定。

5.4 受压元件焊接接头(包括非受压元件与受压元件焊接的接头)应进行外观检查,至少满足以下要求。

    a) 焊缝外形尺寸应符合设计图样和工艺文件的要求。

    b) 对接焊缝高度不应低于母材表面,焊缝与母材应平滑过渡,焊缝和热影响区表面无裂纹、夹渣、弧坑、未熔合和气孔。

    c) 锅筒、启动(汽水)分离器、储水箱、集箱或管道的纵、环缝及封头的拼接焊缝无咬边,其余焊缝咬边深度不大于 0.5 mm,管子焊缝两侧咬边总长度不大于管子周长的 20%,且不大于 40 mm。

    d) 内凹深度:不大于 2 mm。

    e) 启动(汽水)分离器、储水箱、集箱、管道的根部凸出:不大于 3 mm。

    f) 对接焊缝余高:

        1) 锅筒、启动(汽水)分离器、储水箱、集箱、管道:不大于 $15\%t$ 且不大于 4 mm;

注：单面焊时，t 为板材或管材的名义厚度；双面焊时，t 为止、反面的坡口深度。

    2）管子：不大于 3 mm。

g) 扁钢与管子的连接焊缝：

    1）扁钢与管子的焊接应连续，不应有漏焊；

    2）焊缝成形应光滑、平整，焊缝与母材之间应圆滑过渡，焊缝表面不应有裂缝、夹渣、弧坑等缺陷；

    3）扁钢与管子之间的焊缝表面不应有直径大于 2 mm 的单个气孔，同时也不应存在密集性气孔（3 个以上小孔连成一片）或成排气孔（任意 100 mm 焊缝直线范围内气孔数多于 5 个）；

    4）焊缝咬边深度在管子侧不应大于 0.5 mm，咬边总长度不大于管子长度的 25%，且连续长度不超过 500 mm；扁钢侧咬边深度不大于 0.8 mm；

    5）扁钢与管子焊接时不应烧穿管子，如有烧穿，则该部位应用相同材料、相同规格的管子替换，且替换长度不应小于 300 mm；

    6）扁钢与管子焊接的熔深应符合 GB/T 16507.5 的规定。

6 通球检查

6.1 公称外径不大于 60 mm 的受热面管子的对接接头或弯管应进行通球检查，通球应采用钢球，通球直径（d_b）按表 1 或表 2 的规定。

表 1 对接接头通球直径

单位为毫米

d	≤25	25<d≤40	40<d≤55	≥55
d_b	≥0.65d	≥0.80d	≥0.85d	≥0.90d

注：d——管子的公称内径，单位为毫米（mm）。

表 2 弯管通球直径

单位为毫米

R/D	R/D<1.0	1.0≤R/D<1.4	1.4≤R/D<1.8	1.8≤R/D<2.5	2.5≤R/D<3.5	R/D≥3.5
d_b	d≥0.65d	≥0.70d	≥0.75d	≥0.80d	≥0.85d	≥0.90d

注：R——管子弯曲半径，单位为毫米（mm）；

    D——管子的公称外径，单位为毫米（mm）；

    d——管子的公称内径，单位为毫米（mm）。

6.2 既有弯头又有对接接头的管子，通球直径应是按表 1 和表 2 规定选取结果中的较小值。

6.3 通球用钢球的制造直径偏差为 −0.2 mm，即实际选用钢球直径可比通球直径小 0.2 mm。

6.4 内螺纹管通球时，应按内螺纹管标准中给出的最小内径选取通球用钢球，若选用不是内螺纹管标准规定的管子规格或未规定最小内径时，则最小内径为管子的公称外径减去 2 倍管子公称壁厚与螺纹高度之和，即：$d = D - 2 \times$（管子公称壁厚 + 螺纹高度）。

6.5 若按 6.1～6.4 的规定通球遇阻，则按管子实测最小内径选取钢球进行通球。

6.6 为保证管子内部清洁度而进行的通球检查可采用海绵球,试验用压缩空气的压力约 0.4 MPa。

7 光谱检验

合金钢管(管件)对接接头焊缝和母材应进行 100％的化学成分光谱分析验证,并出具光谱分析检验报告。

8 无损检测

8.1 无损检测基本方法

无损检测方法主要包括射线(RT)、超声(UT)、磁粉(MT)、渗透(PT)、涡流(ET)等检测方法。射线检测方法(RT)包括胶片射线检测(F-RT)、数字成像检测(DR)、计算机辅助成像检测(CR)。超声检测方法(UT)包括脉冲回波法超声检测(PE)、相控阵超声检测(PAUT)和衍射时差法超声检测(TOFD)。制造单位应根据设计、工艺及其相关技术条件选择检测方法,并制定相应的检测工艺。

当选用衍射时差法超声检测(TOFD)时,应与脉冲回波法超声检测(PE)组合进行检测,检测结论以 TOFD 与 PE 方法的结果进行综合判定。

8.2 无损检测人员

无损检测人员应按照相关技术规范进行考核,取得资格证书后方可从事相应方法和技术等级的无损检测工作。

8.3 采用多种无损检测的合格条件

锅炉受压部件如采用多种无损检测方法进行检测,则应按各自验收标准进行评定,均合格后,方可认为无损检测合格。

8.4 检测记录

制造单位应如实填写无损检测记录,正确签发无损检测报告,妥善保管无损检测的操作指导书、原始记录、报告、检测部位图、射线底片、光盘或电子文档等资料(含缺陷返修记录),其保存期限不少于7 年。

8.5 无损检测方法和比例

8.5.1 锅筒、启动(汽水)分离器和储水箱应按表 3 的要求进行无损检测。

表 3 锅筒、启动(汽水)分离器和储水箱无损检测要求

焊接接头类型	表面检测	体积检测	
		RT	UT
纵向和环向对接接头(包括集中下降管及封头拼接接头)			
$p \geqslant 3.8$ MPa	—	100％RT 或	100％UT [a]
蒸汽锅炉 0.8 MPa$<p<$3.8 MPa 热水锅炉 $p<$3.8 MPa,且 $t \geqslant 120$ ℃	—	100％RT 或	100％UT [a]

表 3 锅筒、启动(汽水)分离器和储水箱无损检测要求(续)

焊接接头类型		表面检测	体积检测	
			RT	UT
蒸汽锅炉 $p \leqslant 0.8$ MPa,且 $V > 50$ L		—	每条焊缝至少 20%	—
蒸汽锅炉 $p \leqslant 0.8$ MPa,且 $V \leqslant 50$ L 热水锅炉 0.4 MPa $< p <$ 3.8 MPa,且 $t <$ 120 ℃ 热水锅炉 $p \leqslant 0.4$ MPa,且 95 ℃ $< t <$ 120 ℃		—	每条焊缝至少 10%	—
管座角焊缝				
集中下降管角焊缝	$p \geqslant 3.8$ MPa	100%	—	100%UT
其他管座角焊缝 ($p \geqslant 3.8$ MPa 锅炉)	外径大于 108 mm	100%	—	100%UT [c]
	外径不大于 108 mm	≥20% [b]	—	—
附件角焊缝				
吊耳		100%	—	100%UT[c]
注:p——锅炉额定工作压力,单位为兆帕(MPa); 　　V——设计正常水位水容积,单位为升(L)。				
[a] 壁厚小于 20 mm 的焊接接头应采用射线检测方法;壁厚不小于 20 mm 的焊接接头,可采用超声检测方法,超声检测宜采用可记录的超声检测仪,如果采用不可记录的超声检测仪,应附加 20% 局部射线检测。				
[b] 管接头按接头数抽查。				
[c] 只针对全焊透结构的角接接头。				

8.5.2 集箱(包括连接管)和管道应按表 4 的要求进行无损检测。

表 4 集箱(包括连接管)和管道无损检测要求

焊接接头类型		表面检测	体积检测	
			RT	UT
纵向对接接头		同表 3 锅筒纵向接头要求		
环向对接接头				
外径大于 159 mm 或 壁厚不小于 20 mm	蒸汽锅炉 $p > 0.8$ MPa 热水锅炉 $p \geqslant 3.8$ MPa, $p < 3.8$ MPa 且 $t \geqslant 120$ ℃	—	100%RT 或 100%UT[a]	
外径不大于 159 mm、 且壁厚小于 20 mm (受热面管子 接触焊除外)	$p \geqslant 9.8$ MPa	—	100%RT 或 100%UT (安装工地,接头数的 50%)	
	3.8 MPa $\leqslant p <$ 9.8 MPa	—	至少 50%RT 或 50%UT (安装工地,接头数的 25%)	
	蒸汽锅炉 0.8 MPa $< p <$ 3.8 MPa 热水锅炉 $p < 3.8$ MPa 且 $t \geqslant 120$ ℃	—	10%RT[d]	—
管座角焊缝($p \geqslant 3.8$ MPa)				

GBT 16507.6—2022

表 4 集箱(包括连接管)和管道无损检测要求(续)

焊接接头类型	表面检测	体积检测	
		RT	UT
管子外径大于 108 mm	≥20%[b]	—	100%UT[c]
管子外径不大于 108 mm	≥20%[b]	—	—
吊耳和承载附件	≥10%	—	—

水温低于 100 ℃的给水管道可不进行无损检测。

注：p——锅炉额定工作压力,单位为兆帕(MPa)。

[a] 壁厚小于 20 mm 的焊接接头应采用射线检测方法;壁厚不小于 20 mm 的焊接接头,可采用超声检测方法,超声检测宜采用可记录的超声检测仪,如果采用不可记录的超声检测仪,应附加20%局部射线检测。

[b] 管接头按接头数抽查。

[c] 只针对全焊透结构的角接接头。

[d] 热水锅炉管道除外。

8.5.3 管子(管屏)应按表 5 的要求进行无损检测。

表 5 管子(管屏)无损检测要求

焊接接头类型	表面检测	体积检测	
		RT	UT
p≥9.8 MPa 环向接头[a]	—	100%RT 或 100%UT (安装工地,接头数的 50%)	
3.8 MPa≤p＜9.8 MPa 环向接头[a]	—	至少 50%RT 或 50%UT (安装工地,接头数的 25%)	
蒸汽锅炉 0.8 MPa＜p＜3.8 MPa 环向接头[a] 热水锅炉 p＜3.8 MPa,且 t≥120 ℃ 环向接头[a]	—	10%RT[b]	
吊耳和承载附件角焊缝	≥10%	—	—

注：p——锅炉额定工作压力,单位为兆帕(MPa)。

[a] 受热面管子接触焊除外。

[b] 水温低于 100 ℃的省煤器受热面管可不进行无损检测。

8.5.4 蒸汽锅炉、p≥3.8 MPa 的热水锅炉和 p＜3.8 MPa 且 t≥120 ℃的热水锅炉的管子或管道与无直段弯头的焊接接头应进行 100%射线或超声检测。

8.5.5 对于弯管半径(R)不大于 1.4D(公称外径)的弯管,其弯头区域应进行表面磁粉或渗透检测抽查,每批(同一材质、同一规格、同一交货状态)抽查比例为 5%,且不少于 3 件。

8.6 局部无损检测

8.6.1 受压部件局部无损检测部位由制造单位确定,但应包括纵缝和环缝的相交对接接头部位。

8.6.2 经局部无损检测的焊接接头,若在检测部位任意一端发现缺陷有延伸可能时,应在缺陷的延长

172

方向进行补充检测。当发现超标缺陷时,应在该缺陷两端的延伸部位各进行不少于 200 mm 的补充检测,如仍不合格,则应对该条焊接接头进行全部检测。

8.6.3 对不合格的管子对接接头,应对该焊工当日焊接的管子对接接头进行抽查数量双倍数目的补充检测,如仍不合格,应对该焊工当日全部接管焊接接头进行检测。

8.6.4 管座角接接头和吊耳、承载附件做无损检测抽查时,发现有不合格的缺陷,应对该焊工当日焊接的焊缝做抽查数量的双倍数目的补充无损检测。如果补充检测仍不合格,则应对该焊工当日全部焊接接头进行检测。

8.7 无损检测时机

8.7.1 焊接接头无损检测应在形状尺寸和外观检查合格后进行。

8.7.2 有延迟裂纹倾向材料的焊接接头,应在焊接完成 24 h 后进行无损检测。

8.7.3 有再热裂纹倾向材料的焊接接头,应在最终热处理后进行表面无损检测复验。

8.7.4 封头拼接接头的无损检测应在加工成型后进行,如果在成型前进行,则应于成型后在小圆弧过渡区域再做无损检测。

8.8 射线检测验收要求

8.8.1 射线检测技术等级不应低于 AB 级,焊接接头质量等级不应低于 Ⅱ 级。

8.8.2 胶片感光法射线检测应按 NB/T 47013.2 进行,数字成像射线检测应按 NB/T 47013.11 进行,计算机辅助成像方法射线检测应按 NB/T 47013.14 进行,射线底片和检测数字图像应进行保存。

8.9 超声检测验收要求

8.9.1 超声检测宜采用可记录的超声检测仪。

8.9.2 脉冲回波法超声检测应按 NB/T 47013.3 进行,检测技术等级不应低于 B 级,焊接接头质量等级不应低于 Ⅰ 级。

8.9.3 衍射时差法超声检测应按 NB/T 47013.10 进行,衍射时差法超声检测技术等级不应低于 B 级,焊接接头质量等级不应低于 Ⅱ 级。

8.9.4 相控阵超声检测应按 NB/T 47013.15 进行,相控阵超声检测技术等级不应低于 B 级,焊接接头质量等级不应低于 Ⅰ 级。

8.10 磁粉检测验收要求

8.10.1 磁粉检测应按 NB/T 47013.4 进行。

8.10.2 磁粉检测合格级别不应低于 Ⅰ 级。

8.11 渗透检测验收要求

8.11.1 渗透检测应按 NB/T 47013.5 进行。

8.11.2 渗透检测合格级别不应低于 Ⅰ 级。

9 产品焊接接头力学性能检验

9.1 为检验产品焊接接头的力学性能,应焊制产品焊接试件。对于焊接质量稳定的制造单位,经过技术负责人批准,可免做焊接试件。但属于下列情况之一的,应制作纵缝焊接试件:

　　a) 制造单位按照新焊接工艺规程制造的前 5 台锅炉;

b) 用合金钢(碳锰钢除外)制作并且工艺要求进行热处理的锅筒或集箱类部件;

c) 设计要求制作焊接试件。

9.2 产品焊接试件的要求如下:

a) 每个锅筒[包括启动(汽水)分离器和储水箱]、集箱类部件纵缝应制作一块焊接试件;

b) 纵缝焊接试件应作为产品纵缝的延长部分焊接;

c) 产品焊接试件应由焊接该产品的焊工焊接,试件材料、焊接材料和工艺条件等应与所代表的产品相同,试件焊成后应打上焊工和检验员代号钢印;

d) 需要热处理时,试件应与所代表的产品同炉热处理;

e) 焊接试件的数量、尺寸应满足制备检验和复验所需要试样的要求。

9.3 焊接试件经过外观和无损检测检查后,在合格部位制取试样。

9.4 焊接试件上制取试样的力学性能检验类别、试样数量、取样和加工要求、试验方法、合格指标及复验应符合 NB/T 47016 的规定。

9.5 额定工作压力不小于 3.8 MPa 锅炉锅筒的纵向焊缝及集箱类部件的纵向焊缝,当板厚大于 20 mm,应从焊接试件上制取全焊缝金属纵向拉伸试样。试样数量、试验方法及试验结果要求如下:

a) 试样数量:当板厚大于 20 mm 但不大于 70 mm 时,应从试件(试板)上沿焊缝纵向切取全焊缝金属拉力试样 1 个;当板厚大于 70 mm 时,应取全焊缝金属拉力试样 2 个;

b) 试验方法和取样位置可按 GB/T 2652 的要求;

c) 全焊缝金属拉伸试样的试验结果应满足母材规定的抗拉强度(R_m)、下屈服强度(R_{eL})或规定塑性延伸强度($R_{p0.2}$)。

9.6 额定工作压力不小于 3.8 MPa 锅炉锅筒纵向焊缝、合金钢材料集箱类部件的纵向焊缝,如果双面焊壁厚不小于 12 mm(单面焊壁厚不小于 16 mm),应从焊接试件上制取试样做焊缝金属及热影响区夏比 V 型缺口室温冲击试验。夏比 V 型缺口室温冲击试验应符合 NB/T 47016 的规定,NB/T 47016 无相应材料的规定值时,三个标准试样的冲击吸收功平均值不低于 27 J,至多允许有一个试样的冲击吸收功低于规定值,但不低于规定值的 70%。

9.7 力学性能检验有某项不合格时,应从原焊制的检查试件中对不合格项目取双倍试样复验(冲击试验项目再取三个试样复验),或将原检查试件与产品再热处理一次后进行全面复验。

10 水压试验

10.1 基本要求

水压试验基本要求如下:

a) 锅炉受压元件的水压试验应在无损检测和热处理后进行;

b) 水压试验场地应有可靠的安全防护设施;

c) 水压试验应在环境温度不低于 5 ℃时进行,低于 5 ℃时应有防冻措施;

d) 水压试验所用的水应是洁净水,水温应保持高于周围露点的温度以防表面结露,但也不宜温度过高以防止引起汽化和过大的温差应力;

e) 合金钢受压元件的水压试验水温应高于所用钢种的脆性转变温度,一般为 20 ℃~70 ℃;

f) 奥氏体受压元件水压试验时,应控制水中的氯离子含量不超过 25 mg/L,如不能满足要求时,水压试验后应立即将水渍去除干净;

g) 受压部件工厂制造后应进行水压试验,在满足 10.3.3e)的规定时可以免除厂内水压。

10.2 试验条件

水压试验前,检查人员应确认受压元件的材料、焊接、热处理和无损检测均符合本文件要求,受压元件的内外部清理干净,无锈斑和涂漆;如内腔需采用镀层处理的,则允许在镀层工序完成后进行。

10.3 水压试验压力及保压时间

10.3.1 水压试验时,受压元件的薄膜应力不应超过元件材料在试验温度下屈服点的90%。

注:试验温度指进行压力试验时受压元件的金属温度。

10.3.2 整体水压试验压力应符合表6的规定,保压时间为20 min。

表 6 水压试验压力

名 称	锅筒工作压力	试验压力
锅炉本体 (直流锅炉本体除外)	<0.8 MPa	1.5 倍锅筒工作压力,且不小于 0.2 MPa
	0.8 MPa~1.6 MPa	锅筒工作压力加 0.4 MPa
	>1.6 MPa	1.25 倍锅筒工作压力
直流锅炉本体	任何压力	介质出口工作压力的 1.25 倍,且不小于省煤器进口工作压力的 1.1 倍
再热器	任何压力	1.5 倍再热器的工作压力
铸铁省煤器	任何压力	1.5 倍省煤器的工作压力
注:本表中的锅炉本体的水压试验,不包括本表中的再热器和铸铁省煤器。		

10.3.3 零、部件水压试验压力及保压时间如下:

a) 以部件型式出厂的锅筒、启动(汽水)分离器及其储水箱,为其工作压力的 1.25 倍,且不低于其所对应的锅炉本体水压试验压力,保压时间至少为 20 min;

b) 散件出厂锅炉的集箱类部件,为其工作压力的 1.5 倍,保压时间至少为 5 min;

c) 对接焊接的受热面管子及其他受压管件,为其工作压力的 1.5 倍,保压时间至少为 10 s;

d) 受热面管与集箱焊接出厂的部件,为其工作压力的 1.5 倍,保压时间至少为 5 min。

敞口集箱(含带有三通的集箱)、无成排受热面管接头以及内孔焊封底的成排管接头的集箱、启动(汽水)分离器及储水箱、管道、减温器、分配集箱等部件,其所有焊缝经过 100% 无损检测合格,以及对接焊接的受热面管及其他受压管件经过氩弧焊打底并且 100% 无损检测合格,能够确保焊接质量,在制造单位内可不单独进行水压试验。

10.4 水压试验过程控制

进行水压试验时,水压应缓慢地升降。当水压上升到工作压力时,应暂停升压,检查有无漏水或异常现象,然后再升压到试验压力,达到保压时间后,降到工作压力进行检查。检查期间压力应保持不变。

10.5 合格标准

锅炉或锅炉零部件进行水压试验,符合下列情况时判为合格:

a) 在受压元件金属壁和焊缝上没有水珠和水雾;

b) 当降到工作压力后胀口处不滴水珠;

c) 水压试验后,没有发现明显残余变形;

d) 铸铁锅炉、铸铝锅炉锅片的密封处在降到额定工作压力后不滴水珠。

11 检验用文件

11.1 在锅炉制造阶段,对锅炉产品实施的检验方案或检验计划应根据供需双方签订的合同或技术协议,明确规定受压元件和承受载荷的非受压元件的检验项目、质量管理点、监检停留点、现场见证点和文件见证点,必要时可经用户代表会签,作为供需双方质量文件交接的依据。

11.2 生产过程中的各种检查、试验、无损检测记录和报告和不合格处理报告等应齐全、正确、可追踪。

12 出厂资料、产品铭牌和标记

12.1 出厂资料

12.1.1 产品出厂时,锅炉制造单位应提供与安全有关的技术资料,至少应包括以下内容:

   a) 锅炉图样,包括总图、安装图和主要受压元件图;

   b) 受压元件的强度计算书或计算结果汇总表;

   c) 安全阀排放量的计算书或计算结果汇总表;

   d) 热力计算书或热力计算结果汇总表;

   e) 烟风阻力计算书或计算结果汇总表;

   f) 锅炉质量证明书,包括产品合格证(含锅炉产品数据表,按照附录A的规定编制)、金属材料质量证明、焊接质量证明和水(耐)压试验证明等,产品合格证上应有检验责任工程师、质量保证工程师签章和产品质量检验专用章(或单位公章);

   g) 锅炉安装说明书和使用说明书;

   h) 受压元件与设计文件不符的变更资料;

   i) 热水锅炉的水流程图及水动力计算书或计算结果汇总表。

12.1.2 额定工作压力不小于3.8 MPa锅炉,除满足12.1.1的有关要求外,还应提供以下技术资料:

   a) 过热器、再热器壁温计算书或计算结果汇总表;

   b) 热膨胀系统图;

   c) 高压及以上锅炉水循环(含汽水阻力)计算书或计算结果汇总表;

   d) 高压及以上锅炉汽水系统图;

   e) 高压及以上锅炉各项安全保护装置整定值。

12.1.3 电站锅炉机组整套启动验收前,锅炉制造单位应提供完整的锅炉出厂技术资料。

12.2 产品铭牌和标记

12.2.1 整体出厂的锅炉应在明显的位置装设产品铭牌,产品铭牌应为金属铭牌,铭牌上至少应载明以下项目:

   a) 制造单位名称;

   b) 锅炉型号;

   c) 设备代码(编号方法按照附录B的规定);

   d) 产品编号;

   e) 额定蒸发量(t/h)或最大连续蒸发量(t/h)或额定热功率(MW);

   f) 额定工作压力(MPa);

g) 额定蒸汽温度(℃)或额定出口、进口水温度(℃);

h) 再热蒸汽进口、出口温度(℃)及进口、出口压力(MPa);

i) 锅炉制造许可证级别和编号;

j) 制造日期(年、月)。

12.2.2 铭牌应留有打制造监督检验标志的位置。

12.2.3 对散件出厂的锅炉,应在锅筒、过热器集箱、再热器集箱、水冷壁集箱、省煤器集箱以及减温器和启动(汽水)分离器等主要受压部件的封头、端盖或筒体适当位置上标注产品标记。

附　录　A

（规范性）

锅炉产品合格证

A.1　锅炉产品合格证按图 A.1 的规定。

锅炉产品合格证

编号：

制造单位名称			
产品制造地址			
统一社会信用 （组织机构）代码		制造许可证编号	
制造许可级别		产品名称	
产品型号		产品编号	
设备代码		设备级别	
制造日期：　　年　月			

　　本产品在制造过程中经过质量检验,符合 TSG 11《锅炉安全技术规程》及其设计图样、相应技术标准和订货合同的要求。

检验责任工程师（签章）：　　　　　　　　　　日期：

质量保证工程师（签章）：　　　　　　　　　　日期：

（产品质量检验专用章）

年　　月　　日

图 A.1　锅炉产品合格证格式

A.2　合格证包括所附的锅炉产品数据表（见图 A.2）,制造单位应按照特种设备信息化的要求,将其信息输入特种设备的设备数据库。

锅炉产品数据表

编号：

设备类别			产品名称	
产品型号			产品编号	
设备代码			设备级别	
设计文件鉴定	设计文件鉴定日期		鉴定报告编号	
	鉴定机构名称			
主要参数	额定蒸发量(热功率)	t/h(MW)	额定工作压力	MPa
	额定工作温度	℃	设计热效率	%
	给水温度	℃	额定出水/回水温度	/ ℃
	整装锅炉本体液压试验介质/压力	/		MPa
	再热器进/出口温度	/ ℃	再热器进/出口压力	/ MPa
	燃烧方式		燃料(或热源)种类	

主要受压元件	材料	壁厚 mm	无损检测		热处理		水(耐)压试验	
			方法	比例 %	温度 ℃	时间 h	介质	压力 MPa

安全阀数据			
型号	规格	数量	制造单位名称

制造监检情况	监检机构		
	机构组织代码	机构核准证编号	

图 A.2 锅炉产品数据表格式

A.3 锅炉产品数据表中的具体项目可以根据锅炉类别(承压蒸汽锅炉、承压热水锅炉、锅炉部件)编制；主要受压元件,填写锅筒、过热器出口集箱、启动(汽水)分离器及储水箱。其他有关数据应在产品出厂资料其他要求的内容中提供;燃烧方式填写层燃、室燃、流化床、其他;燃料(或热源)种类填写油、气、煤、水煤浆、生物质、电、余热、其他。

附　录　B

（规范性）

特种设备代码编号方法

B.1　编号基本方法

设备代码为设备的代号,应具有其唯一性,由设备基本代码、制造单位代号、制造年份、制造顺序号组成,中间不空格。

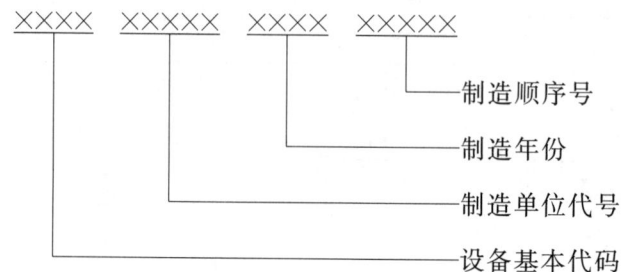

B.2　编号含义

B.2.1　设备基本代码

按照《特种设备目录》中品种的设备代码(4 位阿拉伯数字)编写。如承压蒸汽锅炉为"1100"、承压热水锅炉为"1200"等。

B.2.2　制造单位代号

由制造许可审批机关所在地的行政区域代码(2 位阿拉伯数字)和制造单位制造许可证编号中的单位顺序号(3 位阿拉伯数字)组成。如黑龙江某一锅炉制造单位,由国家市场监督管理总局负责审批,其制造许可证编号为"TS2110890—2012",其中国家市场监督管理总局行政区域代码用 10 表示,单位顺序号为 890,则制造单位代号为"10890";如由黑龙江省特种设备安全监督管理部门负责审批,其制造许可证编号为"TS2123010—2012",其中黑龙江行政区域代码用 23 表示,单位顺序号为 10,则制造单位代号为"23010"。

B.2.3　制造年份

制造产品制造的年份(4 位阿拉伯数字),如 2019 年制造的则为"2019"。

B.2.4　制造顺序号

制造单位自行编排的产品顺序号(5 位阿拉伯数字)。如 2019 年制造的某一品种的锅炉的产品制造顺序号为 89,则编为"00089"。

如果制造顺序号超过 99999,可用拼音字母代替。如制造产品的某一品种的锅炉的产品制造顺序号为 100000 或 110000,则制造顺序号为 A0000 或 B0000,依此类推。

B.2.5　编号示例

国家市场监督管理总局审批的单位顺序号为 524 的锅炉制造单位,于 2021 年制造的顺序号为 76 的承压蒸汽锅炉,其设备代码为:110010524202100076。

参 考 文 献

[1]　TSG 11　锅炉安全技术规程
[2]　TSG 91　锅炉节能环保技术规程

ICS 27.060.30
CCS J 98

中华人民共和国国家标准

GB/T 16507.7—2022
代替 GB/T 16507.7—2013

水管锅炉
第 7 部分：安全附件和仪表

Water-tube boilers—

Part 7：Safety appurtenances and instruments

2022-03-09 发布

2022-10-01 实施

国家市场监督管理总局
国家标准化管理委员会 发 布

前　　言

本文件按照 GB/T 1.1—2020《标准化工作导则　第 1 部分:标准化文件的结构和起草规则》的规定起草。

本文件是 GB/T 16507《水管锅炉》的第 7 部分。GB/T 16507 已经发布了以下部分:

——第 1 部分:总则;

——第 2 部分:材料;

——第 3 部分:结构设计;

——第 4 部分:受压元件强度计算;

——第 5 部分:制造;

——第 6 部分:检验、试验和验收;

——第 7 部分:安全附件和仪表;

——第 8 部分:安装与运行。

本文件代替 GB/T 16507.7—2013《水管锅炉　第 7 部分:安全附件和仪表》,与 GB/T 16507.7—2013 相比,除结构调整和编辑性改动外,主要技术变化如下:

——增加了"安全阀""泄压阀"和"动力驱动泄压阀"的术语和定义(见 3.5、3.6 和 3.7);

——更改了可采用静重式安全阀或水封式安全装置的额定工作压力为 0.1 MPa 的蒸汽锅炉,明确在水封管上不应装设阀门(见 5.1.4,2013 年版的 5.2.4);

——增加了动力驱动泄压阀排量的要求(见 5.2.6);

——更改了直流蒸汽锅炉各部分安全阀最高整定压力的规定(见 5.3.1,2013 年版的 5.4.1);

——删除了"如果采用杠杆安全阀应增加阀芯两侧的排水装置"的说明(见 2013 年版的 5.5.10);

——删除了压力表表盘直径应大于或等于 100 mm 的规定[见 2013 年版的 6.2 c)];

——删除了油燃烧器燃油(轻油除外)入口油温的测量要求[见 2013 年版的 8.1 m)];

——删除了如果采用有压力的排污膨胀箱时,排污膨胀箱上需要安装安全阀的规定(见 2013 年版的 9.4);

——更改了安置在多层或高层建筑物内锅炉应设置的保护装置的要求(见 10.16,2013 年版的 10.2);

——更改了应装设蒸汽超压报警和联锁保护装置的锅炉容量范围(见 10.17,2013 年版的 10.2);

——更改了室燃锅炉联锁装置的功能要求(见 10.22,2013 年版的 10.7);

——更改了室燃锅炉点火程序控制装置和熄火保护装置的规定(见 10.26,2013 年版的 10.11);

——删除了燃油燃气锅炉燃烧器启动热功率的要求(见 2013 年版的 10.13.1 和 10.13.2);

——增加了联锁保护装置备用电源或气源不应随意退出备用的要求(见 10.30,2013 年版的 10.15);

——更改了电加热锅炉安全附件的设置和电器元件要求(见 10.31,2013 年版的 10.16)。

请注意本文件的某些内容可能涉及专利。本文件的发布机构不承担识别专利的责任。

本文件由全国锅炉压力容器标准化技术委员会(SAC/TC 262)提出并归口。

本文件起草单位:哈尔滨锅炉厂有限责任公司、北京巴布科克·威尔科克斯有限公司、上海锅炉厂有限公司、东方电气集团东方锅炉股份有限公司、上海发电设备成套设计研究院有限责任公司、杭州锅炉集团股份有限公司、武汉锅炉股份有限公司、无锡华光环保能源集团股份有限公司、中国特种设备检测研究院。

本文件主要起草人:夏良伟、闫德逊、胡松柏、曾庆淼、周一、黄建荣、潘绍成、石回回、胡琳璘、陶生智、陆晓焰、陈新中。

本文件及其所代替文件的历次版本发布情况为:

——1996年首次发布为 GB/T 16507—1996;

——2013年第一次修订时,将水管锅炉和锅壳锅炉内容分开,各由 8 个部分组成,水管锅炉为 GB/T 16507.1—2013~GB/T 16507.8—2013《水管锅炉》,锅壳锅炉为 GB/T 16508.1—2013~ GB/T 16508.8—2013《锅壳锅炉》,本文件为 GB/T 16507.7—2013《水管锅炉 第 7 部分:安全附件和仪表》;

——本次为第二次修订。

引　言

　　GB/T 16507《水管锅炉》是全国锅炉压力容器标准化技术委员会(以下简称"委员会")负责制修订和归口的锅炉通用建造标准之一。其制定遵循了国家颁布的锅炉安全法规所规定的安全基本要求,设计准则、材料要求、制造检验技术要求、验收标准和安装要求均符合 TSG 11《锅炉安全技术规程》的相应规定。GB/T 16507 为协调标准,满足 TSG 11《锅炉安全技术规程》的基本要求,同时也符合 TSG 91《锅炉节能环保技术规程》的要求。GB/T 16507 旨在规范锅炉的设计、制造、检验、验收和安装,由 8 个部分构成。

　　——第 1 部分:总则。目的在于确定水管锅炉范围界定、锅炉参数、建造规范以及节能和环保等建造水管锅炉的通用技术要求。

　　——第 2 部分:材料。目的在于确定水管锅炉受压元件和非受压元件、受力构件、锅炉钢结构和焊接材料等的选材和用材要求。

　　——第 3 部分:结构设计。目的在于确定水管锅炉结构设计的基本要求、焊接连接要求、开孔和各元(部)件的具体设计要求。

　　——第 4 部分:受压元件强度计算。目的在于确定水管锅炉受压元件的计算壁温、计算压力、设计许用应力取值及强度设计计算方法。

　　——第 5 部分:制造。目的在于确定水管锅炉在制造过程中的标记、冷热加工成形、胀接、焊接和热处理要求。

　　——第 6 部分:检验、试验和验收。目的在于确定水管锅炉受压元件和与其直接连接的承受载荷的非受压元件的检验、试验和验收要求。

　　——第 7 部分:安全附件和仪表。目的在于确定水管锅炉安全附件和仪表的设置和选用要求。

　　——第 8 部分:安装与运行。目的在于确定水管锅炉本体和锅炉范围内管道的安装、调试、质量验收以及运行要求。

　　由于 GB/T 16507 没有必要,也不可能囊括适用范围内锅炉建造和安装中的所有技术细节,因此,在满足 TSG 11《锅炉安全技术规程》所规定的基本安全要求的前提下,不禁止 GB/T 16507 中没有特别提及的技术内容。

　　GB/T 16507 不限制实际工程设计和建造中采用能够满足安全要求的先进技术方法。

　　对于未经委员会书面授权或认可的其他机构对标准的宣贯或解释所产生的理解歧义和由此产生的任何后果,本委员会将不承担任何责任。

水管锅炉
第7部分:安全附件和仪表

1 范围

本文件规定了水管锅炉安全附件和仪表,包括安全阀、压力测量装置、水(液)位测量与示控装置、温度测量装置、排污和放水装置及保护装置的设置、选用等要求。

本文件适用于 GB/T 16507.1 界定的水管锅炉所选用的安全附件和仪表。

2 规范性引用文件

下列文件中的内容通过文中的规范性引用而构成本文件必不可少的条款。其中,注日期的引用文件,仅该日期对应的版本适用于本文件;不注日期的引用文件,其最新版本(包括所有的修改单)适用于本文件。

GB/T 1239.2 冷卷圆柱螺旋弹簧技术条件 第 2 部分:压缩弹簧

GB/T 12228 通用阀门 碳素钢锻件技术条件

GB/T 12229 通用阀门 碳素钢铸件技术条件

GB/T 12230 通用阀门 不锈钢铸件技术条件

GB/T 12241 安全阀 一般要求

GB/T 12242 压力释放装置 性能试验方法

GB/T 16507.1 水管锅炉 第 1 部分:总则

GB/T 16507.2 水管锅炉 第 2 部分:材料

GB/T 16507.4 水管锅炉 第 4 部分:受压元件强度计算

GB/T 20438(所有部分) 电气/电子/可编程电子安全相关系统的功能安全

GB/T 21109(所有部分) 过程工业领域安全仪表系统的功能安全

GB/T 23934 热卷圆柱螺旋压缩弹簧 技术条件

GB 50116 火灾自动报警系统设计规范

GB 50229 火力发电厂与变电站设计防火标准

DL/T 5428 火力发电厂热工保护系统设计技术规定

NB/T 47063 电站安全阀

3 术语和定义

GB/T 16507.1 界定的以及下列术语和定义适用于本文件。

3.1

仪表 instrument

单独地或连同其他设备一起用来进行测量的装置。

3.2

冷渣器 quencher

采用风或水对循环流化床锅炉炉底的排渣进行冷却的设备。

3.3

床温 bed temperature

循环流化床锅炉密相区气固两相流的温度。

3.4

床压 bed pressure

循环流化床锅炉布风板下部风室与炉膛出口压力差减去布风板阻力后所得压力差。

3.5

安全阀 safety valve

对管道或设备起保护作用的阀门。

注：当管道或设备内介质压力超过规定值时,启闭件(阀瓣)自动开启排放介质;低于规定值时,启闭件(阀瓣)自动
  关闭。

3.6

泄压阀 relief valve

一种自动泄压器件。

注：其动作由阀门进口侧静压控制。其开度随超过开启压力的增加而增大。其主要用于不可压缩性介质。

3.7

动力驱动泄压阀 power operated pressure relief valve

一种全部由动力源(电动、气动、液动或脉冲)控制其开启或关闭动作的阀门。

注：是控制式安全阀的一种。

3.8

安全阀整定压力 set pressure of safety valve

安全阀在运行条件下开始开启的设定压力。

4 基本要求

4.1 锅炉所配置的安全附件和仪表应满足锅炉安全可靠运行的要求。

4.2 锅炉所配置的安全附件和仪表应满足产品标准的要求。

4.3 测量仪表的校验和维护应符合国家计量部门的规定。

4.4 锅炉所配置的压力、水位和温度测量装置应装设在所有必要部位,具有适当量程并可靠,其测量值
应有足够的精确度。

5 安全阀

5.1 安全阀的数量和型式

5.1.1 每台锅炉至少装设两个安全阀(包括锅筒和过热器安全阀)。符合下列规定之一的,可只装设一
个安全阀:

　　a) 额定蒸发量不大于 0.5 t/h 的蒸汽锅炉;

　　b) 额定蒸发量小于 2 t/h 且装设有可靠的超压联锁保护装置的蒸汽锅炉;

　　c) 额定热功率不大于 2.8 MW 的热水锅炉。

5.1.2 除满足 5.1.1 要求外，以下位置也应装设安全阀：

a) 再热器出口处及直流锅炉的外置式启动（汽水）分离器出口处；

b) 直流蒸汽锅炉过热器系统中两级间的连接管道截止阀前；

c) 多压力等级余热锅炉，每一压力等级的锅筒和过热器。

5.1.3 锅炉采用的安全阀型式如下。

a) 蒸汽锅炉应采用全启式弹簧安全阀、杠杆式安全阀，或控制式安全阀（包括脉冲式、气动式、液动式和电磁式等），热水锅炉可采用微启式安全阀。

b) 装有容量为 100% 快速旁路的直流锅炉，其高压旁路使用组合一体的安全旁路三用阀（减温、减压、安全）时，可只在再热器上装设安全阀，安全旁路三用阀的保护控制应可靠。再热器安全阀的排放量为全部三用阀的流量和其喷水量之和。

c) 当锅炉装有动力驱动泄压阀时，可作为安全阀起跳前的超压保护装置，减少安全阀的起跳次数。

5.1.4 额定工作压力为 0.1 MPa 的蒸汽锅炉可采用静重式安全阀或水封式安全装置，热水锅炉上装设有水封安全装置时，可不装设安全阀；水封式安全装置的水封管内径应根据锅炉的额定蒸发量（额定热功率）和额定工作压力确定，并且不小于 25 mm；水封管应有防冻措施，并且不应装设阀门。

5.1.5 再热器进口可装设安全阀。

5.2 安全阀的排量

5.2.1 蒸汽锅炉锅筒和过热器上安全阀的总排放量应大于额定蒸发量，对于电站锅炉应大于锅炉的最大连续蒸发量。

5.2.2 热水锅炉上安装安全阀的总排量应使当锅炉上所有安全阀全开时，锅炉内的压力不大于计算压力的 1.1 倍。

5.2.3 过热器出口安全阀的排放量在总排放量中所占的比例应保证安全阀开启时过热器能得到足够冷却。

5.2.4 额定出口水温不小于 100 ℃的热水锅炉，应按公式（1）确定额定热功率时锅炉的最大产汽量（E_v）：

$$E_v = 35.3 \times 10^4 Q / \Delta_i \qquad\qquad\qquad (1)$$

式中：

E_v——额定热功率时锅炉的最大产汽量，单位为千克每小时（kg/h）；

Q ——锅炉额定热功率，单位为兆瓦（MW）；

Δ_i ——焓增，单位为千焦每千克（kJ/kg），取等于额定压力下饱和蒸汽焓与给水焓之差。

5.2.5 再热器安全阀的总排放量应大于再热器的最大设计蒸汽流量，并且出口处安全阀的排放量应保证安全阀全开时再热器能得到足够的冷却。

5.2.6 直流蒸汽锅炉外置式启动（汽水）分离器安全阀的总排放量应大于直流蒸汽锅炉启动时的产汽量。直流蒸汽锅炉安全阀及动力驱动泄压阀（入口无阀门）的组合排量应大于锅炉的最大连续蒸发量，其中动力驱动泄压阀的排量所计入的比例应不大于锅炉最大连续蒸发量的 30%，动力驱动泄压阀的排量不小于锅炉最大连续蒸发量的 10%。

5.2.7 安全阀制造单位应通过试验确定安全阀的排放量系数，试验方法和排放量计算应符合 GB/T 12241 和 GB/T 12242 的要求，当缺少试验条件时，可按 5.2.8 的规定计算安全阀的排放量。

5.2.8 蒸汽锅炉安全阀的排放量应按照下列方法之一进行计算：

a) 按照安全阀制造单位提供的额定排放量；

b) 按公式(2)计算：

$$E = 0.235A(10.2p+1)K \quad\quad\quad\quad\quad\cdots\cdots\cdots\cdots\cdots\cdots(2)$$

式中：

E ——安全阀的理论排放量，单位为千克每小时（kg/h）；

A ——安全阀的流道面积，可用 $\pi d^2/4$ 计算，单位为平方毫米（mm²），其中 d 为安全阀的流道直径，单位为毫米（mm）；

p ——安全阀进口处的蒸汽压力（表压），单位为兆帕（MPa）；

K ——安全阀进口处蒸汽比容修正系数，按公式(3)计算：

$$K = K_p \cdot K_g \quad\quad\quad\quad\quad\cdots\cdots\cdots\cdots\cdots\cdots(3)$$

式中：

K_p ——压力修正系数；

K_g ——过热修正系数。

K、K_p、K_g 按表1选用和计算。

表 1 安全阀进口处各修正系数

p/MPa	工质状态	K_p	K_g	$K = K_p \cdot K_g$
$p \leqslant 12$	饱和	1	1	1
	过热	1	$\sqrt{\dfrac{V_b}{V_g}}$ [a]	$\sqrt{\dfrac{V_b}{V_g}}$ [a]
$p > 12$	饱和	$\sqrt{\dfrac{2.1}{(10.2p+1)V_b}}$	1	$\sqrt{\dfrac{2.1}{(10.2p+1)V_b}}$
	过热	$\sqrt{\dfrac{2.1}{(10.2p+1)V_b}}$	$\sqrt{\dfrac{V_b}{V_g}}$ [a]	$\sqrt{\dfrac{2.1}{(10.2p+1)V_g}}$
注：V_b ——饱和蒸汽比容，单位为立方米每千克（m³/kg）； 　　V_g ——过热蒸汽比容，单位为立方米每千克（m³/kg）； 　　T_g ——过热度，单位为摄氏度（℃）。				
[a] $\sqrt{\dfrac{V_b}{V_g}}$ 也可用 $\sqrt{\dfrac{1\,000}{1\,000+2.7T_g}}$ 代替。				

c) 按 GB/T 12241 或 NB/T 47063 中的公式进行计算。

5.3 安全阀性能要求

5.3.1 安全阀的整定压力按下列要求选取。

a) 除直流蒸汽锅炉外，锅筒蒸汽锅炉和热水锅炉安全阀整定压力应按表2或表3的规定进行调整和校验，锅炉上有一个安全阀按照表中较低的整定压力进行调整；对有过热器的锅炉，过热器上的安全阀应按较低的整定压力调整，以保证过热器上的安全阀先开启。

b) 直流蒸汽锅炉过热器出口动力驱动泄压阀整定压力为过热器出口的计算压力。

c) 直流蒸汽锅炉各部分安全阀最高整定压力，由锅炉制造单位在设计计算的安全裕量范围内确定。过热器系统应采取可靠措施，保证所有安全阀排放时蒸汽压力不超过过热器出口工作压力的1.2倍。

d) 再热器的安全阀最高整定压力不应高于其计算压力。

表 2 锅筒蒸汽锅炉安全阀整定压力

额定蒸汽压力 MPa	安全阀整定压力	
	最低值	最高值
≤0.8	工作压力+0.03 MPa	工作压力+0.05 MPa
>0.8～5.3	1.04 倍工作压力	1.06 倍工作压力
>5.3	1.05 倍工作压力	1.08 倍工作压力
注：表中的工作压力指安全阀装置地点的工作压力，对于控制式安全阀指控制源接出地点的工作压力。		

表 3 热水锅炉安全阀的整定压力

最低值	最高值
1.10 倍工作压力，但不小于工作压力加 0.07 MPa	1.12 倍工作压力，但不小于工作压力加 0.10 MPa

5.3.2 蒸汽锅炉安全阀的整定压力偏差按表 4 的规定。

表 4 蒸汽锅炉安全阀的整定压力偏差

单位为兆帕

安全阀型式	弹簧式				其他	
整定压力 p_s	<0.5	0.5～2.3	>2.3～7	>7	<0.5	≥0.5
整定压力偏差	±0.015	±0.03p_s	±0.07	±0.01p_s	±0.015	±0.03p_s

5.3.3 热水锅炉安全阀的整定压力偏差规定如下：

a) 当整定压力（p_s）小于 0.5 MPa 时，为±0.015 MPa；

b) 当整定压力（p_s）不小于 0.5 MPa 时，为±0.03p_s。

5.3.4 蒸汽锅炉弹簧式安全阀的排放压力应不大于整定压力的 1.03 倍。

5.3.5 蒸汽锅炉安全阀的启闭压差应不小于整定压力的 4%，也不宜大于整定压力的 7%，最大不超过整定压力的 10%，但以下情况除外：

a) 整定压力小于 0.3 MPa 的安全阀，启闭压差的上限可取 0.03 MPa；

b) 强制流动锅炉的安全阀，启闭压差的上限可取整定压力的 10%。

5.3.6 安全阀的开启高度不应有下偏差。

5.4 安全阀的试验和安装

5.4.1 安全阀应按 GB/T 12241 规定进行强度试验、动作性能试验和排放量试验。

5.4.2 安全阀应铅直安装，并尽可能装在锅筒或集箱的最高位置，或装在被保护设备液面以上气相空间的最高处。在安全阀和锅筒之间或安全阀和集箱之间，不应装设阀门和取用介质的管路。蒸汽管道上的安全阀应布置在直管段上，安全阀动作时首先起座的应为沿汽流方向的最后一只。

5.4.3 受压元件与安全阀之间的连接管路上不应装设隔离阀，但控制式安全阀除外。

5.4.4 受压元件与安全阀之间所有连接管路或管道附件的计算截面积均应不小于安全阀流通通道的计算截面积，并且此类连接管路或管道附件的汽水阻力不应影响安全阀的排量和正常运行。

5.4.5 受压元件的开孔设计应保证在受压元件与安全阀之间的介质流动畅通无阻,当受压元件的一个接口需装设两个或更多的安全阀时,接口的计算截面积应不小于与之相连接各安全阀截面积之和。

5.4.6 液体用泄压阀安装在正常液面以下尽可能低的位置。

5.4.7 安全阀应安装在不会因受压元件中介质性能的影响而失灵的部位。

5.4.8 采用螺纹连接的弹簧安全阀时,应符合 GB/T 12241 的要求;安全阀应与带有螺纹的短管相连接,而短管与锅筒或集箱筒体的连接应采用焊接结构。

5.4.9 蒸汽锅炉的安全阀排汽管要求如下。

    a) 蒸汽锅炉安全阀应设有排汽管,排汽管应直通安全地点,并有足够的流通截面积,保证排汽畅通,同时排汽管应予以固定。避免由于热膨胀或排汽反作用而影响安全阀的正确动作,不应有任何来自排汽管的外力施加到安全阀上。

    b) 两个独立的安全阀的排汽管不应相连接。

    c) 当排汽管露天布置而影响安全阀正常动作时,应加装防护罩,防护罩的安装不应妨碍安全阀的正常动作和维修。

    d) 安全阀排汽管上如装有消音器,其结构应有足够的流通截面积,并有适合的支架和可靠的疏水装置。

    e) 安全阀排汽管底部应装有接到安全地点的疏水管,在排汽管和疏水管上都不应装设阀门。

5.4.10 热水锅炉的安全阀应装设排水管,排水管应直通安全地点,并有足够的排放流通面积,保证排放畅通。在排水管上不应装设阀门,并应有防冻措施。

5.5 安全阀的结构和材料

5.5.1 安全阀的设计要求如下。

    a) 具有螺纹连接的进口或出口的安全阀应具有扳手拧转面,以免正常安装时损坏安全阀零件。

    b) 安全阀在安装前或安装后,均能在不拆卸阀门的条件下进行校正,并且校正时不会损坏安全阀的密封。

    c) 有附加背压的安全阀,应根据背压的大小和变动情况设置背压平衡机构。

    d) 阀体距阀座密封面最低部位开有疏水孔。尺寸大于 DN65 的阀门,疏水孔的直径应不小于 9.5 mm;尺寸不大于 DN65 的阀门,疏水孔的直径应不小于 6.5 mm。

5.5.2 安全阀流道直径(d)的数值规定如下:

    a) 蒸汽锅炉:不小于 20 mm;

    b) 热水锅炉:额定出口水温小于 100 ℃时,按照表 5 选取。

表 5 低于 100 ℃的锅炉安全阀流道直径选取表

锅炉额定热功率 MW	≤1.4	>1.4~7.0	>7.0
安全阀流道直径 mm	≥20	≥32	≥50

额定出口水温不小于 100 ℃时,其安全阀的数量和流道直径应按照公式(4)计算。

$$ndh = \frac{35.3Q}{C(p+0.1)(i-i_{\mathrm{j}})} \times 10^{6} \qquad\cdots\cdots\cdots\cdots\cdots(4)$$

式中:

n ——安全阀数量,单位为个;

d ——安全阀流道直径,单位为毫米(mm);

h ——安全阀阀芯开启高度,单位为毫米(mm);

Q ——锅炉额定热功率,单位为兆瓦(MW);

C ——排放系数,按照安全阀制造单位提供的数据,或按照以下数值选取:当 $h \leqslant d/20$ 时,$C=$ 135;当 $h \geqslant d/4$ 时,$C=70$;

p ——安全阀的开启压力,单位为兆帕(MPa);

i ——锅炉额定出水压力下饱和蒸汽焓,单位为千焦每千克(kJ/kg);

i_j ——锅炉进水的焓,单位为千焦每千克(kJ/kg)。

5.5.3 弹簧式安全阀的附加设计要求如下。

a) 为保证安全阀动作稳定和关闭严密,应采用装有调节环的结构。

b) 开启高度规定如下:全启式应不小于阀门喉部直径的 25%;微启式应不小于阀门喉部直径的 2.5%。

c) 用于蒸汽或高温热水系统中的安全阀,应为直接载荷式,并且应装有可靠的提升装置(扳手)。 当安全阀进口压力大于整定压力 75% 时,利用提升装置(扳手)能够将阀瓣从阀座上提起,该 提升装置(扳手)对阀门动作不应造成阻碍。

d) 为防止调整弹簧压缩量的机构松动或任意改变整定压力,应装设防松装置并加铅封。

e) 弹簧在安全阀规定提升高度时,变形量不大于弹簧在工作极限负荷下变形量的 80%,在室温 下,弹簧从自由高度压到并圈高度 3 次后,停放 10 min,检测其自由高度的残余变形量,应不 大于自由高度的 0.5%。

f) 当弹簧破损时,阀瓣等零件不会飞出阀体外。

5.5.4 杠杆式安全阀应有防止重锤自行移动的装置和限制杠杆越出的导架。

5.5.5 静重式安全阀应有防止重片飞脱的装置。

5.5.6 控制式安全阀应有可靠的动力源和电源,并符合以下要求:

a) 脉冲式安全阀冲量接入导管上的截止阀保持全开并加铅封;

b) 用压缩空气控制的安全阀有可靠的气源和电源;

c) 液压控制式安全阀有可靠的液压传送系统和电源;

d) 电磁控制式安全阀有可靠的电源。

5.5.7 安全阀的材料应符合以下要求:

a) 阀门零件材料按 GB/T 16507.2、GB/T 12228、GB/T 12229 和 GB/T 12230 的规定选用;

b) 阀座和阀瓣母体材料的抗腐蚀性能不低于阀体材料;

c) 调节环的材料具有良好的耐磨和抗腐蚀性能;

d) 弹簧材料按 GB/T 1239.2 和 GB/T 23934 的规定选用。

6 压力测量装置

6.1 每台锅炉应在以下部位装设压力表:

a) 蒸汽锅炉锅筒的蒸汽空间;

b) 给水调节阀前;

c) 省煤器出口(汽包炉除外);

d) 过热器出口和主汽阀之间;

e) 再热器出口、进口；

f) 直流蒸汽锅炉的启动（汽水）分离器或其出口管道上；

g) 直流蒸汽锅炉省煤器进口、储水箱和循环泵出口；

h) 直流蒸汽锅炉蒸发受热面出口截止阀前（如果装有截止阀）；

i) 热水锅炉的锅筒上；

j) 热水锅炉的进水阀出口和出水阀进口；

k) 热水锅炉循环水泵的出口、进口；

l) 燃油锅炉、燃煤锅炉的点火油系统的油泵进口（回油）及出口；

m) 燃气锅炉、燃煤锅炉的点火气系统的气源进口及燃气阀组稳压阀（调压阀）后；

n) 控制循环锅炉炉水循环泵进口、出口。

6.2 选用的压力表应符合以下规定。

a) 对于额定工作压力不小于 3.8 MPa 的锅炉，压力表精度不低于 1.6 级，其他锅炉压力表精度不低于 2.5 级。

b) 压力表的量程根据工作压力选用，一般为工作压力的 1.5 倍～3.0 倍，最好选用工作压力的 2 倍。

c) 压力表表盘大小保证锅炉作业人员能清楚地看到压力指示值。

d) 压力表定期进行校验，刻度盘上划出工作压力的红线，注明下次的校验日期。压力表校验后加铅封。

6.3 安装压力表应符合以下要求：

a) 应装设在便于观察和吹洗的位置，并防止受到高温、冰冻和震动的影响；

b) 锅炉蒸汽空间设置的压力表有存水弯管或其他冷却蒸汽的措施，热水锅炉用的压力表也有缓冲弯管，弯管内径不小于 10 mm；

c) 压力表和存水弯管之间装设有三通阀门，以便吹洗管路、卸换或校验压力表。

6.4 压力表有以下情况之一时，应停止使用：

a) 有限止钉的压力表在无压力时，指针转动后不能回到限止钉处，没有限止钉的压力表在无压力时，指针离零位的数值超过压力表规定的允许误差；

b) 表面玻璃破碎或表盘刻度模糊不清；

c) 封印损坏或超过校验有效期限；

d) 表内泄漏或指针跳动；

e) 其他影响压力表精确指示的缺陷；

f) 经检定后测量误差超过表计精度要求。

6.5 额定压力大于 3.8 MPa 的锅炉，应在以下部位提供超压报警信号，并应设置在没有或很少有蒸汽流动的部位：

a) 锅筒内部设备外侧蒸汽空间的最高点（左、右各一点）；

b) 过热器出口集汽集箱或出口集箱上部（左、右集箱各一点）；

c) 给水调节阀前。

6.6 压力表引出部位与监测部位之间垂直距离超过 10 m 时，应计入液柱静压力的影响。

7 水位测量与示控装置

7.1 水位表的型式和数量

7.1.1 每台蒸汽锅炉（直流锅炉除外）应在锅筒上装设一套可靠的水位示控装置及至少两个彼此独立

的直读式水位表,符合下列条件之一的锅炉可只装设一个直读式水位表:

 a) 额定蒸发量不大于 2 t/h 的锅炉;

 b) 装有两套各自独立并且可靠的远程水位测量装置的锅炉;

 c) 电加热锅炉。

7.1.2 多压力等级余热锅炉每个压力等级的锅筒应装设两个彼此独立的直读式水位表。

7.1.3 直流蒸汽锅炉启动系统中储水箱和有储水功能的启动(汽水)分离器应至少各装设一台差压式远程水位测量装置。

7.2 水位表的结构和装置

7.2.1 水位表应有指示最高、最低安全水位和正常运行水位的明显标记。水位表上部可见边缘应比最高安全水位至少高 25 mm,下部可见边缘应比最低安全水位至少低 25 mm。

7.2.2 玻璃管式水位计的玻璃管的内径应不小于 8 mm。

7.2.3 为防止玻璃板(管)损坏时伤人,水位表应有防护装置(保护罩、快关阀、自动闭锁珠等),但任何防护装置均不应妨碍观察真实水位。

7.2.4 用两个及两个以上玻璃板或云母片组成的一组水位表,应能够连续指示水位。

7.2.5 锅炉运行中应能吹洗水位表和更换玻璃板(管)、云母片。

7.2.6 水位表应有吹洗用的放水阀门和接到安全排放地点的放水管。

7.2.7 水位表(或水表柱)和锅筒之间阀门的流通直径应不小于 8 mm,汽水连接管的内径应不小于 18 mm,连接管尽可能短,当连接管长度大于 500 mm 或有弯曲部分时,内径应适当放大,以保证水位表灵敏准确。

7.2.8 连接管不是水平布置时,汽连接管中的凝结水应能自行流向水位表,水连接管中的水应能自行流向锅筒,以防止形成假水位。

7.2.9 水位表(或水表柱)和锅筒之间的汽水连接管上应装有阀门,锅炉运行时,阀门应处于全开位置。对于额定蒸发量小于 0.5 t/h 的锅炉,水位表与锅筒之间的汽水连接管上可不装设阀门。

7.3 水位表的安装

7.3.1 水位表应装在便于观察和操作的地方,如果水位表离锅炉的操作平面高于 6 000 mm 时,应加装远程水位测量装置或水位视频监视系统。用远程水位测量装置监视锅炉水位时,其信号应各自独立取出。在锅炉控制室内至少有两个可靠的远程水位测量装置,同时运行中应保证有一个直读式水位表正常工作。

7.3.2 水位表水连接管的安装部位应能正确反映锅筒的真实水位。

7.3.3 为使水位表所指示的水位尽可能正确反映锅筒的真实水位,汽水连接管等有关元件应有良好保温。

7.3.4 亚临界及以下压力的锅炉水位表安装时,应对由于水位表与锅筒内液体密度差引起的测量误差进行修正。

8 温度测量装置

8.1 在锅炉相应部位应装设温度测点以测量如下温度:

 a) 蒸汽锅炉的给水温度(常温给水除外);

 b) 铸铁省煤器和电站锅炉省煤器出口水温;

    c)   热水锅炉进口、出口水温;

    d)   过热器出口和多级过热器的每级出口的汽温;

    e)   减温器前、后的汽温;

    f)   再热器进口、出口和多级再热器的每级出口的汽温(如果结构满足装设要求);

    g)   额定蒸汽压力不小于9.8 MPa的锅炉的锅筒上、下壁温;

    h)   过热器、再热器的蛇形管的金属壁温;

    i)   锅炉空气预热器进口的烟温;

    j)   排烟温度;

    k)   有再热器的锅炉炉膛出口或再热器入口烟温;

    l)   空气预热器进口、出口的空气温度;

    m)   直流蒸汽锅炉上下炉膛水冷壁出口金属壁温,启动系统储水箱壁温。

8.2   在蒸汽锅炉过热器出口、再热器出口和额定热功率不小于7 MW的热水锅炉出口,应装设可记录式温度测量仪表。

8.3   表盘式测量温度仪表的量程应根据工作温度选用,一般为工作温度的1.5倍~2.0倍。

9   排污和放水装置

9.1   蒸汽锅炉锅筒和水循环系统的最低处都应有排污装置;额定工作压力小于3.8 MPa的锅炉应采用快开式排污阀门;排污阀的公称通径为20 mm~65 mm。

9.2   额定蒸发量大于1 t/h的蒸汽锅炉和额定工作压力小于3.8 MPa且额定出水温度不小于120 ℃的热水锅炉(工业用直流和贯流式锅炉除外),排污管上应装设两个串联的阀门,其中至少有一个是排污阀,且安装在靠近排污管线出口一侧。

9.3   过热器系统、再热器系统、省煤器系统的最低集箱(或管道)处应装放水阀。有过热器的蒸汽锅炉锅筒应装设连续排污装置。

9.4   每台锅炉应装设独立的排污管,排污管尽量减少弯头,保证排污畅通并且接到安全地点或排污膨胀箱(扩容器)。

9.5   多台锅炉合用一根排放总管时,避免两台以上的锅炉同时排污。

9.6   锅炉的排污阀、排污管不宜采用螺纹连接。

9.7   排污和放水管道设计要求如下。

    a)   管道的强度计算应符合GB/T 16507.4的要求,管道附件应根据介质参数选用。

    b)   应根据锅炉工作压力确定管道的相应压力。在任何情况下,管道的计算压力应不小于0.6 MPa。

    c)   额定功率在100 MW以上的锅炉或额定压力在9.8 MPa以上的锅炉,宜对管道系统进行应力分析。

10   报警和保护装置

10.1   报警应包括下列内容:

    a)   工艺系统参数偏离正常运行范围;

    b)   保护动作及主要辅助设备故障;

    c)   监控系统故障;

  d) 电源气源故障；

  e) 电气设备故障；

  f) 火灾探测区域异常；

  g) 有毒有害气体的泄漏。

10.2　报警可分为控制系统报警和常规光字牌报警。报警应具有自动闪光、音响和人工确认等功能。

10.3　报警宜由控制系统的报警功能完成，机组不宜仅配常规光字牌报警装置，必要时，可按下列项目设置不超过 20 个光字牌报警窗口：

  a) 重要参数偏离正常值；

  b) 单元机组保护跳闸；

  c) 重要装置电源故障。

10.4　当设置常规光字牌报警时，其输入信号不宜取自控制系统的输出。

10.5　控制系统的报警应根据信号的重要性设置报警优先级。

10.6　控制系统报警的报警源可来自控制系统的所有模拟量输入、数字量输入、模拟量输出、数字量输出、脉冲量输入及中间变量和计算值。

10.7　控制系统功能范围内的全部报警项目应能在显示终端上显示和在打印机上打印，在机组启停过程中应抑制虚假信号。

10.8　火灾探测与报警设计应符合 GB 50229 和 GB 50116 的有关规定。

10.9　机组保护系统和装置的设定规定如下。

  a) 保护系统的设计应采取防止误动和拒动的措施。

  b) 当机组保护系统采用分散控制系统或可编程序控制器时，符合下列规定：

    1) 机炉跳闸保护系统的逻辑控制器应单独冗余设置；

    2) 保护系统应有独立的 I/O 通道，并有电隔离措施；

    3) 冗余的 I/O 信号应通过不同 I/O 模件引入；

    4) 触发机组跳闸保护信号的仪表应单独设置，当无法单独设置需与其他系统合用时，其信号应首先进入保护系统；

    5) 机组跳闸命令不应通过通信总线传送；

    6) 热工自动化系统维护和检查，不应影响热工自动化系统整体的可靠性；

    7) 锅炉炉膛安全保护系统应采用独立的控制器，不应与其他控制系统共用同一控制器。

    8) MFT（总燃料跳闸）继电器柜宜采用带电跳闸方式，FSSS（炉膛安全监控系统）控制逻辑中 MFT 控制命令宜采用失电跳闸方式。

  c) 300 MW 及以上容量机组跳闸保护回路在机组运行中宜在不解除保护功能和不影响机组正常运行的情况下进行动作试验。

  d) 在控制台上应设置主燃料跳闸、停止汽轮机和解列发电机的跳闸按钮，并应采用双重按钮或带盖的单按钮；跳闸按钮应直接接入停炉、停机的驱动回路。

  e) 机组保护动作原因应设事件顺序记录。单元机组还应有事故追忆功能。

  f) 保护系统输出的操作指令应优先于其他任何指令。

  g) 保护系统中不应设置供运行人员切、投保护的控制盘、台按钮和操作员站软操作等任何操作手段。

10.10　火力发电厂锅炉和汽轮机的跳闸保护系统可采用电子逻辑系统或继电器硬逻辑系统，系统宜采用经认证的、SIL3 级的安全相关系统。安全相关系统应符合 GB/T 20438（所有部分）和 GB/T 21109（所有部分）的有关规定。

10.11 停止单元机组运行的保护符合下列规定。

    a) 锅炉事故停炉,应停止单元机组的运行。

    b) 单元机组具有快速切负荷功能时,符合下列规定:

      1) 外部系统故障引起发电机解列,不应停止单元机组的运行;

      2) 发电机主保护动作应停止汽轮发电机组的运行,不应停止锅炉的运行;

      3) 汽轮机事故停机应停止汽轮发电机组的运行,不应停止锅炉的运行。

    c) 单元机组不具有快速切负荷功能时,但汽轮机旁路系统具有快开功能且容量足够时,符合下列规定:

      1) 外部系统故障引起发电机解列应停止汽轮发电机组的运行,可不停止锅炉的运行;

      2) 发电机主保护动作应停止汽轮发电机组的运行,可不停止锅炉的运行;

      3) 汽轮机事故停机应停止汽轮发电机组的运行,可不停止锅炉的运行。

    d) 单元机组不具有快速切负荷功能时,且不能满足 10.11 c)的要求时,符合下列规定:

      1) 外部系统故障引起发电机解列,应停止单元机组的运行;

      2) 发电机主保护动作,应停止单元机组的运行;

      3) 汽轮机事故停机,应停止单元机组的运行。

10.12 锅炉保护符合下列规定。

    a) 锅炉给水系统应设下列保护:

      1) 汽包锅炉的水位保护;

      2) 直流锅炉的给水流量过低保护。

    b) 锅炉蒸汽系统应设下列保护:

      1) 主蒸汽压力高保护;

      2) 再蒸汽压力高保护;

      3) 再热蒸汽温度高喷水保护;

      4) 机组启动时的再热器保护。

    c) 锅炉炉膛安全保护应包括下列功能:

      1) 锅炉吹扫;

      2) 油系统检漏试验;

      3) 灭火保护;

      4) 炉膛压力保护。

    d) 在运行中发生下列情况之一时,应能实现总燃料跳闸、紧急停炉保护:

      1) 手动停炉指令;

      2) 全炉膛火焰丧失;

      3) 炉膛压力过高/过低;

      4) 汽包水位过高/过低;

      5) 全部送风机跳闸;

      6) 全部引风机跳闸;

      7) 煤粉燃烧器投运时,全部一次风机跳闸(燃煤工况);

      8) 燃料全部中断;

      9) 总风量过低;

      10) 单元制机组且未设置旁路备用的机组汽轮机跳闸;

      11) 炉膛安全监控系统失电;

12) 火检冷却风丧失;

13) 强制循环锅炉水冷壁循环不良保护;

14) 循环流化床锅炉床温过高或出口烟温过高;

15) 循环流化床锅炉床温低于主燃料允许投入温度且启动燃烧器火焰未确认;

16) 直流锅炉给水流量过低或给水泵全停;

17) 根据锅炉特点要求的其他停炉保护条件。

e) 当炉膛瞬态压力有可能超过炉膛设计压力时,应根据锅炉制造单位要求设置炉膛压力过高/过低解列送/引风机的保护。

10.13 MFT 发生后,应立即切断所有磨煤机、给煤机、一次风机、排风机、给粉机、给粉电源、燃油/燃气速断阀、各燃油/燃气燃烧器燃油/燃气阀、各减温水截止阀及调节阀、吹灰器、电除尘器等。

10.14 室燃锅炉应有锅炉停炉联锁保护功能,并符合 DL/T 5428 的规定。

10.15 额定蒸发量 670 t/h 及以上锅炉应配有炉膛安全监控装置,且至少具有下列功能:

a) 检测燃烧器或炉膛火焰;

b) 防止炉膛内爆或外爆;

c) 进行炉膛吹扫。

10.16 蒸汽锅炉应装设高、低水位报警和低水位联锁保护装置,保护装置最迟应在最低安全水位时动作,无锅筒并且有可靠壁温联锁保护装置的工业锅炉除外;安置在多层或高层建筑物内的锅炉,蒸汽锅炉应配备超压联锁保护装置、热水锅炉应配备超温联锁保护装置。

10.17 额定蒸发量不小于 2 t/h 的锅炉,应装设蒸汽超压报警和联锁保护装置,超压联锁保护装置动作整定值应低于安全阀较低整定压力值;额定工作压力不小于 9.8 MPa 的锅炉还应装设高水位联锁保护装置。

10.18 燃气锅炉或用燃气点火的锅炉均应设置燃气泄漏监测报警装置。

10.19 锅炉的过热器和再热器,应根据机组运行方式、自控条件和过热器、再热器设计结构,采取相应的保护措施,防止金属壁超温。再热器金属壁温不应超过最高允许温度。再热蒸汽系统应设置事故喷水装置,并能自动投入使用。再热器出口汽温达到最高允许值时,自动投入事故喷水。

10.20 控制循环蒸汽锅炉应有下列保护和联锁装置:

a) 锅水循环泵进口、出口差压保护;

b) 锅水循环泵电动机内部水温超温保护;

c) 锅水循环泵出口阀与泵的联锁装置。

10.21 额定工作压力不小于 3.8 MPa 的直流锅炉还应有下列保护装置:

a) 在任何情况下,当给水流量低于启动流量时的报警装置;

b) 锅炉进入纯直流状态运行后,工质流程中间点温度超过规定值时的报警装置;

c) 给水的断水时间超过规定时间时,自动切断锅炉燃料供应的装置;

d) 亚临界及以上直流锅炉上、下炉膛水冷壁金属温度超过规定值的报警装置;

e) 设置有启动循环泵的直流锅炉,循环泵电动机内部水温超温的保护装置。

10.22 室燃锅炉应装设有下列功能的联锁装置:

a) 全部引风机跳闸时,自动切断全部送风和燃料供应;

b) 全部送风机跳闸时,自动切断全部燃料供应;

c) 直吹式制粉系统一次风机全部跳闸时,自动切断全部燃料供应;

d) 燃油及其雾化工质的压力、燃气压力低于规定值时,自动切断燃油或燃气供应;

e) 额定工作压力不小于 9.8 MPa 的锅炉,除符合 a)～d)的要求外,还应有炉膛烟气侧高低压力联锁保护装置。

10.23 当循环流化床锅炉采用用水冷却的冷渣器时,冷渣器应有冷却水流量、温度和压力的测量装置。

10.24 具有外置换热器的循环流化床锅炉,宜配置紧急补给水系统。

注:外置换热器是指利用部分外循环物料,对循环流化床锅炉外循环回路中受热面的工质进行加热的设备。

10.25 循环流化床锅炉在运行过程中还应设有下列保护措施:

　　a) 设置风量与燃料联锁保护装置,当流化风低于最小流化风量时,能切断燃料供给;

注:最小流化风量指循环流化床锅炉在床料粒度组成一定的情况下,保证颗粒床层处于流化的最小风量。

　　b) 将床温控制在一定的范围内,并应控制床温变化率;

　　c) 根据物料的粒度组成情况将床压控制在一定的范围内,以满足传热和床温控制的要求。

10.26 室燃锅炉应设装点火程序控制装置和熄火保护装置,并且满足下列要求。

　　a) 在点火程序控制中,点火前的总通风量应不小于 3 倍的从炉膛到烟囱入口的烟道总容积。0.5 t/h(350 kW)以下的液体燃料锅炉通风时间至少持续 10 s;非发电用直流锅炉的通风时间至少持续 20 s;电站锅炉的通风时间应持续 5 min 以上或总通风量不小于 5 倍从炉膛到烟囱入口烟道总容积,两者取大值;其他锅炉的通风时间至少持续 60 s。由于结构原因不易做到充分吹扫时,应适当延长通风时间。

　　b) 单位时间通风量一般保持额定负荷下的燃烧空气量。对额定功率较大的燃烧器,可适当降低但不应低于额定负荷下燃烧空气量的 50%;电站锅炉一般保持额定负荷下的 25%~40% 的燃烧空气量,在降低燃烧空气量吹扫时应保证足够的通风时间。

　　c) 熄火保护装置动作时,应保证自动切断燃料供给,并保证一定时间的强制通风。

10.27 用油、气体或煤粉作燃料的锅炉,其燃烧器应保证点火、熄火安全时间符合表 6、表 7 和表 8。

注:燃烧器启动时,从燃料进入炉膛点火失败到燃料快速切断装置开始动作的时间称为点火安全时间;运行时,从火焰熄灭到快速切断装置开始动作的时间称为熄火安全时间。

表 6　液体燃料燃烧器安全时间要求

主燃烧器额定输出热功率 kW	主燃烧器在额定功率下直接点火安全时间 s	主燃烧器在降低功率下直接点火安全时间 s	主燃烧器通过点火燃烧器点火		熄火安全时间 s
			点火燃烧器的点火安全时间 s	主燃烧器的主火安全时间 s	
≤400	≤10		≤10	≤10	≤1
>400~1 200	≤5		≤5	≤5	≤1
>1 200~6 000	不准许	≤5	≤5	≤5	≤1
>6 000	不准许	≤5	≤5	≤5	≤1

表 7　气体燃烧器安全时间要求

主燃烧器额定输出热功率 kW	主燃烧器在额定功率下直接点火安全时间 s	主燃烧器在降低功率下直接点火安全时间 s	带有旁路启动燃气的主燃烧器降低功率直接点火安全时间 s	主燃烧器通过点火燃烧器点火		熄火安全时间 s
				点火燃烧器的点火安全时间 s	主燃烧器的主火安全时间 s	
≤70	≤5			≤5	≤5	≤1

表 7 气体燃烧器安全时间要求（续）

| 主燃烧器额定输出热功率 kW | 主燃烧器在额定功率下直接点火安全时间 s | 主燃烧器在降低功率下直接点火安全时间 s | 带有旁路启动燃气的主燃烧器降低功率直接点火安全时间 s | 主燃烧器通过点火燃烧器点火 | | 熄火安全时间 s |
				点火燃烧器的点火安全时间 s	主燃烧器的主火安全时间 s	
>70~120	≤3			≤5	≤3	≤1
>120	不准许	≤3		≤3	≤3	≤1

表 8 燃煤粉燃烧器安全时间要求

单位为秒

点火安全时间	熄火安全时间
—	≤5

10.28 用液体或气体作燃料的锅炉,应严格限制燃烧器点火时的启动热功率。

10.29 由于事故引起主燃料系统跳闸,灭火后未能及时进行炉膛吹扫的应尽快实施补充吹扫。不应向已经熄火停炉的锅炉炉膛内供应燃料。

10.30 锅炉运行中联锁保护装置不应随意退出运行,联锁保护装置的备用电源或气源应可靠,不应随意退出备用,并且定期进行备用电源或气源自投试验。

10.31 按照压力容器相应标准设计制造的电加热锅炉的安全附件应符合本文件的设置规定及其要求。电加热锅炉的电器元件应有足够的耐压强度。

10.32 锅炉应至少设有下列自动调节系统:

    a) 汽包炉汽包水位自动调节系统;
    b) 主蒸汽温度自动调节系统;
    c) 主汽压力自动调节;
    d) 再热汽温度调节;
    e) 燃料量自动调节;
    f) 风量自动调节;
    g) 炉膛压力自动调节;
    h) 一次风压自动调节;
    i) 直流炉中间点温度/焓值自动调节;
    j) 循环流化床锅炉床温和床压自动调节;
    k) 磨煤机出口温度及一次风量调节;
    l) 机炉协调控制。

11 其他附件

11.1 水、汽取样器和反冲洗系统的设置

11.1.1 额定工作压力不小于 3.8 MPa 的锅炉应在省煤器进口(或给水泵出口)、锅筒、饱和蒸汽引出管、过热器、再热器等部位配置水汽取样装置,并且在锅炉设计时,选择有代表性位置设置取样点。

11.1.2 额定工作压力大于 0.8 MPa 且小于 3.8 MPa 以及额定工作压力不大于 0.8 MPa 且设计正常水位水容积大于 50 L 的蒸汽锅炉给水泵出口、蒸汽冷凝回水系统应设置取样器,锅水(直流锅炉除外)和热力除氧器出水应设置具有冷却功能的取样装置,对蒸汽质量有要求时,应设蒸汽取样器;热水锅炉应在循环泵出口设置锅水取样装置。

11.1.3 额定工作压力不小于 3.8 MPa 的直流锅炉给水泵出口应设置排水阀和给水取样点。

11.2 过热器反冲洗

额定工作压力不小于 3.8 MPa 的锅炉过热器宜设置反冲洗用接口,反冲洗的介质也可以通过主汽阀前疏水管路引入。

11.3 防爆门

额定蒸发量不大于 75 t/h 的水管锅炉,当采用煤粉、油、气体及其他可能产生爆燃的燃料时,在炉膛和烟道等容易爆燃的部位宜设置防爆门。防爆门的设置应不致危及人身的安全。

11.4 尾部烟道疏水装置

额定工作压力小于 3.8 MPa 的燃气锅炉和冷凝式锅炉的尾部烟道应设置可靠的疏水装置。

11.5 锅炉启动时省煤器的保护

设置有省煤器的锅炉,应设置旁通水路、再循环管或采取其他省煤器启动保护措施。

11.6 再热器保护

电站锅炉应装设蒸汽旁路或炉膛出口烟温监测等装置,确保再热器在启动及甩负荷时的冷却。

参 考 文 献

[1] TSG 11 锅炉安全技术规程
[2] TSG 91 锅炉节能环保技术规程

参 考 文 献

ICS 27.060.30
CCS J 98

中华人民共和国国家标准

GB/T 16507.8—2022
代替 GB/T 16507.8—2013

水管锅炉
第 8 部分：安装与运行

Water-tube boilers—
Part 8: Installation and operation

2022-03-09 发布

2022-10-01 实施

国家市场监督管理总局
国家标准化管理委员会   发布

前　　言

本文件按照 GB/T 1.1—2020《标准化工作导则　第 1 部分:标准化文件的结构和起草规则》的规定起草。

本文件是 GB/T 16507《水管锅炉》的第 8 部分。GB/T 16507 已经发布了以下部分:
——第 1 部分:总则;
——第 2 部分:材料;
——第 3 部分:结构设计;
——第 4 部分:受压元件强度计算;
——第 5 部分:制造;
——第 6 部分:检验、试验和验收;
——第 7 部分:安全附件和仪表;
——第 8 部分:安装与运行。

本文件代替 GB/T 16507.8—2013《水管锅炉　第 8 部分:安装与运行》,与 GB/T 16507.8—2013 相比,除结构调整和编辑性改动外,主要技术变化如下:
——删除了锅炉安装部分基本要求(见 2013 年版的 4.1 和 4.2);
——增加了锅炉范围内管道安装位置安全距离的要求(见 4.1);
——增加了对于合金钢材料制成的承压部件的光谱分析复验的规定(见 4.3);
——增加了设备临时加固设施和吊装设施的要求(见 4.10);
——增加了成品和半成品的检查和成品保护的要求(见 4.11 和 4.12);
——增加了无结构校核情况下的焊接施工要求,以及防止污染物排放的规定(见 4.13 和 4.14);
——更改了锅炉安装过程中的监督要求(见 4.15,2013 年版的 4.12);
——增加了锅炉安装过程中,无损检测技术等级及焊接接头质量等级要求和时机(见 4.16);
——更改了受压元件、部件的焊接接头的返修及修后检验工作的要求,锅炉本体受压元件、部件和主要连接管道及锅炉范围内管道的清洗要求和锅炉调试过程的要求(见 4.17、4.21 和 4.23, 2013 年版的 4.14、4.18 和 4.20);
——增加了当基础表面与柱脚间需要放置垫铁时的二次灌浆要求(见 5.1.3);
——增加了锅炉钢结构吊装过程中沉降观测点的设置要求(见 5.2.5);
——增加了高强螺栓产品抽样验收试验与连接试验的要求(见 5.2.7 及表 5);
——增加了叠梁和板梁吊装前的要求(见 5.3.3);
——更改了锅炉常用紧固件部分硬度值(见表 8,2013 年版的表 7);
——增加了锅筒、集箱等部件的膨胀系统的安装要求(见 6.1.7 和 6.2.8);
——更改了通球试验的球径要求(见 7.2.3 和表 11,2013 年版的 7.2.3 和表 10);
——增加了通球球径无法通过的处理方法(见 7.2.5);
——更改了合金钢材料受热面管加热校正的规定(见 7.2.7,2013 年版的 7.2.4);
——更改了受热面管子对接焊缝的要求(见 7.2.8,2013 年版的 7.2.6);
——增加了受热面管子的安装对接时直管段部分相邻两条焊缝间的距离要求(见 7.2.9);
——更改了受热面管组合安装过程中切割的要求(见 7.2.10,2013 年版的 7.2.7);
——增加了受热面管组合的其他要求(见 7.2.15、7.2.16 和 7.2.17);
——更改了水冷壁组合安装部分检查项目与质量标准(见表 14,2013 年版的表 13);

——更改了过热器、再热器组合安装要求(见7.3.5和表15,2013年版的7.3.5和表14);

——更改了顶棚过热器管排平整度允许偏差和悬吊式受热面安装基准(见7.3.6和7.3.7,2013年版的7.3.6和7.3.7);

——增加了循环流化床设备和组件的安装要求(见7.4);

——更改了管道的安装施工的要求(见9.1.1,2013年版的9.1.1);

——增加了合金钢材料管道的光谱分析复查要求(见9.1.3);

——增加了管道对接焊缝的布置、中心线距离和焊接工艺的要求(见9.1.4、9.1.5和9.1.6);

——更改了取样管、排空气管道安装的要求(见9.1.8,2013年版的9.1.7);

——增加了部分管道元件的设置要求(见9.2.1和9.2.2);

——更改了部分排污和放水装置的设置与安装要求(见9.2.5,2013年版的9.1.6);

——更改了安全阀的安装与校验的要求(见10.1,2013年版的9.2);

——增加了水位表(直读式)和远程水位测量装置的设置要求(见10.2.1、10.2.2和10.2.3);

——更改了水位表(直读式)部分安装要求(见10.2.6和10.2.7,2013年版的9.3.3和9.3.4);

——更改了压力表的部分设置和安装要求(见10.3.1和10.3.4,2013年版的9.4.1和9.4.4);

——增加了压力测量装置的部分要求(见10.3.5和10.3.6);

——更改了燃烧装置安装位置允许偏差(见表23,2013年版的表21);

——更改了旋流燃烧器、扰动式(或带有调整机构的)燃烧装置的安装要求(见11.2,2013年版的10.1.7);

——增加了直流燃烧装置、W型火焰燃烧装置、流化床燃烧装置和炉排装置的安装要求(见11.3、11.4、表24、11.5、表25、表26、11.8和附录A);

——增加了水压试验的部分要求(见14.3、14.6和14.7);

——更改了不必进行水压试验的锅炉要求(见14.5,2013年版的13.4);

——更改了化学清洗的部分要求(见16.1.5和16.1.6,2013年版的15.1.5和15.1.6);

——增加了冲洗和吹洗的部分要求(见16.2.1、16.2.16和16.2.17);

——更改了调试部分试验内容(见17.2和17.3,2013年版的16.2和16.4);

——删除了调试操作人员的要求(见2013年版的16.3);

——增加了试运完成后的要求(见17.5);

——更改了安装质量验收的部分要求(见18.1,2013年版的17.1);

——更改了锅炉运行的部分要求(见19.1、19.2和19.4,2013年版的18.1、18.2和18.4);

——增加了锅炉运行中的水汽质量要求和立即停止运行的情况(见19.6和19.10)。

请注意本文件的某些内容可能涉及专利。本文件的发布机构不承担识别专利的责任。

本文件由全国锅炉压力容器标准化技术委员会(SAC/TC 262)提出并归口。

本文件起草单位:中国特种设备检测研究院、山东省特种设备检验研究院有限公司、中国能源建设集团安徽电力建设第二工程有限公司、泰山集团泰安泰山能源工程有限公司、上海发电设备成套设备研究院有限责任公司、南通万达锅炉有限公司。

本文件主要起草人:陈新中、曹宏伟、唐杰、赵军、俞经河、宫献平、陈秀彬、陆子龙、石回回。

本文件及其所代替文件的历次版本发布情况为:

——1996年首次发布为GB/T 16507—1996;

——2013年第一次修订时,将水管锅炉和锅壳锅炉内容分开,各由8个部分组成,水管锅炉为GB/T 16507.1—2013～GB/T 16507.8—2013《水管锅炉》,锅壳锅炉为GB/T 16508.1—2013～GB/T 16508.8—2013《锅壳锅炉》,本文件为GB/T 16507.8—2013《水管锅炉 第8部分:安装与运行》;

——本次为第二次修订。

引　言

　　GB/T 16507《水管锅炉》是全国锅炉压力容器标准化技术委员会(以下简称"委员会")负责制修订和归口的锅炉通用建造标准之一。其制定遵循了国家颁布的锅炉安全法规所规定的安全基本要求,设计准则、材料要求、制造检验技术要求、验收标准和安装要求均符合 TSG 11《锅炉安全技术规程》的相应规定。GB/T 16507 为协调标准,满足 TSG 11《锅炉安全技术规程》的基本要求,同时也符合TSG 91《锅炉节能环保技术规程》的要求。GB/T 16507 旨在规范锅炉的设计、制造、检验、验收和安装,由 8 个部分构成。

　　——第 1 部分:总则。目的在于确定水管锅炉范围界定、锅炉参数、建造规范以及节能和环保等建造水管锅炉的通用技术要求。

　　——第 2 部分:材料。目的在于确定水管锅炉受压元件和非受压元件、受力构件、锅炉钢结构和焊接材料等的选材和用材要求。

　　——第 3 部分:结构设计。目的在于确定水管锅炉结构设计的基本要求、焊接连接要求、开孔和各元(部)件的具体设计要求。

　　——第 4 部分:受压元件强度计算。目的在于确定水管锅炉受压元件的计算壁温、计算压力、设计许用应力取值及强度设计计算方法。

　　——第 5 部分:制造。目的在于确定水管锅炉在制造过程中的标记、冷热加工成形、胀接、焊接和热处理要求。

　　——第 6 部分:检验、试验和验收。目的在于确定水管锅炉受压元件和与其直接连接的承受载荷的非受压元件的检验、试验和验收要求。

　　——第 7 部分:安全附件和仪表。目的在于确定水管锅炉安全附件和仪表的设置和选用要求。

　　——第 8 部分:安装与运行。目的在于确定水管锅炉本体和锅炉范围内管道的安装、调试、质量验收以及运行要求。

　　由于 GB/T 16507 没有必要,也不可能囊括适用范围内锅炉建造和安装中的所有技术细节,因此,在满足 TSG 11《锅炉安全技术规程》所规定的基本安全要求的前提下,不禁止 GB/T 16507 中没有特别提及的技术内容。

　　GB/T 16507 不限制实际工程设计和建造中采用能够满足安全要求的先进技术方法。

　　对于未经委员会书面授权或认可的其他机构对标准的宣贯或解释所产生的理解歧义和由此产生的任何后果,本委员会将不承担任何责任。

水管锅炉

第 8 部分：安装与运行

1 范围

本文件规定了水管锅炉本体和锅炉范围内管道的安装、调试、质量验收以及运行等要求。

本文件适用于 GB/T 16507.1 界定的水管锅炉。水管锅炉的改造、修理可参照使用。

2 规范性引用文件

下列文件中的内容通过文中的规范性引用而构成本文件必不可少的条款。其中，注日期的引用文件，仅该日期对应的版本适用于本文件；不注日期的引用文件，其最新版本（包括所有的修改单）适用于本文件。

GB/T 1576　工业锅炉水质

GB/T 2900.48　电工名词术语　锅炉

GB/T 12145　火力发电机组及蒸汽动力设备水汽质量

GB/T 16507.1　水管锅炉　第 1 部分：总则

GB/T 16507.4　水管锅炉　第 4 部分：受压元件强度计算

GB/T 16507.6　水管锅炉　第 6 部分：检验、试验和验收

GB/T 16507.7　水管锅炉　第 7 部分：安全附件和仪表

GB 50016　建筑设计防火规范

GB 50041　锅炉房设计标准

GB 50204　混凝土结构工程施工质量验收规范

GB 50205　钢结构工程施工质量验收标准

GB 50273　锅炉安装工程施工及验收规范

GB 50275　风机、压缩机、泵安装工程施工及验收规范

DL/T 777　火力发电厂锅炉耐火材料

DL/T 852　锅炉启动调试导则

DL/T 902　耐磨耐火材料

NB/T 47013（所有部分）　承压设备无损检测

3 术语和定义

GB/T 2900.48 和 GB/T 16507.1 界定的以及下列术语和定义适用于本文件。

3.1

调试　commissioning

锅炉和相关设备、系统在安装后按照设计和设备技术文件规定进行调整、整定和一系列试验工作的总称。

注：调试是调整和试验的简称。

3.2

分部试运 commissioning of individual equipment and system

对单台设备或系统进行的动态检查和试验。

3.3

整套启动试运 start up and commissioning

在完成分部试运的基础上,由调试、生产、施工单位共同参加进行汽机、锅炉整套设备联合电气、热工自动化的启动试运。

4 基本要求

4.1 安装锅炉的位置和建筑物应满足 GB 50016、GB 50041 的有关规定并符合设计图样的要求。锅炉范围内管道的安装位置应与人员密集场所(如控制室、值班室等)保持足够的安全距离。在无法满足安全距离的要求时,建筑物应采取必要的防爆与隔离措施。

4.2 锅炉安装应在土建基础工作完成并验收合格后进行。

4.3 锅炉各部件安装前应取得锅炉制造单位的设备制造相关技术文件和质量证明文件,安装所用的材料进入现场,按照有关规定进行入厂验收,合格后才能使用。对于合金钢材料制成的承压部件的成品、半成品和原材料应进行 100% 的化学成分光谱分析复验。

4.4 锅炉的安装应符合安全技术规范和制造单位提供的安装说明书的要求。

4.5 锅炉安装焊接施工现场应有防风、防雨雪、防潮和防寒措施。当环境温度低于 0 ℃ 或其他恶劣天气时,应有相应的技术措施。

4.6 锅炉安装焊接施工除设计规定的冷拉焊接接头以外,焊件装配时不应强力对正,安装冷拉焊接接头使用的冷拉工具在焊接、热处理完毕,并经检验合格后方可拆除。

4.7 安置在多层或高层建筑物内的锅炉,燃料供应管路应采用无缝钢管,焊接时应采用氩弧焊封底;以气体为燃料的燃料管路应有燃气检漏报警装置。

4.8 锅炉施工单位应对安装质量进行自检,并形成自检记录和报告。隐蔽工程在隐蔽前应经检查验收合格。

4.9 锅炉在安装施工和其质量检验、检测中使用的设备、工具、量具、仪器仪表等应处在良好的使用状态,符合规定的精度要求,并定期进行检查和校验。

4.10 锅炉设备吊装前,应对设备的临时加固设施和吊装设施进行全面宏观检查,必要时进行无损检测,合格后才可以进行吊装。

4.11 安装施工前,应对制造单位提供的成品和半成品进行产品质量证明文件和外观检查,核对关键结构是否符合图样要求,必要时对主要安装尺寸进行测量与复核校对。

4.12 安装施工过程中应做好成品保护措施,施工结束后应解除保护措施,消除施工用临时设施的痕迹。

4.13 安装施工过程中不应在没有经过结构校核的情况下在建筑构件上打砸孔洞、损坏承载构件或在构件的钢筋上进行焊接施工。

4.14 安装施工过程应做好防止噪声、扬尘、电弧光和射线辐射的污染等措施,减少施工废弃物的排放。

4.15 在锅炉安装过程中,施工单位应落实质量保证体系的各项要求并接受检验机构对质量保证体系建立与运转情况的监督检查和涉及安全性能项目的监督检验。

4.16 在锅炉安装过程中,施工单位应按照 NB/T 47013 对锅炉受压元件、部件的焊接接头进行无损检测,并满足如下要求。

    a) 应根据设计、工艺及其技术条件选择检测方法,并且制定相应的检测工艺。如采用多种无损检测方法进行检测,则应按各自验收标准进行评定,均合格后,方可认为无损检测合格;当选用超声衍射时差法(TOFD)时,应与脉冲回波法(PE)组合进行检测,检测结论以 TOFD 与 PE 方法的结果进行综合判定。

b) 焊接接头的无损检测应在形状尺寸和外观质量检查合格后进行,有延迟裂纹倾向的材料应在焊接完成 24 h 后进行无损检测,有再热裂纹倾向的焊接接头应在最终热处理后进行表面无损检测复验。

c) 无损检测技术等级及焊接接头质量等级满足如下要求:

    1) 磁粉检测时,质量等级不应低于Ⅰ级;

    2) 渗透检测时,质量等级不应低于Ⅰ级;

    3) 射线检测技术等级不应低于 AB 级,焊接接头质量等级不应低于Ⅱ级;

    4) 脉冲回波法超声检测和相控阵超声检测技术等级不应低于 B 级,焊接接头质量等级不应低于Ⅰ级;

    5) 衍射时差法超声检测技术等级不应低于 B 级,焊接接头质量等级不应低于Ⅱ级。

4.17 在锅炉安装过程中,受压元件、部件的焊接接头的返修及修后检验工作要求如下:

a) 受压元件的焊接接头经过检测发现存在超标缺陷,施工单位应找出原因,制定可行的返修方案,才能进行返修;

b) 缺陷应在返修焊接前彻底清除;

c) 同一位置上的返修焊接不宜超过 2 次;如果超过 2 次,应经过施工单位技术负责人批准;

d) 补焊后,补焊区应进行外观检查和相同无损检测检测工艺的无损检测;要求焊后热处理的焊接接头,应在热处理完成后进行最终无损检测。

4.18 锅炉应配备必要的压力、温度、水位测量装置和报警装置,锅炉超压联锁保护装置,水位超限联锁保护装置,炉膛压力监测与保护装置以及点火程序控制与熄火保护装置。

4.19 锅炉鼓风机、引风机、给水泵及循环水泵等辅助设备的安装施工应符合 GB 50275 的要求。

4.20 锅炉应配备符合锅炉给水要求的水处理设备和必要的水汽取样、品质监测装置和系统,对于额定工作压力不小于 9.8 MPa 的锅炉还应实现水汽品质的连续监测。

4.21 锅炉安装完成后,锅炉本体受压元件、部件和主要连接管道及锅炉范围内管道应进行清洗、冲洗,电站锅炉一般还需要进行吹洗。

4.22 锅炉安装完成后,应进行整体严密性试验(或称漏风试验),对炉膛、烟风管道的严密性进行检查。

4.23 锅炉调试过程中的操作,应在调试人员的监护、指导下,由经过培训并且取得相应特种设备作业人员证书的运行人员进行。

5 基础、支(构)架和钢结构

5.1 基础

5.1.1 基础应按照 GB 50204 的规定进行检查、验收,当基础强度达到设计强度等级的 70% 以上时方可开始设备的安装。

5.1.2 基础的标高和预埋地脚螺栓应符合锅炉设计图样的要求。当设计图样未规定偏差时,锅炉基础划线允许偏差如表 1 所示。

表 1　锅炉基础划线允许偏差

单位为毫米

序号	检验项目	质量标准
1	基础纵横中心线与厂房基准点距离偏差	±20
2	基础各平面标高偏差	0 −20
3	基础外形尺寸偏差	+20 0
4	预埋地脚螺栓中心线偏差	±2

5.1.3　基础表面与柱脚底板的二次灌浆间隙不应小于 50 mm。当基础表面与柱脚底板间需要放置垫铁时,放置垫铁处基础表面应修磨平整,且打成麻面;每组垫铁按照厚度由大到小从下至上顺序放置;垫铁宽度以 80 mm~200 mm 为宜,垫铁放置时不宜超出柱脚底板 10 mm。

5.2　锅炉构架

5.2.1　采用钢筋混凝土的锅炉构架施工前,安装和土建单位应协商确定钢筋混凝土锅炉构架和锅炉本体施工间的相互配合工作和特殊要求。锅炉本体吊装前,施工单位应全面复核锅炉构架的施工是否符合设计图样的要求。

5.2.2　锅炉采用钢结构时,在钢制立柱安装前应对立柱底板(垫铁)的安装位置和标高进行检查,安装质量应符合表 2 的要求。

表 2　钢制立柱底板(垫铁)的安装检查项目与质量标准

单位为毫米

序号	检验项目		质量标准
1	立柱底板检查		表面平整、整洁,无损伤,各尺寸符合设计图样要求,调整螺栓螺纹无损伤
2	材质		无错用
3	柱子间距偏差	柱距不大于 10 000	±1
4		柱距大于 10 000	±2
5	立柱底板水平偏差		≤0.5
6	柱子中心对角线差	对角线不大于 20 000	≤5
7		对角线大于 20 000	≤8
8	立柱底板标高偏差		±3
9	立柱底板相互间标高偏差		≤3
10	垫铁宏观检查		每组不大于三块,稳固无松动;相互点焊,与柱脚底板点焊
11	垫铁放置位置		立柱底板立筋板下方

5.2.3　锅炉采用钢结构时,应在每层中抽取一定数量的钢制架组合件、立柱、横梁等进行检测,抽查数量应能代表设备的质量分布特性,并符合如下要求。

a) 钢制架组合件、立柱、横梁等部件在安装前应进行外观检查和材质光谱抽查。材料应无错用、外观无裂纹、重皮、严重锈蚀和机械损伤,焊缝尺寸符合厂家设计要求,成型良好,无咬边、气孔、裂纹等缺陷。

b) 钢制立柱安装检查项目与质量应符合表3的要求。

表 3　钢制立柱安装检查项目与质量标准

单位为毫米

序号	检查项目		质量标准
1	立柱长度偏差	$L \leqslant 8\ 000$	$\begin{matrix}0\\-4\end{matrix}$
2		$L > 8\ 000$	$\begin{matrix}+2\\-6\end{matrix}$
3	立柱弯曲度偏差		不大于柱长的0.1%,且最大不超过10
4	立柱扭转值		不大于柱长的0.1%,且最大不超过10
5	立柱底板垂直度		不大于底板长度的0.5%
6	立柱底板平整度		不大于底板长(宽)度的0.5%
7	连接板位置偏差		≤2
8	柱脚中心线偏差		±5
9	立柱标高偏差		≤5
10	各立柱间标高偏差		≤3
11	立柱间距偏差		不大于立柱间距的0.1%,且不大于10
12	立柱对角线差		不大于立柱间距的0.15%,且不大于于15

注:L——立柱总长度。

c) 钢制横梁安装质量应符合表4的要求。

表 4　钢制横梁安装质量标准

单位为毫米

序号	检查项目	质量标准
1	标高偏差	±5
2	水平度偏差	≤5
3	与柱中心线偏差	±5

5.2.4 锅炉钢结构的连接板安装应平整、与构件紧贴,位置符合图样设计要求。

5.2.5 锅炉钢结构吊装过程中应按照设计要求及时安装好沉降观测点,及时进行沉降观测并做好记录。

5.2.6 采用高强螺栓连接的锅炉钢结构安装应符合GB 50205的要求。

5.2.7 高强度大六角头螺栓连接副和扭剪型高强度连接副在使用前除了检查制造单位的质量证明书和检验报告内容是否齐全外,还应分别对其扭矩系数和紧固轴力(预拉力)按照生产批号进行抽样复检,每批次不少于8套连接副。其中,每批次连接副扭矩系数平均值应在0.110~0.150之间,且标准偏差不大于0.010;复验螺栓连接副的紧固轴力(预拉力)平均值和标准偏差要求见表5。

表 5　螺栓连接副的紧固轴力（预拉力）平均值和标准偏差

序号	螺栓直径 mm	检验项目	
		紧固轴力（预拉力）平均值 kN	标准偏差 kN
1	16	99～120	10.1
2	20	154～186	15.7
3	22	191～231	19.5
4	24	222～270	22.7

5.3　锅炉顶部板梁

5.3.1　炉顶钢架及炉顶单根横梁、大板梁安装前应按设计图样规定核对各构件的安装编号。

5.3.2　顶部板梁安装前,应检查其外观质量,抽查结构尺寸是否符合设计图样的要求,还应对顶部板梁用高强螺栓连接副的材质进行抽查,防止错用材料。

5.3.3　叠梁应在地面进行预组装,顶部板梁尺寸复检和焊缝探伤复验应在吊装前完成。

5.3.4　起吊前,应抽查高强螺栓连接孔的开孔直径、中心距是否符合设计图样要求。当需要在现场开设连接孔时,应采用机械方法开孔,且开孔内壁应圆滑、无锐边和毛刺。

5.3.5　顶部板梁安装质量检查应在安装完成后仅承担自身重量时进行。在完成承担设计载荷检查后,还应对板梁的挠度进行检测。叠梁安装时,还应保证各梁间结合紧密。

5.3.6　顶部板梁的外观质量、结构尺寸和安装质量应符合表 6 的要求。

表 6　锅炉顶部板梁安装的检查项目和质量标准

单位为毫米

序号	检查项目		质量标准
1	外观质量		无裂纹、重皮、严重锈蚀和机械损伤,焊缝尺寸符合厂家设计要求,成型良好,无裂纹、咬边、表面气孔等缺陷
2	材质		无错用
3	长度偏差	主梁	±15
4		辅梁	0 −10
5	高度偏差	$H \leqslant 1\,600$	±3
6		$1\,600 < H \leqslant 3\,000$	±5
7		$H > 3\,000$	±8
8	宽度偏差		±5
9	腹板中心位置偏差		≤5
10	板梁盖板倾斜度	$H \leqslant 1\,600$	≤3
11		$H > 1\,600$	≤5
12	板梁旁弯度		不大于板梁全长的 0.1%,且不大于 10

表 6　锅炉顶部板梁安装的检查项目和质量标准（续）

单位为毫米

序号	检查项目		质量标准
13	板梁垂直挠度	向上	≤30[a]
14		向下	符合厂家要求[b]而且小于板梁全长的0.1%
15	板梁扭转值	$H \leq 2\,000$	不大于板梁全长的0.1%，且小于10
16		$H > 2\,000$	不大于板梁全长的0.1%，且小于16
17	板梁连接板高度偏差		±2
18	板梁连接板水平偏差	$L \leq 2\,000$	±3
19		$L > 2\,000$	±5
20	板梁吊孔直径和位置		符合设计图样要求
21	主梁支座与柱顶平面支座中心线偏差		≤3
22	标高偏差		±5
23	水平度偏差		≤5
24	各梁间平行度偏差		≤5
25	各梁间对角线差		不大于板梁全长的0.1%，且小于10

注：H 为板梁的高度，L 为板梁连接板长度。

[a]　仅承担自身重量时。
[b]　承担设计载荷时。

5.4　承重吊挂装置（吊架）

5.4.1　锅炉部件（含锅筒、启动（汽水）分离器、储水箱、集箱、受热面及其连接管道、燃烧器等）的承重吊挂装置（吊架）安装前，应检查其设备型号、结构尺寸、连接型式等是否符合设计图样的要求并附有制造质量证明文件。

5.4.2　每组受热面（含集箱）的承重吊挂装置（吊架）的合金部件（含焊接接头）应进行现场光谱随机抽查。当存在错用材质情况时，应对该组的合金部件进行100%光谱复查。

5.4.3　承重吊挂装置（吊架）外观质量、结构尺寸和安装质量标准见表7。

表 7　承重吊挂装置（吊架）安装的检验项目和质量标准

单位为毫米

序号	检查项目	质量标准
1	宏观检查	焊缝符合设计图样要求，无裂纹、咬边和表面气孔等缺陷，成型良好；吊杆螺纹拧进螺母长度符合要求，螺栓露出螺母的长度一致，且不少于2倍螺距，并采取了防止螺母松脱的措施
2	纵横向中心线偏差	±5
3	销轴安装	销轴、开口销安装齐全，固定牢固
4	联合吊架中间过渡连梁水平度	≤5

表 7　承重吊挂装置(吊架)安装的检验项目和质量标准（续）

单位为毫米

序号	检查项目	质量标准
5	有相对运动的接合面	运动方向符合设计要求,接合面有符合使用环境润滑剂
6	弹簧安装高度	符合设备技术文件要求,且误差不大于 3
7	吊杆受力情况	载荷合理,无松动ᵃ

ᵃ 分别在承受设计的设备载荷后、锅炉水压试验上满水后和锅炉进行蒸汽严密性试验时进行 3 次检查。

5.4.4　用于工作温度不低于 430 ℃,且直径大于 30 mm 的合金钢螺栓应进行光谱分析和硬度检测,检测结果应符合其产品质量标准的要求。

5.4.5　额定工作压力不小于 9.8 MPa 的锅炉应抽查紧固件的硬度,螺栓的硬度应高于螺母的硬度。锅炉常用紧固件硬度值见表 8。

表 8　锅炉常用紧固件硬度值

序号	材料牌号	硬度值 HB
1	20	≤156
2	25	≤170
3	35	146～196
4	45	187～229
5	40Mn	229～277
6	30CrMo	≤229
7	35CrMo	241～311
8	42CrMo	248～321
9	25Cr2MoV、25Cr2Mo1V、20Cr1Mo1V1	248～293
10	17CrMo1V	229～277
11	20Cr1Mo1VTiB	255～293
12	20Cr1Mo1VNbTiB	252～302
13	20Cr12NiMoWV、1Cr11MoNiW1VNbN、2Cr11NiMoNbVN	277～331
14	2Cr11Mo1VNbN、2Cr12NiW1Mo1V、2Cr12Mo1NiWVNbN	290～311
15	45Cr1MoV	248～293

6　锅筒、启动(汽水)分离器、储水箱与集箱、减温器

6.1　锅筒、启动(汽水)分离器和储水箱的安装

6.1.1　锅筒、启动(汽水)分离器和储水箱起吊前,应对其内外部进行宏观检查。内外壁表面应无裂纹、重皮及疤痕,局部机械损伤、凹陷及麻坑深度不应超过名义厚度的 10% 且不超过 4 mm;抽查筒体纵环

焊缝可见部位表面成型良好,无裂纹、表面气孔等缺陷,无大于 50 mm 的连续咬边且咬边最大深度不大于 0.5 mm。

6.1.2 额定工作压力不小于 3.8 MPa 的锅炉安装前,应检查锅筒、启动(汽水)分离器和储水箱内外部各部件的组装及是否符合设计图样要求。必要时,复核锅筒、启动(汽水)分离器的筒体及外径大于273 mm 的管接头的材料及是否符合设计图样要求。

6.1.3 额定工作压力不小于 3.8 MPa 的锅炉,应测量锅筒全长的弯曲度,其弯曲度不应大于 20 mm。

6.1.4 锅筒人孔密封面的结合面应平整光洁,无径向贯穿性伤痕,局部伤痕深度不大于 0.5 mm。

6.1.5 检查锅筒、启动(汽水)分离器和储水箱的支座和吊挂装置(吊架)是否完好;其上安装用起吊耳板的连接焊缝应无裂纹和咬边,且符合设计图样的要求。

6.1.6 锅筒、启动(汽水)分离器和储水箱内部应清理干净,无杂物。

6.1.7 膨胀指示装置安装应符合设计图样的要求。一般宜布置在锅筒、启动(汽水)分离器两侧封头部位,沿轴向布置,正确指示设备膨胀方向和数值。

6.1.8 锅筒、启动(汽水)分离器和储水箱找正就位后的检查项目和质量要求见表 9。

表 9 锅筒、启动(汽水)分离器和储水箱的安装检查项目和质量标准

序号	检查项目		质量标准
1	内部零部件组装[a]	宏观检查	内部清洁无杂物,零部件安装符合设计图样要求;无明显锈蚀、破损、变形;焊缝符合设计图样要求,成型良好,无漏焊,无裂纹、夹渣、气孔等缺陷,无大于 50 mm 的连续咬边,且最大咬边深度不大于 0.5 mm;各紧固件齐全,紧固良好并有防止松脱措施
		零部件安装位置	正确,与原标记相符
		连接隔板	严密不漏
2	筒体	安装方向	正确,符合设计图样要求
		标高偏差	±5 mm
		水平度偏差	≤2 mm
		横向中心位置偏差	±5 mm
		纵向中心位置偏差	±5 mm
		筒体吊环与筒体外壁接触	在 90° 接触角内圆弧应吻合,局部间隙不大于 2 mm
		垂直度偏差(立式布置时)	不大于筒体全长的 0.1%,且不大于 10 mm
3	人孔密封面		密封面结合面积大于 95%(每平方厘米范围内大于 1 mm² 的未结合点少于 5 个),且径向无大于密封面宽度 1/3 的连续性未结合存在
4	支座、吊挂装置(吊架)		符合设计图样及 5.4.3 的要求
5	膨胀指示器		布局合理,能准确指示筒体的膨胀方向与幅度值,固定良好
[a] 内部零部件需在现场组装时进行检查。			

6.2 集箱、减温器的安装

6.2.1 集箱、减温器吊装前应进行宏观检查,表面应无裂纹、重皮及疤痕,局部机械损伤、凹陷及麻坑深度不应超过名义厚度的 10%,一般不宜超过 1 mm。

6.2.2 集箱、减温器吊装前应宏观检查直线度,必要时,还应进行直线度校核,且直线度应符合产品制造质量标准的要求。

6.2.3 集箱、减温器的结构应符合设计图样的要求,必要时,应进行尺寸校核。

6.2.4 管接头应无明显变形和损伤,管接头封堵严密、牢固,管端坡口保护措施应完好。集箱上的各吊挂耳板位置、尺寸、材料及其连接焊缝应符合设计图样的要求,耳板与筒体的连接焊缝不应有裂纹和咬边。

6.2.5 以散件供货方式进入安装现场的额定工作压力不小于3.8 MPa的锅炉的合金材料的零部件应100%进行光谱复验,避免错用材料。

6.2.6 集箱、减温器吊装前应进行内部清理,清理完毕至进行连接管和受热面管子对接前,应保持各管接头的密封良好。

6.2.7 集箱、减温器内部零件应齐全、完好,装配符合设计图样的要求,喷水管内清洁无杂物,喷水孔无堵塞。

6.2.8 集箱、减温器膨胀指示装置的安装应符合设计图样的要求。一般宜布置在省煤器进出口集箱、水冷壁集箱、各级过热器、再热器的进出口集箱两侧封头部位,沿轴向布置,正确指示设备膨胀方向和数值。

6.2.9 集箱、减温器安装就位后的检查项目及质量要求见表10。

表 10 集箱、减温器安装检查项目和质量标准

单位为毫米

序号	检查项目	质量标准
1	安装方向	正确,符合设计图样要求
2	集箱标高偏差	±5(承受设计载荷时)
3	集箱水平度偏差	≤3
4	集箱纵横中心线与炉中心线距离偏差	±5
5	集箱间中心线距离偏差	±5
6	减温器喷水管	喷水管(孔)方向正确,喷水孔无堵塞
7	减温器内零部件	齐全、完好,装配符合设计图样要求
8	支座、吊挂装置(吊架)	符合设计图样及5.4.3的要求
9	膨胀指示器	布局合理,能准确指示集箱的膨胀方向与幅度值,固定良好

7 受热面

7.1 宏观检查

7.1.1 受热面设备在安装前应根据供货清单、装箱单和设计图样进行全面清点,检查数量是否齐全。

7.1.2 宏观检查受热面管子内外壁是否无裂纹、损伤、明显变形及腐蚀、重皮等缺陷,管端是否无分层现象,坡口加工是否符合设计图样的要求。

7.1.3 宏观检查受热面固定部件(管夹、管箍等)的安装是否符合设计图样要求,连接焊缝无裂纹,受热面管侧焊缝无大于0.5 mm深度的咬边。

7.2 受热面管组合

7.2.1 受热面管在组合和安装前应对照设计图样进行材质复核,并在合金材料部件上做出明显标识。

7.2.2 受热面管的组合应在稳固的组合架上进行。

7.2.3 受热面管在组合前和安装前应进行通球试验。试验用球应采用带有编号的钢球,其直径允许比通球球径小 0.2 mm。通球球径要求见表 11。

表 11 受热面管通球球径

单位为毫米

弯曲半径(R)	通球球径		
	$D_o \leqslant 32$	$32 < D_o < 60$	$60 \leqslant D_o \leqslant 76$
$R \geqslant 2.5D_o$	$0.70D_i$	$0.80D_i$	$0.85D_i$
$1.8D_o \leqslant R < 2.5D_o$	$0.70D_i$	$0.75D_i$	$0.75D_i$
$1.4D_o \leqslant R < 1.8D_o$	$0.70D_i$	$0.70D_i$	$0.70D_i$
$R < 1.4D_o$	$0.60D_i$	$0.65D_i$	$0.65D_i$

D_o——管子外径,当管子外径大于 76 时,可采用木制球进行通球试验。

D_i——管子内径,在进行内螺纹管通球时,应按理论最小内径选取通球用钢球,管子内径按公式(1)计算:

$$D_i = D_o - 2(T - h) \quad\quad\quad\quad\quad (1)$$

式中:

D_i——管子内径,单位为毫米(mm);

D_o——管子外径,单位为毫米(mm);

T——管子公称壁厚(考虑正偏差),单位为毫米(mm);

h——螺纹高度,单位为毫米(mm)。

7.2.4 通球结束后,应将球逐个回收,做好记录,并应做好可靠的管端口封闭措施。

7.2.5 当选用符合表 11 中的通球球径无法通过时,可按照 GB/T 16507.6 重新选取通球球径进行试验,做好记录并在通球试验报告中注明通球球径的选取方法。

7.2.6 受热面管在安装现场需要校正时,校管用工作平台应牢固,其平整度不大于 5 mm,放样尺寸偏差不大于 1 mm。

7.2.7 合金钢材料受热面管不宜采用现场加热的方法进行校正。合金钢材料的受热面管需要加热校正时,加热温度应控制在管子材料标准规定的交货状态的回火温度以下;对于正火状态交货的管子,加热温度应低于交货状态正火温度 250 ℃。

7.2.8 受热面管子的对接焊缝布置应满足以下要求:

a) 受热面管子(盘管及成型管件除外)对接焊缝应位于管子直段上;

b) 受热面管子的对接焊缝中心线至锅筒及集箱外壁、管子弯曲起点、管子支(吊)架边缘的距离至少为 50 mm,对于额定工作压力大于 3.8 MPa 的锅炉,此距离至少为 70 mm(异种钢接头除外)。

7.2.9 受热面管子(异种钢接头除外)直段上,对接焊缝中心线间的距离(L)应满足以下要求:

a) 外径小于 159 mm,L≥2 倍外径;

b) 外径不小于 159 mm,L≥300 mm;

c) 当锅炉结构难以满足 a)、b)要求时,对接焊缝的热影响区不应重合,并且 L≥50 mm。

7.2.10 受热面管组合安装过程中需切割管子或膜式壁管间扁钢、开膨胀缝或止裂孔时,应采用机械方法切割。因条件不具备而不得不采用火焰切割时,应彻底去除残余的铁渣和清理管端不平整面,止裂孔位置应圆滑,并应采用机械方法完全去除因火焰切割产生的热影响区。

7.2.11 管子在对口前,应检查受热面管外径和壁厚的偏差,管端应按图样规定做好坡口,并清除管端内、外壁 10 mm～15 mm 范围内的污垢和铁锈,直至显出金属光泽。

7.2.12 管子对口应保证内壁平齐,其局部错口值不应超过壁厚的 10%,且不大于 1 mm。

7.2.13 管子对口间隙应均匀,对口偏折度在距焊缝中心 200 mm 范围内不应大于 2 mm。

7.2.14 管子端面应与管子中心线垂直,其端面倾斜限值应符合表 12 的要求。

表 12 受热面管子端面倾斜允许范围

单位为毫米

公称直径(d_o)	端面倾斜限值
$d_o \leqslant 60$	$\leqslant 0.5$
$60 < d_o \leqslant 108$	$\leqslant 0.8$
$108 < d_o \leqslant 159$	$\leqslant 1$
$159 < d_o \leqslant 219$	$\leqslant 1.5$
$d_o > 219$	$\leqslant 2$

7.2.15 受热面管现场组合时,应在组合场地完成全部固定件的组装与焊接工作,并检查是否符合设计图样的要求。

7.2.16 循环流化床锅炉水冷壁密相区的密封焊部位应进行渗透检查。

7.2.17 塔式锅炉穿墙管处套管和水冷壁组合焊缝的焊接应与对接穿墙管同步进行,套管与穿墙管间应留有充足的膨胀间隙。

7.3 受热面组件安装

7.3.1 有单独水压试验要求的组件应在安装前进行组件水压试验。

7.3.2 受热面组件吊装前,应复查各支点、吊点的位置和吊杆的尺寸是否符合设计图样要求。

7.3.3 省煤器组合安装检查项目与质量标准见表 13。

表 13 省煤器组合安装检查项目与质量标准

单位为毫米

序号	检查项目	质量标准
1	管排间距偏差	±5
2	组合件边排管垂直度偏差	≤5
3	组合件边排管与炉墙(或其他受热面管)间隙	符合设计图样的要求
4	组合件宽度偏差	±5
5	管排平整度	≤10
6	组件对角线差	≤10
7	组件边管垂直度	±5

表 13 省煤器组合安装检查项目与质量标准（续）

单位为毫米

序号	检查项目	质量标准
8	防磨装置	符合设计图样要求,连接牢固, 不妨碍烟气流通,不影响热膨胀差异
9	固定管夹	符合设计图样要求,管卡固定挡块无脱落
10	定位板	符合设计图样,间距均匀,位置正确、连接牢固
11	集箱间中心线距蛇形管弯头端部长度	±10

7.3.4 光管和鳍片管水冷壁组合安装检查项目与质量标准见表14。

表 14 水冷壁组合安装检查项目与质量标准

序号	检查项目		质量标准	
			光管水冷壁	鳍片管水冷壁
1	集箱水平度		2 mm	2 mm
2	集箱间中心线垂直距离		±3 mm	±3 mm
3	组件对角线差		≤10 mm	≤10 mm
4	组件宽度	宽度不大于3 000 mm	±3 mm	±6 mm
5		宽度大于3 000 mm	±5 mm	不大于组件宽度的0.2%,且不大于15 mm
6	燃烧器各喷口开孔(火口)纵横中心线		±10 mm	±10 mm
7	组件长度		±10 mm	±10 mm
8	组件平面度		±5 mm	±5 mm
9	螺旋水冷壁螺旋角偏差		<0.5°	
10	水冷壁固定挂钩	标高	±2 mm	
11		错位	±3 mm	
12	前后墙对冲锅炉同层燃烧器喷口中心标高偏差		±20 mm	

7.3.5 蛇形管式过热器、再热器组合安装的检查项目与质量标准见表15,膜式壁结构的过热器、再热器组合安装质量要求可按照7.3.4执行。

表 15 蛇形管式过热器、再热器组合安装检查项目与质量标准

单位为毫米

序号	检查项目	质量标准
1	组件宽度	±5
2	组件对角线差	≤10
3	组件边管垂直度	±5
4	管排平整度	±5

表 15 蛇形管式过热器、再热器组合安装检查项目与质量标准（续）

单位为毫米

序号	检查项目	质量标准
5	管排间距	≤5
6	边缘管与炉墙间隙	符合设计图样
7	受热面管自由端膨胀间隙	不小于设计图样
8	管排膨胀间隙	符合设计图样

7.3.6 顶棚过热器管排平整度允许偏差为±10 mm，与炉墙间膨胀间隙应符合图样要求。

7.3.7 悬吊式受热面安装时，应以上集箱的中心线标高为基准，管排下端相互间距离允许偏差为±5 mm。

7.3.8 受热面防磨装置应安装固定牢固，接头处膨胀间隙应符合图样要求，且不应有妨碍烟气流通的地方。

7.3.9 炉膛刚性梁的安装不应影响炉膛的自由膨胀。刚性梁与炉膛的固定应牢固，各梁间的间距允许偏差为±2 mm。预留膨胀间隙应符合设计图样要求，且膨胀方向正确。

7.4 循环流化床设备和组件安装

7.4.1 水冷式风室及布风板的安装应与炉膛水冷壁一同进行，钢板式风室设备宜在水冷壁下集箱找正后进行，所有与水冷壁承压部件相连的连接件应在水压试验前完成安装工作。

7.4.2 风帽设备安装前应确保：

    a) 零部件的材质无错用，合金部件标识清晰无误；

    b) 延长度方向偏差不大于3 mm，弯曲度不大于1 mm；

    c) 风帽与布风板安装连接牢固，风帽编号与设计图样一致，方向正确；

    d) 风帽顶部至固定面高度偏差和相对高度偏差均不大于1 mm，任意相邻风帽间距偏差不大于3 mm。

7.4.3 外置床设备安装前应确保：

    a) 设备的焊缝无漏焊、裂纹、砂眼和持续长度大于5 mm的表面连续气孔，且表面连续气孔总长度不超过50 mm；

    b) 长度偏差不大于10 mm，弯曲度小于5 mm，表面平整度偏差不大于3 mm，对角线偏差不大于5 mm。

7.4.4 外置床设备组合安装完成后，其检查项目与质量标准见表16。

表 16 外置床设备组合安装的检查项目与质量标准

单位为毫米

序号	检查项目	质量标准
1	纵横中心误差	≤20
2	标高偏差	±20
3	壳体垂直度偏差	≤5
4	壳体内净空长度偏差	±5

表 16 外置床设备组合安装的检查项目与质量标准（续）

单位为毫米

序号	检查项目	质量标准
5	壳体内净空宽度偏差	±3
6	内表面侧板平整度偏差	≤3

7.4.5 外置床安装完成后宜同炉膛一起进行整体风压试验（或称漏风试验），检查其严密性。

7.4.6 循环流化床正压燃烧区域的炉膛密封焊接完成后，应进行渗透检测，无表面可见缺陷显示。

8 空气预热器

8.1 管式空气预热器的安装

8.1.1 管式空气预热器在安装前应检查管箱外形尺寸和允许偏差是否符合设计图样的要求。

8.1.2 管式空气预热器应检查管子和管板的焊接质量，现场安装的焊缝应进行渗油试验检查其严密性。

8.1.3 管式空气预热器现场组合的检查项目与质量标准见表 17。

表 17 管式空气预热器现场组合检查项目与质量标准

单位为毫米

序号	检查项目		质量标准
1	管箱组件侧面对角线差	组合件高度 H≤3 000	≤5
2		组合件高度 H＞3 000	≤7
3	管板对角线差		5
4	管箱组件垂直度偏差		5
5	两管箱相邻管板标高偏差		±5
6	防磨套管组合		装配紧密、点焊牢固、套管露出管端高度符合设计图样要求
7	焊缝宏观		符合设计图样要求，表面成形良好，无裂纹、咬边、气孔等缺陷

8.1.4 管式空气预热器安装就位前，应对其支撑框架的标高和水平度进行检查，标高允许偏差为±10 mm，水平度偏差不大于 3 mm。

8.1.5 管式空气预热器的安装检查项目与质量标准见表 18。

表 18 管式空气预热器安装检查项目与质量标准

单位为毫米

序号	检查项目	质量标准
1	管箱与锅炉立柱中心线间距偏差	±5
2	管箱垂直度偏差	≤5

表 18 管式空气预热器安装检查项目与质量标准（续）

单位为毫米

序号	检查项目	质量标准
3	管箱顶部标高偏差	±15
4	焊缝宏观	符合设计图样要求,表面成形良好,无裂纹、咬边、气孔等缺陷

8.1.6 管式空气预热器的转角箱(连通管)及膨胀补偿器的安装应保证中心对齐,出入口中心线偏差不大于±10 mm。

8.1.7 膨胀补偿器的冷拉装置应符合设计规定,密封板的焊接方向应与介质流向一致。

8.1.8 空气预热器的焊缝应符合设计要求,全部焊缝完成后应做煤油渗漏试验。

8.1.9 空气预热器安装完成后,还应随锅炉进行风压试验,进行密封性检查。

8.2 回转式空气预热器的安装

8.2.1 回转式空气预热器的安装应在基础验收合格后开始。其基础中心线和定子支座中心线偏差不大于±2 mm,定子支座支撑点标高偏差为 $_{-20}^{0}$ mm,水平度偏差小于 2 mm。

8.2.2 回转式空气预热器基础垫铁安装时应放置稳固,接触严密,每处垫铁的总块数不应大于 4 块,且最厚块放置于最下层,较薄块放置于上层,最薄块放置于中间层。

受热面回转式空气预热器转子、定子安装检查项目和质量标准分别见表 19 和表 20。

表 19 受热面回转式空气预热器转子安装检查项目与质量标准

单位为毫米

序号	检查项目		质量标准
1	焊缝宏观		符合设计图样要求,表面成形良好,无裂纹、咬边、气孔等缺陷
2	转子圆度偏差	直径不大于 6 500	≤2
3		直径大于 6 500 且不大于 10 000	≤3
4		直径大于 10 000 且不大于 18 000	≤4
5	主轴与转子垂直度偏差	直径不大于 6 500	≤1
6		直径大于 6 500	≤2
7	转子支撑座与中心线偏差		<2
8	转子支撑座水平度偏差		<0.5
9	转子上端面平整度偏差		≤3
10	转子与外壳的同心度		≤3
11	转子外延与外壳的间隙		均匀

表 20　受热面回转式空气预热器定子安装检查项目与质量标准

单位为毫米

序号	检查项目	质量标准
1	焊缝宏观	符合设计图样要求,表面成形良好,无裂纹、咬边、气孔等缺陷
2	定子圆度偏差	≤2
3	定子端面平整度偏差	≤2
4	定子支座与支座基础中心线偏差	<5
5	定子水平度偏差	≤2
6	定子上端面标高偏差	±3
7	定子垂直度	≤2

8.2.3　风罩回转式空气预热器本体及定子安装检查项目与质量标准分别见表21和表22。

表 21　风罩回转式空气预热器的本体安装检查项目与质量标准

单位为毫米

序号	检查项目		质量标准
1	焊缝宏观		符合设计图样要求,表面成形良好,无裂纹、咬边、气孔等缺陷
2	围带径向跳动		≤
3	围带轴向跳动		≤8
4	上、下风罩同心偏差		≤
5	颈部密封装置	密封筒径向跳动	≤
6		密封筒与下环板间隙	间隙均匀,符合设计图样要求
7		防磨环	活动自如
8	密封调节装置安装调整	弹簧高度	符合设计图样要求
9		密封框架铸铁板与定子端面间隙	符合设计图样要求
10		双螺母与支架间隙	符合设计图样要求

表 22　风罩回转式空气预热器的定子安装检查项目与质量标准

单位为毫米

序号	检查项目		质量标准
1	焊缝宏观		符合设计图样要求,表面成形良好,无裂纹、咬边、气孔等缺陷
2	定子外壳圆度	直径不大于6 500	≤10
3		直径大于6 500且不大于10 000	≤12
4		直径大于10 000且不大于18 000	≤14

表 22 风罩回转式空气预热器的定子安装检查项目与质量标准（续）

单位为毫米

序号	检查项目		质量标准
5	定子端面 水平度偏差	直径不大于6 500	≤3
6		直径大于6 500 且不大于10 000	≤4
7		直径大于10 000 且不大于18 000	≤5
8	定子端面拼接错边		≤0.5
9	同步装置组装		与风罩回转方向一致,球绞接头松紧适合
10	风罩扇形底部平整度		不大于风罩半径的0.2%,且整个底部不大于8
11	框架密封装置板整体平整度		≤1.5
12	定子支座与支座基础中心线偏差		≤5
13	定子上端面标高偏差		±5
14	定子水平度偏差	传热元件安装前	≤2
15		传热元件安装后	≤6
16	主轴相对定子垂直度偏差		≤2.5

8.2.4 回转式空气预热器安装完成后应进行分部试运,试运过程中应运转平稳、无异常声响、冷却系统能正常投入,各滑动轴承的温度不应超过 65 ℃,滚动轴承温度不超过 80 ℃,转动部件各方向机械振幅小于 0.1 mm,各电机电流符合设备技术文件要求,密封装置调节性能良好,试运时间符合有关设计技术文件的规定,无规定时不应少于 8 h。

9 锅炉本体管道和锅炉范围内管道

9.1 管道

9.1.1 管道的安装施工应符合管道系统设计图样的要求,其无损检测方法选用的标准应与其连接的锅炉本体一致。

9.1.2 由施工单位现场布置的管道应符合统筹规划、布局合理、沿程阻力最小、有疏水坡度、工艺美观、膨胀自由、不影响通道的原则。

9.1.3 合金钢材料的管子、管件(阀门、变径管、三通)和管道附件在安装前应逐件进行光谱分析复查,确认化学成分后再进行安装。

9.1.4 管道的对接焊缝布置应满足以下要求:

 a) 对接焊缝位于管子直段上;

 b) 对接焊缝中心线至锅筒及集箱外壁、管子弯曲起点、管子支、吊架边缘的距离至少为 100 mm。

9.1.5 管道直段上对接焊缝中心线间的距离(L)应满足以下要求:

 a) 外径小于 159 mm,$L \geq 2$ 倍外径;

 b) 外径不小于 159 mm,$L \geq 300$ mm;

 c) 当锅炉结构难以满足 a)、b)要求时,对接焊缝的热影响区不应重合,并且 $L \geq 50$ mm。

9.1.6 工作压力为 9.8 MPa 及以上的管道,当其公称外径小于 76 mm 时,对接焊缝宜采用全氩弧焊接工艺;工作压力小于 9.8 MPa 时,管道对接焊缝宜采用氩弧焊封底的焊接工艺。

9.1.7 对于 9%～12%Cr 钢管道对接焊缝,在完成最终热处理后,还应按照材质规范、焊接和热处理工艺的不同,分别抽取 5% 且不少于 1 道进行硬度和金相组织检测。

9.1.8 取样管、排空气管道安装应符合下列要求:

a) 坡度不小于 0.2%;

b) 膨胀自由且不妨碍锅筒、集箱和管系的热膨胀;

c) 排空气管道引到专门的排空地点;

d) 不同压力的排污、疏放水管不接入同一承压管道;

e) 在运行中可能形成闭路的疏放水管,其压力等级的选取与所连接的管道相同;

f) 当管道上游设计压力大于 3.8 MPa 时,管道至少设置两只串联的阀门,且其中至少有一只阀门靠近管道引出位置。

9.1.9 管道支吊架应布置合理、结构牢固,既能满足管系荷载的支撑和膨胀需要,又不会因约束不足而造成管系变形和振动。

9.2 管道元件

9.2.1 给水泵出口应设置止回阀和切断阀,应在给水泵和给水切断阀之间装设给水止回阀,并与给水切断阀紧接相连;单元机组省煤器进口可以不装切断阀、止回阀和母管制给水系统,每台锅炉省煤器进口都应装设切断阀和止回阀;铸铁省煤器的出口也应装设切断阀和止回阀。

9.2.2 母管制运行的锅炉范围内管道,其母管上在每两台锅炉之间应装设不少于 2 台具有截止功能的隔离阀。

9.2.3 阀门及其传动装置的安装位置应便于操作和检修,阀门安装时要注意介质流向,不宜反向安装阀门。

9.2.4 阀门执行机构的安装应符合下列要求:

a) 根据执行机构的特性正确调整行程开关位置,保证阀门能够全行程开关;

b) 根据设备技术文件规定做过力矩保护试验,当超过规定力矩时,保护能可靠动作。

9.2.5 排污和放水装置的设置与安装应符合下列要求:

a) 蒸汽锅炉锅筒、立式锅炉的下脚圈和水循环系统的最低处均需装设排污阀;额定工作压力小于 3.8 MPa 的锅炉采用快开式排污阀;排污阀的公称通径为 20 mm～65 mm;

b) 额定蒸发量大于 1 t/h 的蒸汽锅炉和额定工作压力小于 3.8 MPa、出水温度大于 120 ℃ 的热水锅炉,排污管上装设两个串联的阀门,其中至少有一个是排污阀,且安装在靠近排污管线出口一侧;

c) 过热器系统、再热器系统、省煤器系统的最低集箱(或管道)处装设放水阀;

d) 有过热器的蒸汽锅炉锅筒需装设连续排污装置;

e) 每台锅炉装设独立的排污管,排污管布置时减少弯头,保证排污畅通且接到安全地点或接至排污膨胀箱(扩容器);

f) 多台锅炉合用一根排放总管时,采用技术措施防止两台以上的锅炉同时排污;

g) 锅炉的排污阀、排污管不宜采用螺纹连接。

10 安全附件及仪表

10.1 安全阀

10.1.1 安全阀应垂直安装在锅筒、集箱的最高位置,并应装设有足够截面的排汽管;在安全阀和锅筒之间或安全阀和集箱之间,不应装设有取用蒸汽或热水的管路和阀门。

10.1.2 安装螺纹连接的弹簧安全阀时,应将其与带有螺纹的短管相连接,而短管与锅筒或集箱筒体的连接应采用焊接连接。

10.1.3 多个安全阀需要安装在同一根与锅筒或集箱相连的管道上时,管道的流通面积不应小于所有安全阀的流通截面积之和。

10.1.4 安全阀上的零部件(如:静重式安全阀的防止重片飞脱装置、弹簧式安全阀的提升把手和防止拧动调整螺钉的装置、杠杆式安全阀防止重锤自行移动的装置以及限制杠杆越出的导架等)应完整安装。

10.1.5 安全阀排汽管路应畅通,并直通至安全地点;排汽管底部应装有接到安全地点的疏水管,省煤器的安全阀应装排水管,在疏水管、排水管上不应装设阀门。排汽管的安装还应满足如下要求:
   a) 排汽管设置独立的支吊架并固定牢固,确保其自身质量和排汽反作用力不传递到安全阀上;排汽管留出热膨胀间隙,确保锅筒、集箱和管道能自由膨胀;
   b) 两个独立的安全阀的排汽管不相连;
   c) 安全阀排汽管上装有消音器时,其结构有足够的流通截面积和可靠的疏水装置;
   d) 露天布置的排汽管加装防护罩时,防护罩的安装不妨碍安全阀的排汽和维修。

10.1.6 热水锅炉的安全阀应装设排水管,排水管应直通安全地点,且有足够的排放流通面积,保证排放畅通。在排水管上不应装设阀门,并应有绝热防冻措施。

10.1.7 热水锅炉上装设有水封安全装置时,可以不再装设安全阀,但水封式安全装置的水封管内径应根据锅炉的额定蒸发量(额定热功率)和额定工作压力确定,且不小于25 mm。

10.1.8 安全阀安装前应逐个进行严密性试验。采用焊接连接的安全阀,可在焊接完成后随锅炉水压试验一起进行密封性检查。

10.1.9 安全阀在安装完成后应及时校验其整定压力和密封性,其整定压力应符合GB/T 16507.7的要求。

10.1.10 安全阀经过校验后,应在可能改变其整定压力的活动部件上加锁或加铅封。

10.1.11 控制式安全阀(含强制排汽阀)应分别进行控制回路可靠性试验和开启性能试验。

10.2 水位测量与示控装置

10.2.1 水位表(直读式)应装在便于观察和操作的地方,其与锅炉的操作平面垂直距离高于6 m时,应加装远程水位测量装置和水位电视监视系统。

10.2.2 多压力等级余热锅炉每个压力等级的锅筒应装设两个彼此独立的水位表(直读式)。

10.2.3 锅炉控制室内应至少有两个可靠的远程水位测量装置,其信号应能各自独立地取出。直流蒸汽锅炉启动系统中储水箱和启动(汽水)分离器应装设远程水位测量装置。

10.2.4 水位表(直读式)和锅筒的汽侧连接管应向水位表方向倾斜,水侧连接管应向锅筒方向倾斜,汽水连通管需设置支架时,应独立于锅筒设置,且避免妨碍连通管的热膨胀。

10.2.5 水位表(直读式)汽水连接管应按照图样要求做好绝热处理,其平衡容器应严格按照设计图样的绝热方法做好保温措施,确保其凝结段能够充分冷却。

10.2.6 水位表(直读式)在安装完成后应以锅筒中心线为基准,在水位计上至少标出正常、高、低水位线;其偏差不应大于1 mm。额定工作压力大于9.8 MPa的锅炉水位计安装时,应对由于水位计与锅筒内液体密度差引起的测量误差进行修正。

10.2.7 水位表(直读式)的汽、水连接管上应设置快速关断阀门,当采用电动阀门作为快速关断阀门时,应选用防爆型电动执行装置。额定蒸发量小于0.5 t/h的锅炉,水位表与锅筒之间的汽水连接管上可以不装设阀门。

10.2.8 水位表(直读式)玻璃压板及云母片盖板结合面宜采用紫铜垫片密封,密封面应平整严密,必要时,应进行研磨后安装。直读水位计只进行工作压力水压试验,不参加锅炉本体水压试验。

10.2.9 水位表(直读式)所用云母片、玻璃板、石英玻璃管应符合下列要求:

a) 云母片透明、平直、均匀,无斑点、皱纹、裂纹、弯曲等缺陷;

b) 云母片厚度依据水位计工作位置的汽水压力选择,工作压力小于 9.8 MPa 时,总厚度为 0.8 mm~1.0 mm,工作压力不小于 9.8 MPa 时,总厚度一般为 1.2 mm~1.5 mm;

c) 玻璃板和石英玻璃管的耐压强度和热稳定性符合工作位置的汽水压力的要求,其密封面良好。

10.3 压力测量装置

10.3.1 锅炉的下列部位应装设压力表:

a) 蒸汽锅炉锅筒的蒸汽空间;

b) 给水调节阀前;

c) 省煤器出口;

d) 过热器出口和主汽阀之间;

e) 再热器出口、进口;

f) 直流蒸汽锅炉的启动(汽水)分离器或其出口管道上;

g) 直流蒸汽锅炉省煤器进口、储水箱和循环泵出口;

h) 直流蒸汽锅炉蒸发受热面出口截止阀前(若装有截止阀);

i) 热水锅炉的锅筒上;

j) 热水锅炉的进水阀出口和出水阀进口;

k) 热水锅炉循环水泵的出口、进口;

l) 燃油锅炉、燃煤锅炉的点火油系统的油泵进口(回油)及出口;

m) 燃气锅炉、燃煤锅炉的点火气系统的气源进口及燃气阀组稳压阀(调压阀)后;

n) 控制循环锅炉的炉水循环泵进口、出口。

10.3.2 选用的压力表应符合 GB/T 16507.7 中的相关规定。

10.3.3 压力表安装前应进行校验,在刻度盘上应划出指示工作压力的红线,注明下次校验日期。压力表校验后应加铅封。

10.3.4 压力表安装应符合下列要求:

a) 装设在便于观察和吹洗的位置,且防止受到高温、冰冻和振动的影响;

b) 锅炉蒸汽空间设置的压力表有存水弯管或其他冷却蒸汽的措施,热水锅炉用的压力表有缓冲弯管,弯管内径不小于 10 mm;

c) 压力表与弯管之间装有三通阀门,以便吹洗管路、卸换、校验压力表;

d) 压力表连接管路与其最高允许工作压力和温度相适应,当温度大于 208 ℃时,不使用铜管。

10.3.5 压力表引出部位与监测部位之间垂直距离超过 10 m 时,应采取消除液柱静压力影响的措施。

10.3.6 额定压力大于 3.8 MPa 的锅炉,应在以下部位提供超压报警信号,并且应设置在没有或很少有蒸汽流动的部位:

a) 锅筒内部设备外侧蒸汽空间的最高点(左、右各一点);

b) 过热器出口集汽集箱或出口集箱上部(左、右集箱各一点);

c) 给水调节阀前。

11 燃烧装置

11.1 燃烧装置安装

11.1.1 燃烧装置的安装不应妨碍受热面的自由膨胀,并防止燃烧器喷口将燃料气流直接冲刷受热面管。

11.1.2 固定在水冷壁上的燃烧装置的滑动吊架应滑动自由,平衡重锤应安装正确并与杠杆固定牢固;重锤在行程范围内与周围设施应保持一定距离;钢丝绳不应中间接头,索卡应紧固可靠;外部连接的风道不应妨碍燃烧装置的膨胀和正常位移。

11.1.3 燃烧装置安装位置允许偏差见表23。

表 23 燃烧装置安装位置允许偏差

序号	检查项目	允许偏差
1	燃烧器喷口标高	±5 mm
2	燃烧器间的距离	±5 mm
3	燃烧器喷口和水冷壁预留孔之间的同心度	5 mm
4	边缘位置燃烧器与锅炉立柱中心线距离	±5 mm
5	直流燃烧器喷口水平角度	0°～0.5°

注：直流燃烧器喷口水平角度为摆动机构处于零位时测量,对于炉膛宽度小于 10 m 的锅炉可为 0°～1°。

11.1.4 燃烧器配风器的焊缝和结合面应严密不漏,必要时,做渗油试验或风压试验。

11.1.5 燃烧器的调节挡板与轴应固定牢固,轴封处应选择与工作温度相适应的密封材料密封严密;调节挡板操作装置应开关灵活,准确到位;调节挡板操作端上应有挡板开度实际位置的标识,能准确指示挡板实际开度。

11.1.6 摆动式燃烧器与煤粉管道的连接不宜使摆动式燃烧器承受外力。

11.2 旋流燃烧器、扰动式（或带有调整机构的）燃烧装置

旋流燃烧器、扰动式（或带有调整机构的）燃烧装置的安装还应符合下列要求：
a) 二次风挡板门与风壳间预留有适当的膨胀间隙；
b) 一、二次风管同心度允许偏差在不带调整机构时不大于 5 mm；带有调整机构时不大于 3 mm；
c) 一、二次风管的连接处严密不漏；
d) 旋流方向正确。

11.3 直流燃烧装置

直流燃烧装置的安装还应符合下列要求：
a) 假想燃烧切圆的切线允许偏差不大于 0.5°；
b) 喷口与一次风道间隙不大于 5 mm～8 mm；
c) 喷口与二次风道肋板间间隙不大于 10 mm～15 mm；
d) 二、三次风口水平度允许偏差不大于 2 mm；
e) 喷口摆动角度符合设计图样要求,带动角度的刻度指示正确。

11.4 W 型火焰燃烧装置

W 型火焰燃烧装置的安装还应符合下列要求。
a) 各燃烧器的布置位置及气流旋流方向正确、符合设计图样要求。
b) 在吊装前和就位后,均检查内外二次风叶片的动作,保证叶片、调节拉杆、手柄均灵活可调,并观察各叶片的位置是否正确,否则,应及时进行调整；在燃烧器安装就位后,充分注意燃烧器二

次风调节套筒的位置按设计图样保持原位,不能偏移,保证二次风调节套筒上的滚轮与导轨良好接触,运动轨迹上不受阻。内护板完全密封;铺设保温前,保证内护板平直,保温层通过抓钉与内护板固定牢靠;燃烧器与风箱连接处两圆盘之间的空间在安装过程中用保温材料填实填均匀,不留空间死角。在装配风箱外护板时,随时填实保温层的空隙。

c) W 型火焰锅炉燃烧器安装允许偏差见表 24。

表 24 W 型火焰锅炉燃烧器安装允许偏差

单位为毫米

序号	检查项目	允许偏差
1	纵横中心误差	≤20
2	标高偏差	±20
3	壳体垂直度偏差	≤5
4	内表面侧板平整度偏差	≤3
5	壳体内净空长度偏差	±5
6	壳体内净空宽度偏差	±3

11.5 流化床燃烧装置

流化床燃烧装置安装还应符合下列要求。

a) 风帽安装前进行设备清点、检查,进行材质复查并逐件编号,标识清晰。检查项目及要求见表 25。

表 25 风帽检查项目及要求

单位为毫米

序号	检查项目	允许偏差
1	零件材质	无错用,合金部件作光谱分析并在明显处作标识
2	外观	无严重锈蚀、损伤、变形
3	长度偏差	≤3
4	弯曲度	≤1

b) 炉内浇筑料施工前,做好防止浇筑施工污染、堵塞风帽出风口的防护措施。炉内浇筑料施工完后,及时清除风帽出风口堵塞物,保证每个风帽出风口畅通。风帽安装后与布风板连接牢固,布风板现场组装平整度以及布风板与两侧水冷壁的密封焊接质量符合设计图样的要求。风帽安装的允许偏差符合表 26。

表 26 风帽安装允许偏差

单位为毫米

序号	检查项目	允许偏差
1	风帽布置	部件编号与设计图样相符,安装方向正确

表 26 风帽安装允许偏差（续）

单位为毫米

序号	检查项目	允许偏差
2	风帽顶部至固定面高度偏差	±1
3	标高相对偏差	±1
4	垂直度偏差	≤1
5	间距偏差	±3

c) 安装后,逐个检复查风帽规格、安装角度和出风口方向与图样是否一致,其两侧是否满焊。

d) 复查燃烧器预留孔的位置、防磨套管内部耐磨料尺寸,控制好防磨套管安装位置和角度,使其符合设计图样的要求。

e) 复查点火油枪安装预留孔位置,控制好油枪的安装角度使其符合设计图样的要求。

f) 落煤装置与墙体接触处采用柔性耐火材料密封严实。

11.6 燃油燃烧装置

燃油燃烧装置的安装符合下列要求:

a) 油枪一般宜平直置于燃烧器内,确保枪内剩余燃油能自然流向炉内,油枪宜用无缝管子制造,其内部保持畅通;

b) 油枪喷嘴和雾化片清洗干净,光洁无损伤,装配次序和方向正确,喷油孔畅通,重新装配后不渗漏;

c) 油枪与配风器保持同心,喷嘴与旋流扩散器的距离和旋流方向符合设计图样的规定;

d) 油枪内的连接处(特别是带有回油装置的结合面)密封良好,无渗漏;

e) 油枪推进机构操作灵活,无卡涩;

f) 高能点火装置安装位置严格按设计图样施工。

11.7 大风箱燃烧装置

大风箱燃烧装置的安装还应符合下列要求:

a) 一、二次风的滑动风门预留热膨胀间隙,保证在运行中操作灵活;

b) 电气引燃的电极操作装置不卡涩;

c) 点火用的可燃气体系统进行气密性试验,以保证系统严密不漏。

11.8 炉排装置

层燃锅炉的炉排安装质量要求可参照附录 A 进行。

12 辅助装置

12.1 蒸汽吹灰器及其管道系统的安装

12.1.1 蒸汽吹灰器安装位置与设计位置的允许偏差为±5 mm。

12.1.2 蒸汽吹灰器吹灰管全长的水平度应满足运行中系统疏水的要求。

12.1.3 蒸汽吹灰器的吹灰管应处在吹灰孔的中心。

12.1.4 蒸汽吹灰器管道应有不小于 2%的疏水坡度,系统无沉积冷凝水的位置,凝结水通过疏水阀及时排出。

12.1.5 蒸汽吹灰器管道应满足系统和锅炉本体热膨胀的要求,且不应给蒸汽吹灰器本体施加附加应力。

12.1.6 蒸汽吹灰系统安装完成后,应进行蒸汽吹扫或水冲洗,减压阀、安全阀应经过校验。

12.2 风机与泵类的安装

12.2.1 风机的安装应符合设计图样的要求。

12.2.2 风机的进出口蝶阀的打开方向应是气流方向的顺流方向。

12.2.3 风机的进出口伸缩节的安装方向应符合烟风管道的膨胀方向。

12.2.4 风机的进出口风门应有明显的开度指示,并与实际开度一致;开关装置应能防止风门受自身重力影响或振动原因发生异常关闭。

12.2.5 泵的安装应符合设计图样的要求。

12.2.6 泵系统阀门型式、数量应符合设计图样要求。

13 平台、扶梯、栏杆

13.1 平台、扶梯、栏杆的安装应符合 GB 50205 的有关要求。

13.2 平台、扶梯、栏杆的安装不应影响锅炉本体以及附件的膨胀。

13.3 采用悬吊式结构的平台、扶梯应采取可靠措施,防止晃动。

14 水压试验

14.1 锅炉安装过程中,受压元件单件和组合件水压试验以及锅炉整体水压试验应符合 GB/T 16507.6 的要求。

14.2 锅炉受压元件应在无损检测和热处理完成后进行水压试验,水压试验时应有可靠的安全防护设施。

14.3 当环境温度低于制造单位提供的受压元件锻件韧脆转变温度(FATT50)时,应采取技术保护措施,并保证该受压元件锻件在水压试验时的温度高于其韧脆转变温度(FATT50)3 ℃～5 ℃以上,或按照制造单位的规定控制锅炉水压试验温度。

14.4 锅炉整体水压试验时,试验压力允许的压力降应符合表 27 的规定。

表 27 锅炉整体水压试验时试验压力允许压降

单位为兆帕

锅炉类别	允许压降(Δp)
额定工作压力不小于 9.8 MPa 的锅炉	≤0.60
额定工作压力不小于 3.8 MPa 但小于 9.8 MPa 的锅炉	≤0.40
额定工作压力大于 0.8 MPa 但小于 3.8 MPa,额定蒸发量大于 20 t/h 的蒸汽锅炉; 额定热功率大于 14 MW 且出水温度不小于 120 ℃的热水锅炉	≤0.15
额定工作压力大于 0.8 MPa 但小于 3.8 MPa,额定蒸发量不大于 20 t/h 的蒸汽锅炉; 额定热功率不大于 14 MW 且出水温度不小于 120 ℃的热水锅炉	≤0.10
其他类别锅炉	≤0.05

14.5 额定工作压力不小于 16.7 MPa 的锅炉的主蒸汽管道、高温再热蒸汽管道、低温再热蒸汽管道安装焊缝经过 100% 射线或超声无损检测合格,且施工现场不具备水压试验条件时,可以不进行水压试验。

14.6 水压试验临时管路应固定牢固,稳定可靠。临时管路用管子与封堵用端盖(堵头)的强度应经强度校核计算,复核其所在系统的强度要求,计算方法按照 GB/T 16507.4 执行。主蒸汽管道和再热蒸汽管道水压试验时,采用临时封堵措施宜选用制造单位提供的水压试验堵阀或专用临时封堵装置。

14.7 与锅炉直接相连的压力、水位、流量等测量装置一次元件及连接管路应随锅炉一起进行水压试验,但云母水位计(包括玻璃管水位计)可随锅炉进行工作压力试验,试验时间不应少于 4 h。

15 炉墙砌筑、浇注与保温

15.1 炉墙砌筑

炉墙砌筑应符合设计图样与相关设计技术文件或 GB 50273 的相关要求。

15.2 耐火料的浇注

15.2.1 耐火浇注料的品种和配合比应符合设计要求,耐火浇注料在现场浇注前应制作试块,按国家现行标准的有关规定进行试验,合格后进行施工。浇注体表面不应有剥落、裂缝和孔洞等缺陷。

15.2.2 耐火浇注料在现场浇注时,对每一种牌号或配合比,应以每 20 m³ 为一批留试块进行检验,不足 20 m³ 也作一批检验,采用同一牌号或配合比进行多次施工时,每次施工均应留试块检验。检验项目和要求一般按 DL/T 777 执行,当耐火浇注料还有耐磨性能要求时,还可按 DL/T 902 进行。

15.2.3 埋设在耐火浇注料内的钢筋、管子、钢构件等的表面不应有污垢,在浇注前应在其表面涂刷沥青或包裹沥青纸、牛皮纸等。

15.2.4 锅炉砌筑及耐火浇注料施工时,工作地点和砌体周围温度均不应低于 5 ℃。

15.2.5 黏土结合耐火浇注料、水玻璃耐火浇注料、磷酸盐耐火浇注料施工温度不宜低于 10 ℃,必要时,调制耐火浇注料用水可以进行加热,硅酸盐水泥耐火浇注料的水温不应超过 60 ℃;高铝水泥耐火浇注料的水温不应超过 30 ℃。不应对水泥直接加热。耐火浇注料施工过程中不应另加促凝剂。

15.3 保温

15.3.1 保温层施工应在金属烟道、风管、管道等被保温处的强度试验或严密性试验合格后进行。

15.3.2 保温层的形式、伸缩缝的位置及保温材料的强度、密度、导热系数、品种规格均应符合设计要求。

15.3.3 保温层施工前,应清除锅筒、集箱、金属烟道、风管、管道等被保温处表面的油污和铁锈,并按设计规定涂刷耐腐蚀涂料。

15.3.4 保温材料采用成型制品时,捆扎应牢固,接缝应错开,里外层压缝,嵌缝应饱满;当采用胶泥状材料时,应涂抹密实,圆弧角均匀,厚度一致,表面平整。当保护层采用卷材时,应紧贴表面,不应折皱和开裂;采用抹面时,应平整光滑,棱角整齐,不应有显著裂缝;采用铁皮、铝皮包裹时,应压边搭接。

15.3.5 保温层施工时,阀门、法兰盘、人孔及其他可折件的边缘应留出空隙,保温层断面应封闭严密;支托架处的保温层不应影响活动面的自由伸缩。

16 化学清洗、冲洗和吹洗

16.1 化学清洗

16.1.1 锅炉在正式投入运行前(电站锅炉在启动点火前)应进行化学清洗,额定工作压力小于 3.8 MPa

的锅炉(腐蚀严重者除外)不进行酸洗时应进行碱煮。

16.1.2 锅炉本体进行化学清洗前,应将不参加清洗的设备(包括脉冲式安全阀、压力测量装置、水位测量装置、流量测量装置、水汽取样一次门后管道及取样门、排气及疏放水一次门后管道等)进行可靠隔离。对于无法隔离的固定在设备上的阀门,应采取有效防范措施,确保在化学清洗过程中不受到损伤。

16.1.3 化学清洗结束后,检查锅筒、水冷壁下集箱内部、监视管段,应达到以下要求:

    a) 内表面清洁,基本上无残留氧化物和焊渣;

    b) 不出现二次浮锈,无点蚀,无明显金属粗晶析出的过洗现象;

    c) 无镀铜现象,并形成完整的钝化保护膜。

16.1.4 化学清洗结束后,检查腐蚀指示片平均腐蚀速度应小于 10 g/(m² • h)。

16.1.5 锅炉采用碱煮时,药液不应进入过热器;煮 24 h 后,从下部各排污点轮流排污换水直至水质达到试运标准为止,宜采用大容量高流速水进行冲洗,避免死角区域异物集聚。

16.1.6 锅炉碱煮结束后,检查锅筒和水冷壁下集箱、省煤器下集箱等低点内部,彻底清除内部附着物和残渣。

16.2 冲洗和吹洗

16.2.1 锅炉热力系统应进行冷态水冲洗和热态水冲洗;锅炉范围内的管道应进行吹洗。锅炉给水、减温水管道在投入供水前应进行管道冲洗,清除管道内的杂物和锈垢。

16.2.2 下列设备一般不参加减温水管道的冲洗:

    a) 表面式减温器;

    b) 混合式减温器;

    c) 自凝减温水的冷凝器。

16.2.3 冲洗用水宜采用除盐水或软化水,冲洗水量应大于正常运行时的最大水量,出水澄清、出口水质和进口水质相接近时为合格。

16.2.4 锅炉过热器、再热器及其连接管道、主蒸汽管道、再热蒸汽管道在投入供汽前应进行吹洗,清除内部的杂物和锈垢。

16.2.5 参加管道冲洗和吹洗工作用的临时管道的焊接应由合格焊工施焊,靶板前的焊缝应采用氩弧焊工艺。

16.2.6 锅炉过热器、再热器及其蒸汽管道系统吹洗时,所用临时管道的截面积应不小于被吹洗管道的截面积,临时管道的布置应减少沿程阻力。

16.2.7 锅炉吹洗管路应布置、固定合理,排汽口不应朝向人行通道和设备设施,并有可靠的隔离措施。

16.2.8 稳压吹洗过程中,蒸汽压力达到选定的吹洗参数时,吹管临时控制门应全开。

16.2.9 被吹洗系统各处的吹管系数应大于1,按照公式(2)进行计算:

$$\lambda = \frac{Q^2 \times C}{Q_r^2 \times C_r} \quad\quad\quad\quad\quad\quad\quad\quad\quad\cdots\cdots\cdots\cdots\cdots\cdots\cdots(2)$$

    式中:

    λ ——吹管系数;

    Q ——吹管蒸汽流量,单位为吨每小时(t/h);

    C ——吹管时蒸汽比容,单位为千克每立方米(kg/m³);

    Q_r ——额定负荷流量,单位为吨每小时(t/h);

    C_r ——额定符合时蒸汽比容,单位为千克每立方米(kg/m³)。

16.2.10 锅筒锅炉吹洗时的压力下降值应控制在饱和温度下降值不大于 42 ℃ 的范围内。

16.2.11 吹洗过程中,至少应有两次停炉冷却(时间 12 h 以上),冷却过热器、再热器及其管道,以提高吹洗效果。

16.2.12　再热锅炉蒸汽吹洗时,可采取一、二次系统串联不分阶段进行吹洗的方法,但应在过热器出口的临时管道上装设集粒器(垃圾收集器),集粒器的强度应满足蒸汽参数的要求且阻力小于 0.1 MPa。

16.2.13　额定蒸发量不小于 670 t/h 的锅炉和管道蒸汽吹洗时,宜在排汽口处加装消声器。

16.2.14　在过热器和再热器出口的临时排汽管内(或排汽口处)装设靶板时,靶板可用铝板制成,其宽度约为排汽管内径的 8%,长度纵贯管子内径。

16.2.15　吹洗的合格标准:在保证吹管系数前提下,连续两次更换靶板检查,靶板上冲击斑痕粒度不大于 0.8 mm,且斑痕不多于 8 点。

16.2.16　锅炉冲洗和吹洗结束后,额定工作压力不小于 22.1 MPa 的锅炉宜按制造单位的要求进行割管检查,额定工作压力小于 22.1 MPa 的锅炉也宜进行割管检查,检查发现的异物应彻底清理。

16.2.17　缓装的调节阀、流量测量装置等设备在切割管道和安装时,应有防止异物进入系统的可靠措施。

17　调试

17.1　锅炉的调试工作一般按照单体调试、分系统调试、分部试运和整套启动试运的顺序进行。

17.2　锅炉安装后的调试一般包括制粉系统调整试验、空气动力场试验、燃烧系统调整试验和锅炉满负荷试运等。

17.3　锅炉首次启动时,下列自动控制设备和保护装置应经过调试并且投入运行:
    a)　全部远程操作系统;
    b)　数据采集系统;
    c)　炉膛安全监控系统;
    d)　相关辅机的子功能组和联锁;
    e)　主辅设备联锁和保护系统。

17.4　锅炉启动过程中应缓慢升温升压,并符合制造单位提供的启动曲线的要求,启动过程中要监视各部分的膨胀值在设计范围内。

17.5　整套试运完成后,应及时进行锅炉性能试验。

18　质量验收

18.1　施工单位在工程项目施工完毕经自检合格后方可进行质量验收,安装质量验收一般由业主单位(使用单位)组织进行,并且符合以下要求:
    a)　300 MW 及以上机组电站锅炉要经过 168 h 整套连续满负荷试运行,各项安全指标均达到安全技术规程和 DL/T 852 的要求,并且水汽质量符合 GB/T 12145 的要求;
    b)　300 MW 以下机组电站锅炉经过 72 h 整套连续满负荷试运行后,对各项设备做一次全面检查,缺陷处理合格后再次启动,经过 24 h 整套连续满负荷试运行无缺陷,各项安全指标均达到安全技术规程和 DL/T 852 的要求并且水汽质量符合 GB/T 12145 的要求。

18.2　锅炉安装工程质量检验项目发生不合格时,应进行记录并整改处理。整改处理后的质量检查和验收应符合下列规定:
    a)　经返工重做或更换器具、设备的检验项目,重新进行验收;
    b)　经返修处理的检验项目,能满足安全使用要求,可按技术处理方案和协商文件进行验收。

18.3　因设计或设备制造原因造成的质量问题,应由设计或设备制造单位提出整改意见。

18.4　锅炉安装完成后,安装及调试单位应在锅炉机组试运完成前向使用单位移交安装、调试资料。

18.5　锅炉安装资料至少应包括:

a) 锅炉技术文件清查记录(包括设计修改的有关文件);

b) 设备缺损件清单及修复记录;

c) 基础检查记录;

d) 钢架安装记录;

e) 锅炉本体受热面管子通球试验记录;

f) 锅筒、集箱、省煤器、过热器、再热器及空气预热器安装记录;

g) 受热面、管道的焊接和热处理、无损检测记录;

h) 水压试验记录及签证;

i) 锅筒封闭检查记录;

j) 燃烧装置安装检查记录;

k) 炉墙、保温施工记录;

l) 锅炉冲洗及化学清洗记录;

m) 风压试验记录;

n) 锅炉安装质量验收报告;

o) 风机及泵类安装记录。

18.6 锅炉调试资料至少应包括:

a) 单体调试报告;

b) 锅炉炉膛空气动力场试验报告(限额定工作压力不小于3.8 MPa的电站锅炉);

c) 锅炉燃烧试验调整记录及报告;

d) 锅炉热效率试验记录及报告(限电站锅炉以外的锅炉);

e) 锅炉安全阀调整试验记录及校验报告;

f) 锅炉联锁及安全保护装置试验报告;

g) 锅炉带负荷连续试运行记录及签证。

19 运行

19.1 锅炉正式投入运行前,锅炉使用单位应根据调试结果制定现场运行规程。运行规程至少应包括以下内容:

a) 主设备和附属设备的规范;

b) 启动、运行调整和停炉的操作程序和要求;

c) 各主要控制参数的限值;

d) 自动控制与联锁保护的定值;

e) 常见故障现象和处理方法;

f) 日常巡查周期和巡查内容;

g) 定期试验项目内容和时间;

h) 给水和蒸汽系统、燃料与燃烧系统、烟风系统图册;

i) 额定工作压力不小于 9.8 MPa 的锅炉的热膨胀系统图。

19.2 锅炉使用单位应制定锅炉事故应急预案,至少应包括风险描述、应急组织、预防与预警、事故报告和信息发布、应急响应与处置、事故结束和恢复使用、事故调查以及保障措施等内容。

19.3 锅炉运行操作人员在锅炉运行前应做好各种检查,应按照规定的程序启动和运行,不应任意提高运行参数,在运行中进行压火操作时,应保证压火后锅水温度、压力不回升和锅炉不缺水。

19.4 室燃锅炉燃烧调整应坚持增加负荷时,先增加风后增加燃料;减少负荷时,先减少燃料后减风的原则,层燃锅炉则是在增加出力时先增加燃料后增加风;降低出力时,先减少燃料后减风。

19.5　当锅炉运行中发生受压元件泄漏、炉膛严重结焦、液态排渣锅炉无法排渣、锅炉尾部烟道严重堵灰、炉墙烧红、受热面金属严重超温、汽水质量严重恶化等情况时,应停止运行。

19.6　工业锅炉的水质应符合 GB/T 1576 的要求,电站锅炉的水汽质量应符合 GB/T 12145 的规定。

19.7　锅炉使用单位应根据锅水水质确定排污方式及排污量,并按照水质变化进行调整。蒸汽锅炉定期排污时,宜在低负荷时进行。

19.8　非发电用的蒸汽锅炉运行中如有下列情况之一的,应立即停炉:

　　a)　锅炉水位低于水位表最低可见边缘;

　　b)　不断加大给水及采取其他措施,但水位仍继续下降;

　　c)　锅炉满水,水位超过最高可见水位,经过放水仍不能见到水位;

　　d)　给水泵全部失效或给水系统故障,不能向锅炉给水;

　　e)　水位表、安全阀或设置在汽空间的压力表全部失效;

　　f)　锅炉元件受损坏,危及人身安全;

　　g)　燃烧设备损坏、炉墙倒塌或锅炉构架被烧红等严重威胁锅炉安全运行;

　　h)　危及锅炉安全运行的其他异常情况。

19.9　电站锅炉运行中如有下列情况之一的,应立即停止向炉膛送入燃料:

　　a)　锅炉严重缺水;

　　b)　锅炉严重满水;

　　c)　直流锅炉断水;

　　d)　锅水循环泵发生故障,不能保证锅炉安全运行;

　　e)　水位装置失效,无法监视水位;

　　f)　主蒸汽管、再热蒸汽管、主给水管和锅炉范围内连接导管爆破;

　　g)　再热器蒸汽中断(制造单位有规定者除外);

　　h)　炉膛熄火;

　　i)　燃油(气)锅炉油(气)压力严重下降;

　　j)　安全阀全部失效或锅炉超压;

　　k)　热工仪表、控制电(气)源中断,无法监视、调整主要运行参数;

　　l)　严重危及人身和设备安全以及制造单位有特殊规定的其他情况。

19.10　热水锅炉运行中如有下列情况之一的,应立即停止运行:

　　a)　因循环不良导致锅水汽化,或锅炉出水温度上升到与出口压力下饱和温度的差小于 20 ℃;

　　b)　出水温度迅速上升并已失去控制;

　　c)　循环水泵或补给水泵全部失效;

　　d)　压力表或安全阀全部失效;

　　e)　补给水泵不断向锅炉补水,锅炉压力仍继续下降;

　　f)　锅炉受压元件损坏,危及人身安全;

　　g)　燃烧设备损坏,炉墙倒塌或锅炉构架被烧红等严重威胁锅炉安全运行;

　　h)　危及锅炉安全运行的其他异常情况。

附　录　A

（资料性）

层燃锅炉的炉排安装允许偏差

层燃锅炉的炉排安装允许偏差参见表 A.1。

表 A.1　炉排安装允许偏差

单位为毫米

序号	检查项目		质量标准
1	中心线位置		≤2
2	左右侧支架墙板对应点高度		±5
3	两墙板顶部平面相对高度		≤5[a]
4	墙板顶面的纵向水平度		≤墙板顶面的纵向长度的 0.1％，且≤5
5	墙板框的纵向位置		≤8
6	墙板的垂直度		≤3
7	墙板间对角线长度之差[b]	≤5 000	≤4
		>5 000	≤8
8	墙板间距离	≤5 000	+3 0
		>5 000	+5 0
9	前、后轴水平度		≤轴长度的 0.1％，且≤5
10	各轨道平面度		≤5
11	相邻两轨道间距		±2
12	鳞片式炉排	相邻轨道上表面高度	≤2
		任意轨道上表面高度	≤3
13	链带式炉排支架上摩擦板工作面平面度		≤3
14	横梁式炉排	各横梁之间高度	≤2
		上下导轨中心线	≤1
15	各链条长度		≤8
16	边部炉排与墙板间隙		足够膨胀间隙，并符合图样要求
17	给料门闸板与炉排上表面距离		≤10
[a]　往复炉排为 3。			
[b]　往复炉排不应大于 5。			

参 考 文 献

［1］ TSG 11　锅炉安全技术规程
［2］ TSG 91　锅炉节能环保技术规程

─────────────